Gerhard Staguhn
Die Jagd nach dem kleinsten Baustein der Welt

Gerhard Staguhn

Die Jagd nach dem kleinsten Baustein der Welt

Mit 16 Farbtafeln

Carl Hanser Verlag

Die Schreibweise in diesem Buch entspricht den
Regeln der neuen Rechtschreibung.

Unser gesamtes lieferbares Programm und viele
andere Informationen finden Sie unter
www.hanser.de

1 2 3 4 5   04 03 02 01 00

ISBN 3-446-19902-0
Alle Rechte vorbehalten
© Carl Hanser Verlag München Wien 2000
Umschlag: Peter-Andreas Hassiepen
unter Verwendung eines Fotos von David Scharf
Satz und Lithos: Reinhard Amann, Aichstetten
Druck und Bindung: Kösel, Kempten
Printed in Germany

Inhalt

Was ist Materie?	9
Die Idee der Elemente	10
Materie und Energie – nur die zwei Seiten einer Medaille	12
Masse und Gewicht – nicht das Gleiche, wie man meinen könnte	14
Wo Materie ist, sind stets auch Kräfte im Spiel	16
Das Atom als kleinste Materieportion	17
In einem i-Punkt haben Milliarden Atome Platz	20
Warum sind die Atome so klein?	22
Die ersten Chemiker nannten sich Alchimisten	23
Die Chemie bringt Ordnung ins Chaos der Stoffe	25
Die Entdeckung der Radioaktivität	28
Atome bestehen aus geladenen Teilchen	29
Man kann Atome beobachten, ohne sie zu sehen	30
Ohne anziehende Kräfte in der Natur gäbe es keine Materie	33
Der Kern des Atoms birgt selbst wieder Kerne	35
Neutronen sind »schwangere« Protonen	38
Protonen und Neutronen kleben durch den Austausch von Teilchen aneinander	40
In Atomkernen wird pausenlos Pingpong gespielt	41
Jedes Element ist durch die Anzahl der Protonen in seinem Atomkern bestimmt	43
Die so genannten Isotope – Elemente mit abweichender Neutronenzahl	46
Die Elektronen kreisen um den Atomkern, aber nach äußerst strengen Regeln	49
Das Atom gleicht einer Zwiebel – einer Zwiebel mit Kern	50
Die Schalen der Atomzwiebel bestehen wiederum aus Schalen	53
Die Edelgase – wahre Eigenbrötler unter den Elementen	56
Die Materie hat ein inneres Verlangen nach Stabilität	57
Wie funktioniert eine Kerze?	63
Die Partnersuche der Elemente	65
Alkalimetalle lieben Halogene	67
Es gibt verschiedene Bindungsarten	72
Die Wärme als gestaltende Kraft der Natur	79
Wasser – ein so vertrauter wie rätselhafter Stoff	83

H_2O – ein einfaches Molekül mit komplizierten Wirkungen	85
Wasser ist ein ideales Lösungsmittel	91
Die Welt ist voller Wellen	94
Licht ist auch eine Welle	97
Ohne Materie kein Licht	99
Wärme und Licht sind miteinander verwandt	104
Materie kann nicht unendlich kalt, nur unendlich heiß werden	110
Wärme wird vom Atom als Ganzem erzeugt, Licht nur von den Elektronen im Atom	111
Wie entstehen Röntgenstrahlen?	117
Wie entstehen Radiowellen?	121
Das Licht führt ein Doppelleben	122
Quanten, nichts als Quanten	129
Die Quantenwelt – eine Welt im Nebel	132
Quanten sind äußerst schamhafte Teilchen	134
Das Lächeln einer Katze, die gar nicht da ist	137
Gott liebt das Würfelspiel	141
Masse ist nur eine besondere Form von Energie	146
Kernenergie ist eine Bindungsenergie	153
Die Sonne scheint, weil in ihrem Innern Atomkerne verschmolzen werden	155
Neutrinos – die Geister unter den Elementarteilchen	157
Teilchenphysiker sind Jäger, die mit Gewehrkugeln auf andere Gewehrkugeln schießen	163
Die erste Uranspaltung geschah im Schuhkarton	166
Wasserstoffbomben sind künstliche Sonnen	174
Auch ein Atomkraftwerk kann zu einer Atombombe werden – wenn etwas schief läuft!	176
Plutonium, der giftigste Stoff der Welt	181
Die Kernfusion als kleine Sonne im Labor	183
Was ist ein Laser?	189
Die Entwicklungsgeschichte des Lasers	193
Was man mit einem Laser alles machen kann	197
Teilchen, nichts als Teilchen	204
Alles Quark oder was?	207
Ein Quark so schwer wie ein Goldatom	211
Quarks verlassen niemals ihr Versteck	213
Higgs, das Teilchen aller Teilchen?	216
Sind Quarks überhaupt Elementarteilchen?	219
Wozu das alles?	221

Der Kosmos ist ein Sinfonieorchester 223
Materie und Geist 225

Register 229
Fotonachweis 234

Was ist Materie?

Wir wollen in diesem Buch einen Blick in die Unendlichkeit des Mikrokosmos wagen. Im Bewusstsein der meisten Menschen existiert diese Unendlichkeit allerdings gar nicht. Schließlich drängt sie sich einem nicht sinnlich auf wie die Unendlichkeit beim Blick zu den Sternen. Unser logisches Denken will uns einreden, dass etwas Begrenztes, etwa ein Stein, keine Unendlichkeit in sich bergen kann. Doch beim Blick durch ein einfaches Mikroskop beginnt man womöglich schon zu ahnen, dass diese Logik auf wackligen Beinen steht. Sie wird umso fragwürdiger, je tiefer man in das Universum des Kleinen vordringt. Man stößt auch dort niemals an eine letzte, absolute Grenze. Wo die optischen Geräte ihre Grenzen erreicht haben, kann man mithilfe eines Elektronenmikroskops noch tiefer ins Innere der Materie schauen. Aber auch diese Geräte kommen irgendwann an ihre Grenzen. Dennoch weiß man, dass es immer noch weitergeht. Man weiß um die Existenz des Atoms und dass dieses sich wiederum aus noch kleineren Teilchen zusammenfügt. Aber auch diese Teile sind wiederum teilbar und ebenso die Teile dieser Teile. Unendliche Räume auch dort.

Damit stellt sich uns eine grundlegende Frage: Was ist eigentlich Materie? Mit dem Begriff »Materie« verbinden wir etwas Festes, ja buchstäblich Handfestes. Materie ist, im Gegensatz zum Geistigen, etwas Greifbares, Sichtbares. Wir selber sind Materie, zumindest, was unseren Körper betrifft. Und wir sind überall von Materie umgeben, mehr noch, wir befinden uns in einem ständigen Materieaustausch. Nur so sind wir überhaupt lebensfähig. Wir müssen pausenlos Luft atmen und regelmäßig Flüssigkeit zu uns nehmen, ebenso feste Stoffe in Form von Nahrung. Und schon haben wir ganz nebenbei drei grundlegende Erscheinungsformen der Materie genannt: gasförmig, flüssig und fest. Man spricht von den drei Aggregatzuständen der Materie oder den drei Grundarten der stofflichen Zusammensetzung.

Wir sind lebendige Materie, die von toter, aber auch anderer lebendiger Materie umgeben ist. Wohin wir auch schauen – überall ist Materie: Gegenstände aller Art. Mit »Gegenständen« meinen wir

Dinge, die uns »entgegenstehen«: natürliche oder künstliche, aus unterschiedlichen Materialien bestehend, von denen wir die wenigsten auf Anhieb bestimmen können. Die einen sind schwer, die anderen leicht, die einen hart, die anderen weich, die einen starr, die anderen elastisch – Gegensatzpaare, die übrigens auch dem menschlichen Geist zugeschrieben werden, was schon darauf schließen lässt, dass Materie und Geist in direkter Beziehung zueinander stehen.

Der Tisch, an dem ich sitze, ist zweifellos aus Holz. Aber was ist Holz? Ganz davon zu schweigen, dass mir schon die Bestimmung der Holzart Schwierigkeiten bereitet. Das Buch in meiner Hand ist aus Papier. Aber was ist Papier? Ganz davon zu schweigen, dass mir die Herstellung von Papier rätselhaft genug erscheint. Der Buchumschlag zeigt verschiedene Farben. Aber was sind Farben? Wieso sind die Dinge nicht alle einfarbig oder farblos? Wir schauen aus dem Fenster, nehmen Bäume, Häuser, Wolken wahr – und tausend andere Dinge. Und zu jedem Gegenstand gibt es tausend Fragen, was seine Stofflichkeit, seine Herkunft betrifft. Der winzigste und banalste Gegenstand löst eine endlose Kette von Fragen aus, vorausgesetzt, man hat Lust, Fragen zu stellen, wovon ich bei den Lesern dieses Buchs ausgehe. Wollte man ein einziges Sandkorn bis ins Letzte, also vollständig erklären, man würde mit Sicherheit scheitern.

Materie hat eine auffällige Eigenschaft: Sie kommt in unzähligen Formen vor. Materie, so könnte man sagen, hat die Eigenschaft, Eigenschaften zu zeigen. Materie bringt zahllose Erscheinungen hervor. Die Dinge können einander ähnlich sein, doch wir werden in der unendlichen Fülle der sichtbaren Dingwelt keine zwei Gegenstände entdecken, die vollkommen gleich sind. Die Welt der Materie ist eine Welt der Vielfalt.

Die Idee der Elemente

Der Vielfalt gegenüber entwickelte der Mensch schon sehr früh das Bestreben, sie auf Allgemeines, Grundsätzliches, Elementares zurückzuführen. So erdachten sich die antiken Naturphilosophen so genannte Urstoffe, aus denen alle Dinge der Welt aufgebaut wären. Meist wurden vier genannt: Erde, Wasser, Luft und Feuer. Sämtliche Stoffe sollten aus Mischungen dieser Urstoffe entstanden sein. Doch auch für die Urstoffe nahm man an, sie seien aus einem einzigen Ur-Urstoff hervorgegangen, einem seit Ewigkeit existierenden, unzerstörbaren, unbestimmten und unterschiedslosen Weltstoff. Er wurde »erste Materie« (lateinisch »materia prima«) genannt. Eine wahrhaft prima Idee, die bis heute aktuell geblieben ist, denn auch die moderne Physik sucht noch immer leidenschaftlich nach dem einen elementaren Urbaustein, aus dem alle Bausteine der Materie hervorgegangen sind.

Die antike Vorstellung, dass alle Dinge der Welt aus Mischungen der vier Elemente entstanden sind, war notwendigerweise verknüpft mit der Vorstellung des Werdens, also der Veränderung und der Bewegung: Die Dinge verändern ihre Form, sie entstehen und vergehen, sie bilden sich aus den vier Elementen und lösen sich irgendwann wieder in sie auf. Die Welt der Materie dachte man sich als ewigen Kreislauf, der sich aus unendlich vielen kleinen Kreisläufen zusammensetzt.

Damit ist Materie bereits in der antiken Vorstellung nichts Starres und Statisches, sondern etwas Bewegtes und Dynamisches. Materie zeigt vielfältige Wirkungen. Die sind verantwortlich für alle Umwandlungen in der Natur, vom unendlich Kleinen bis zum unendlich Großen. Materie ist stets eine sich verändernde Materie, mögen diese Veränderungen auch in noch so großen Zeiträumen geschehen. Allein die Elemente sollten davon unberührt bleiben, und erst recht die Ur-Materie, die gleichsam in den Elementen verborgen ist.

Die vier Elemente in der antiken Philosophie decken sich sehr schön mit der modernen Vorstellung von den drei Zustandsformen der Materie, wobei das Licht (= Feuer) zur Materie noch hinzukommt. Die Zustandsform »fest« entspräche der »Erde«, »flüssig« dem »Wasser« und »gasförmig« der »Luft«. Das Licht nimmt eine Sonderstellung ein, da es streng genommen nicht Materie ist; es gibt feste, flüssige und gasförmige Stoffe, aber keine Licht-Stoffe. Licht ist keine Erscheinungsform von Materie, sondern eine Folge von Materie. Materie, egal ob fest, flüssig oder gasförmig, kann Licht aussenden, muss aber nicht. Licht ist unlösbar mit der Materie verbunden. Gäbe es kein Licht, würden bestimmte Eigenschaften der Materie, etwa die Farbe von Stoffen, gar nicht existieren. Ein ganz bestimmter Bereich der Materie auf unserer Erde, nämlich die lebendige Materie in Gestalt von Pflanzen, Tieren und Menschen, ist ohne das Licht nicht denkbar.

Materie und Energie – nur die zwei Seiten einer Medaille

Materie zeigt Wirkungen, und diese geschehen im Raum und in der Zeit. Materie ruht nicht in sich, sondern bringt Ereignisse hervor. Von einem Ereignis kann ich nur dann sprechen, wenn die Zeit mit im Spiel ist. Es gibt nichts im Universum, das außerhalb der Zeit existiert – von Gott einmal abgesehen, doch der fällt nicht in den Zuständigkeitsbereich der Physik. Die Zeit ist aber nicht etwas, das vor der Materie da gewesen wäre. Die Zeit erschien im Universum von dem Moment an, da sich irgendetwas ereignete. Dieses Ur-Ereignis war der Urknall. Mit ihm erschien sowohl die Materie als auch die Zeit – vor etwa 13 Milliarden Jahren. Was davor war, wissen wir nicht, ebenso wenig, wie es zum Urknall kam. Nahe liegend ist freilich der Gedanke, dass vor dem Urknall nichts war. Doch das Nichts ist, wie Gott, kein »Gegenstand« der Physik. Über das Nichts zerbrechen sich die Philosophen den Kopf.

Jede Art von Wirkung, jede Art von Ereignis hat mit Energie, mit Kraft zu tun. Materie ist nichts anderes als geballte Energie. Was die antiken Philosophen als unterschiedslosen und unbestimmten Weltstoff annahmen, aus dem die vier Elemente hervorgegangen sein sollten, könnte man vielleicht mit dem physikalischen Begriff »Energie« gleichsetzen. Energie wäre gewissermaßen die »formlose Grundform« des Weltstoffs. Materie wäre dann so etwas wie verdichtete, handfeste Energie. Und Energie wäre umgekehrt nichts anderes als hoch verdünnte Materie. Diese Vorstellung passt auch zu unserer instinktiven Neigung, Energie als eine Art von ursprünglicher, gleichförmiger Strömung zu betrachten und alles Gestaltete im Universum als ihre flüchtigen »Wirbel«, »Ballungen« und »Verdichtungen«. Materie als Energiekondensat. Energie als Materieverflüchtigung.

Wir brauchen ja nur einen x-beliebigen Gegenstand, etwa einen Stein zu nehmen, um zu begreifen, dass wir es bei ihm mit geballter, kondensierter, buchstäblich versteinerter Energie zu tun haben. In seiner Festigkeit und Härte kommt die in ihm schlummernde, zu Stein kondensierte Energie zum Ausdruck. Um den Stein zu zerbrechen, also einen Teil dieser in ihm steckenden Energie freizusetzen, müssen wir unsererseits Energie aufwenden, zum Beispiel, indem wir mit einem Hammer auf den Stein schlagen, bis er zerbricht – oder der Hammer.

Um also den Zustand von Materie, egal welcher Art, zu verändern, müssen wir Energie aufwenden. Alle Wirkungen in der Natur haben mit Energieaustausch zu tun, wobei aber niemals Energie verloren geht; sie wird stets nur von einer Form in eine andere verwandelt. Die Gesamtenergie des Universums bleibt immer gleich. Es ist jene Energiemenge, die im Urknall, was immer er war, freigesetzt wurde.

So etwas Vertrautes wie die Härte eines Steins oder die Weichheit von Schokoladenpudding ist also nichts anderes als ein energetischer Zustand, in dem sich die jeweilige Materie befindet. Oder nehmen wir eine Kartoffel: Sie ist im rohen Zustand ziemlich hart. Man müsste schon sehr stark sein, um sie mit der bloßen Faust zerquetschen zu können. Doch wenn wir dieser Kartoffel nur genügend Energie zuführen, indem wir sie zum Beispiel eine halbe Stunde kochen, verändern wir ihren Zustand von hart zu weich, was unter anderem bedeutet, dass wir keine Mühe mehr haben, sie in der Hand zu zerdrücken, vorausgesetzt, wir haben lange genug gewartet, bis sie abgekühlt ist. Andernfalls würde ein Teil ihres energetischen Zustands (= heiß) auf unsere Hand übergehen und deren energetischen Zustand verändern mit der äußerlichen Folge einer Brandblase und den damit verbundenen Schmerzen. Aber nicht nur den energetischen Zustand der Kartoffel haben wir durch das Kochen verändert, sondern ebenso den des Kochtopfs und des darin befindlichen Wassers. Mehr noch: Auch den energetischen Zustand der Luft in der Küche haben wir verändert und damit auch den aller Gegenstände, die sich darin befinden. Letztlich haben wir das ganze Universum mit unserer simplen Kartoffelkocherei verändert, indem die dadurch freigesetzte Wärme bis in alle Ewigkeit in den Kosmos davongestrahlt ist und niemand sie uns zurückbringen wird.

Masse und Gewicht – nicht das Gleiche, wie man meinen könnte

Um eine große Kartoffel weich zu kochen, brauche ich mehr Energie als für eine kleine, zum Zerbrechen eines Felsbrockens mehr Energie als bei einem Kieselstein. So gesellt sich zum Begriff der Energie ganz von selbst der Begriff der Masse. Auch dieser ist unlösbar mit der Vorstellung von Materie verbunden. Jeder Körper besitzt Masse. Masse ist, wie Energie auch, eine Grundeigenschaft der Materie. Damit ist sie ebenfalls eine Grundgröße der Physik. Die Maßeinheit für Masse ist das Kilogramm. Es ist wichtig, die Masse eines Körpers nicht mit seinem Gewicht gleichzusetzen. Das Gewicht ist die Kraft, mit der ein Körper auf der Erde von dieser, genauer: vom Erdmittelpunkt angezogen wird. Um diese wichtige Unterscheidung von Gewicht und Masse zu erleichtern, gab es früher die Einheit »Kilopond«: 1 Kilopond ist das Gewicht einer Masse von 1 Kilogramm. Das Kilopond ist also eine Krafteinheit, keine Masseneinheit.

Der Sinn dieser Unterscheidung leuchtet sofort ein, wenn man bedenkt, dass für einen Raumfahrer auf dem Mond seine Masse zwar gleich bleibt, sein Gewicht jedoch nur noch etwa sechzehn Prozent des Gewichts auf der Erde beträgt. Denn die Kraft, mit der der Mond den Raumfahrer anzieht, ist entsprechend geringer. Ein Mensch, der auf der Erde 100 Kilogramm, genauer: 100 Kilopond wiegt, hat auf der Mondoberfläche nur ein Gewicht von 16,6 Kilopond.

Der Begriff »Masse« wird allerdings in der Physik in doppelter Weise verwendet: Die Physiker sprechen von »träger« und »schwerer« Masse. Unter »träger Masse« versteht man die Eigenschaft eines Körpers, jeder Änderung seines momentanen Bewegungszustands einen Widerstand entgegenzusetzen. Jeder Körper möchte in dem

Zustand verharren, in dem er sich gerade befindet. Die Natur ist von Grund auf träge, um nicht zu sagen: stinkfaul. Schon von daher brauchen wir uns für unsere eigene Trägheit und gelegentliche Faulheit nicht zu schämen. Wir gehorchen hier nur einem göttlichen Grundgesetz der Natur. Alle Materie im Universum hat das Bestreben, einen möglichst niedrigen Energiezustand einzunehmen und in diesem zu verharren.

Um einen Körper aus seinem augenblicklichen Bewegungszustand zu bringen, bedarf es eines Energieaufwands, etwa in Form eines Stoßes, den ich dem Körper versetze. Dieser Stoß muss umso energiereicher sein, je größer die Masse des Körpers ist, dessen Bewegungszustand ich verändern möchte. Die Größe des Widerstands ist das Maß für die träge Masse eines Körpers.

Unter »schwerer Masse« versteht man hingegen die Eigenschaft eines Körpers, einen anderen Körper anzuziehen und seinerseits von einem anderen angezogen zu werden. Diese Eigenschaft der Materie, sich gegenseitig aufgrund ihrer Masse anzuziehen, nennt man Gravitation, auch Schwerkraft oder Massenanziehungskraft. Es ist eine elementare Kraft, die nicht weiter ableitbar ist. Sie ist verglichen mit anderen Elementarkräften, die wir später noch kennen lernen werden, eine äußerst schwache Kraft. Dafür hat sie eine unendliche Reichweite, wobei sie im Quadrat der Entfernung abnimmt. Das heißt: Verdoppelt sich die Entfernung zwischen zwei Körpern, so geht die Massenanziehungskraft zwischen ihnen auf ein Viertel zurück. Die Gravitationskraft ist so schwach, dass sie erst bei massereichen Körpern, zum Beispiel Planeten oder Sternen, beobachtbare Wirkungen zeigt. Das heißt aber nicht, dass kleine Körper keine Massenanziehung ausüben. Uns zieht einerseits die Erde an, das ist der Grund dafür, dass wir von der großen Gesteinskugel nicht herunterfallen. Doch auf der anderen Seite ziehen auch wir die Erde an, was allerdings überhaupt nicht ins Gewicht fällt, weil ein Mensch im Vergleich zur Erde eine verschwindend kleine Masse besitzt.

Wo Materie ist, sind stets auch Kräfte im Spiel

Nun haben wir schon eine ganze Reihe von Eigenschaften der Materie kennen gelernt: Sie zeigt unterschiedliche Dichten, das heißt, ihre elementaren Bestandteile sind unterschiedlich fest zusammengepackt. Ein Gas ist weniger dicht als eine Flüssigkeit und diese ist weniger dicht als ein fester Stoff – meistens. Es gibt auch feste Stoffe, etwa Kork, die eine geringere Dichte haben als zum Beispiel Wasser. Aber auch innerhalb eines Aggregatzustands gibt es große Dichteunterschiede. So ist der feste Stoff Holz zum Beispiel weniger dicht als der feste Stoff Eisen.

Zur Masse und Dichte der Materie tritt noch ihr Volumen hinzu, also das, was sie an Raum für sich beansprucht. Denn wo ein Körper ist, kann nicht gleichzeitig ein anderer sein. Weiter haben wir festgestellt, dass die Materie in ihrem Innern von Kräften zusammengehalten wird, die uns noch unbekannt sind, die wir aber im Verlauf unseres Gedankengangs noch kennen lernen werden.

Sprechen wir von Materie, so müssen wir notgedrungen auch von Kräften sprechen, die in ihr wirksam sind beziehungsweise von ihr ausgehen oder auf sie einwirken. Jenes Teilgebiet der Physik, das die Gesetze bewegter Körper beschreibt, wird Mechanik genannt. In ihr geht es um Massen, Kräfte und Beschleunigungen.

Auf der Grundlage von Galileis Bewegungsgesetzen entwickelte Isaac Newton (1643–1727) die Gesetze der klassischen Mechanik. Mit ihnen lassen sich alle Bewegungsvorgänge beliebiger Körper beschreiben, egal ob es sich dabei um Murmeln, Billardkugeln oder Planeten handelt. Allein mit den drei Grundbegriffen Masse, Kraft und Beschleunigung formulierte Newton seine drei grundlegenden Bewegungsgesetze. Im ersten geht es um das Trägheitsprinzip. Es besagt, dass ein kräftefreier Körper sich gleichförmig geradlinig bewegt. Im zweiten, dem Aktionsprinzip, wird festgestellt, dass ein Körper beschleunigt wird, sobald eine Kraft auf ihn einwirkt. Und als drittes besagt das so genannte Reaktionsprinzip: Wenn eine Kraft, die auf einen Körper einwirkt, ihren Ursprung in einem andern Körper hat, so wirkt auf diesen eine gleich große, aber entgegengesetzte Kraft. Prallt also beispielsweise ein bewegter Körper gegen einen ruhenden, so wird der ruhende in Stoßrichtung bewegt, der andere aber prallt in entgegengesetzter Richtung zurück.

Mit diesen wunderbar einfachen Gesetzen und den dazugehörenden mathematischen Formeln war eine universelle Beschreibung aller mechanischen Bewegungen im Universum gefunden. Mit den drei Gesetzen Newtons kann man die Flugbahn eines Geschosses ebenso gut beschreiben wie die Umlaufbahn der Erde um die Sonne. Die Erfahrungen in unserer alltäglichen Welt machen uns mit der klassischen Mechanik vollkommen vertraut, ob uns nun die Gesetze Newtons im Einzelnen bekannt sind oder nicht. Wir bewegen uns in Kenntnis dieser Gesetze durch die Welt, lernen sie als kleine Kinder gewissermaßen auswendig, indem wir hinfallen, uns stoßen, Dinge durch die Gegend werfen oder sie auffangen, auf Bäume klettern und von ihnen herunterfallen, kurzum: indem wir lernen, uns in der Welt zu bewegen.

Wir wundern uns weder darüber, dass ein reifer Apfel vom Ast zu Boden fällt und nicht in den Himmel steigt, noch über den Anblick eines Astronauten, der neben seinem Raumschiff im All schwebt, ohne auf die Erde zu stürzen. Doch wer denkt bei diesem Anblick schon daran, dass Astronaut und Raumschiff von zwei exakt gleich großen, entgegengesetzten Kräften in der Schwebe gehalten werden: der Schwerkraft, mit der die Erde beide anzieht, und der Fliehkraft, mit der sie auf ihrer Kreisbahn um die Erde von der Erdkugel weggezogen werden.

Das Atom als kleinste Materieportion

So faszinierend die Gesetze der Mechanik auch sind – sie sagen leider nichts darüber aus, was Materie ihrem innersten Wesen nach ist, wieso sie zum Beispiel in drei Grundzuständen vorkommt und nicht nur in einem. Wieso kann Wasser, je nach Temperatur, mal flüssig, gasförmig oder fest sein? Oder wieso fängt ein Stück Eisen, wenn ich es nur stark genug erhitze, irgendwann an zu glühen? Wieso sendet es plötzlich rötliches Licht aus und woher kommt dieses Licht? Wieso zerbricht eine Glasscheibe, wenn sie zu Boden fällt, während eine entsprechend dünne Metallplatte heil bleibt? Solche und ähnliche Fragen kann die klassische Mechanik Newtons nicht erklären.

Selbstverständlich hatte sich auch Newton mit der Frage beschäftigt, was Materie ihrem Wesen nach ist, was sie im Innern zusammenhält. Doch bei seinen Antworten kam er nicht über das hinaus, was zweitausend Jahre vor ihm schon einige griechische Philosophen dazu gesagt hatten. Selbst die Physiker und Chemiker des 19. Jahrhunderts hatten von der Materie keine grundlegend andere Vorstellung als die alten Griechen.

Diese Vorstellung ist eng verknüpft mit dem Begriff des Atoms. Die Silbe »tom« ist ein griechischer Wortstamm und bedeutet »schneiden, teilen«. »A-tom« meint also etwas, das man nicht zerschneiden oder sonstwie zerteilen kann. Das vorgestellte A verneint den nachfolgenden Begriff.

Die Idee eines Atoms als kleinstes unteilbares Materieteilchen geht auf den griechischen Philosophen Demokrit (ca. 470–ca. 380 v. Chr.) zurück. Seiner Auffassung nach sollte man sich das Atom als außerordentlich winziges, glattes, glänzendes Kügelchen vorstellen, das unsichtbar, undurchdringlich und unveränderlich sei. Nicht nur die Materie, sondern auch der Geist bestünde aus solchen Atomen, meinte Demokrit. Diese »Geist-Atome« würden in den verschiedenen Organen eines Lebewesens verschiedene Wirkungen hervorrufen, etwa im Gehirn die Gedanken oder im Herzen die Gefühle.

Für Demokrit waren die Atome nicht alle gleichartig. Ihre unterschiedliche Größe und Anordnung waren für ihn Ursache der stofflichen Verschiedenheiten. Wenn, so meinte Demokrit, ein neues Ding erscheint, entstehe in Wirklichkeit nichts Neues, sondern die unsichtbaren Atome, die immer da sind, flögen zusammen wie Tauben bei der Fütterung. Wenn ein Ding vergehe, werde nichts vernichtet, sondern die Atome trennten sich wieder wie die Tauben, die nach der Fütterung auseinander fliegen, um sich vielleicht an einem andern Ort wieder zu einem neuen Schwarm (Ding) zusammenzufinden.

Wenn sich am Himmel eine Wolke zusammenballt, sammeln sich die bis dahin einzeln und unsichtbar herumfliegenden »Wasseratome« zu sichtbarem Nebel, also Wassertröpfchen. Diese fallen irgendwann als Regen zur Erde. Und wenn der Regen vom nassen Boden verdunstet, steigen die Atome wieder in die Atmosphäre auf.

Wenn ein Kind wächst, sind es Atome, die sich in seinem Körper ansetzen, und wenn ein Mensch stirbt und sein Körper verwest oder verbrannt wird, kehren die Atome, »die sich in uns für kurze Zeit zu Lust und Leid gefügt haben« (Demokrit), in den ewigen Kreislauf der Natur zurück. Entstehen und Vergehen in der Natur sind also nichts anderes als die wechselnden Zusammenballungen und Zerstreuungen von Atomen. Die Atome, aus denen jeder von uns besteht und die wir beständig durch die Nahrung und über die Atmung aufnehmen, befanden sich höchstwahrscheinlich schon in vielen anderen Körpern, nicht nur von Menschen, sondern auch von Tieren, und zwar bis zurück zur Urzeit der Erdgeschichte. Unter den Atomen, die wir in diesem Moment einatmen, befindet sich vielleicht sogar eins, das auch Demokrit vor 2500 Jahren eingeatmet hat.

Demokrit und seine Schüler hatten noch andere Vorstellungen von den Atomen, die in ihren Grundzügen bis heute richtig sind. So erkannten sie, dass die Atome von elementaren Kräften – denen der Anziehung und Abstoßung – beherrscht werden. Sie sagten: »Das Lieben und Hassen der Atome verursacht die Unruhe der Welt.« Sie lehrten auch, dass wir von den Dingen niemals erfahren, was sie wirklich sind, sondern immer nur das, was die Atome uns von ihnen erzählen. So ist zum Beispiel das, was wir »Duft« nennen, nur das Anprallen bestimmter Atomgruppen gegen die Nervenzellen unserer Nase. Geschmack ist nichts anderes als die Wirkung von Atomgruppen auf die Nerven unserer Zunge und Mundhöhle. Da die ganze Welt aus Atomen aufgebaut ist, ist unsere Erfahrung der Welt vor allem eine Atom-Erfahrung.

In einem Punkt aber hatte Demokrit nicht Recht – was freilich erst am Ende des 19. Jahrhunderts erkannt wurde: Atome sind nicht unteilbar; sie lassen sich spalten. Atome sind also gar keine »A-tome«, sondern »Tome«. Aber davon später.

Versuchen wir uns erst einmal klarzumachen, wie klein Atome sind. Allerdings dürfen wir dabei nicht übersehen, dass »klein« oder »groß« nur relative Begriffe sind, das heißt: Etwas ist immer nur groß oder klein in Beziehung zu etwas anderem. Der Mensch hat die Neigung, sich selbst als das Maß aller Dinge zu nehmen. Wenn wir sagen: »Ein Atom ist winzig klein«, so meinen wir, dass es winzig klein ist im Vergleich zum menschlichen Körper. Unsere im Alltag gebräuchlichen Längenmaße, also Meter, Zentimeter und Millimeter, stehen in enger Beziehung zur Größe des menschlichen Körpers. Darüber hinaus sprechen wir noch von Kilometern, wobei wir allerdings schon Schwierigkeiten haben, uns eine Strecke von einem Kilometer bildhaft vorzustellen. Ebenso macht es Probleme, uns ein Ding vorzustellen, das nur ein zehntel oder ein hundertstel Millimeter groß ist, von noch kleineren Objekten ganz zu schweigen.

Unsere alltägliche Erfahrungswelt spielt sich eben doch in relativ engen Größenbereichen ab. Der Zugang zur Welt der Atome ist aus diesem Grund schwierig. Sie liegt außerhalb jeder Erfahrbarkeit. In diese Welt können wir nicht mit optischen Vergrößerungsgeräten, also Mikroskopen, hineinblicken, wie uns das umgekehrt beim Blick ins Universum mit Fernrohren möglich ist. Dort lassen uns die modernen Großteleskope fast bis an den »Rand« des Universums schauen. Beim Blick in den Kosmos des ganz Kleinen ist das nicht möglich. Mit so genannten Raster-Tunnelmikroskopen lassen sich bestenfalls die Positionen einzelner Atome in einem Atomhaufen (= Molekül) sichtbar machen, aber nicht die Atome selbst und schon gar nicht ihr innerer Aufbau.

In einem i-Punkt haben Milliarden Atome Platz

Aber wie groß ist denn nun ein Atom? Ein Atomphysiker würde darauf antworten: etwa 0,1 nm. Und wir würden verdutzt aus der Wäsche gucken und ihn für einen Sonderling halten. Da Atomphysiker aber in der Regel nette Menschen sind, wird er uns sogleich erklären, was mit »nm« gemeint ist: Das Kürzel »nm« bedeutet Nanometer. Und Nanometer bedeutet 1 milliardstel Meter, also 1 Meter, geteilt durch eine 1 mit neun Nullen. Man kann dafür auch schreiben: 10^{-9} Meter. 0,1 nm sind somit 10^{-10} Meter. Man spricht vom so genannten Nano-Bereich der Materie. Allein in diesem winzigen Raum geschehen die atomaren Ereignisse.

Ein Atom ist also etwa 10^{-10} Meter groß. Mit solch einer Zahl können wir aber leider nichts anfangen, weil sie unsere Vorstellungskraft übersteigt. Mit dieser grundlegenden Schwierigkeit müssen wir uns im weiteren Fortgang des Buches abfinden.

Schon eine einzelne Zelle unseres Körpers, also die biologische Grundeinheit eines Organismus, ist so winzig klein, dass auf einem i-Punkt mehr als 500 von ihnen Platz finden würden. Aber jede Körperzelle besteht aus Milliarden Molekülen, vor allem Eiweißmolekülen, und jedes setzt sich aus einer Vielzahl von Atomen zusammen.

Auch wenn solche Beispiele uns keine Vorstellung von der Größe eines Atoms liefern, so geben sie uns zumindest eine Ahnung davon, wie unvorstellbar klein es ist. Wir werden es in diesem Buch also hauptsächlich mit Ahnungen zu tun haben. Exakt zu beschreiben ist die Welt der Atome nur mit der exakten Sprache der höheren Mathematik. Da wir diese aber nicht beherrschen, müssen wir uns mit Ahnungen und nebelhaften Vorstellungsbildern zufrieden geben.

Hier ist noch so ein Vorstellungsbild, ein sehr eindringliches, wie ich finde. Es stammt von Lord Kelvin (1824–1907; s. S. 109f.), jenem britischen Physiker, nach dem die Kelvin-Temperaturskala benannt ist. Nehmen wir einmal an, meint Lord Kelvin, dass man sämtliche in einem Glas Wasser enthaltenen Wassermoleküle mit einem Zeichen versehen könnte. Dann leere man das Glas in den Ozean aus und rühre ihn so lange mit einem Riesenlöffel um, bis die gekennzeichneten Moleküle gleichmäßig auf die Weltmeere verteilt wären. Würde man anschließend irgendwo aus dem Meer ein Glas Wasser schöpfen, so enthielte dieses immer noch ungefähr hundert gekennzeichnete Wassermoleküle. Natürlich würde man nicht genau 100 Moleküle vorfinden, auch wenn die Berechnungen exakt diesen Wert ergäben. Es könnten zum Beispiel nur 95 oder 88 sein, aber auch 107 oder 112. Dagegen wäre es äußerst unwahrscheinlich, dass man nur 50 oder 150 markierte Moleküle vorfände. Aber darum geht es hier gar nicht. Das Gedankenspiel will uns nur zeigen, wie klein Atome sein müssen, wenn schon in einem Glas Wasser unvorstellbar viele Moleküle Platz finden. Dabei ist ein Wassermolekül ungefähr dreimal so groß wie ein Atom, denn es setzt sich aus drei Atomen zusammen. Doch mit dem Wassermolekül werden wir uns später noch eingehender befassen; es ist nämlich ein äußerst interessantes und ungewöhnliches Molekül (s. S. 84–95).

Kleine Kinder haben oft die Angewohnheit, nach dem Warum einer Sache zu fragen. Auf die Antwort, die man ihnen gibt, folgt meist prompt ein weiteres Warum – und immer so fort. Bis den Erwachsenen irgendwann der Geduldsfaden reißt. Doch er reißt zu Unrecht, denn das hartnäckige Fragen nach dem Warum ist genau das, was auch Naturwissenschaftler tun. In jeder beantworteten Frage liegt nämlich schon der Keim für weitere Fragen. Naturwissenschaftler sind also wie kleine Kinder – oder umgekehrt: Kinder sind, was ihr hartnäckiges Fragen betrifft, echte Naturwissenschaftler. Wir werden also gut daran tun, auch in diesem Buch immer wieder mal nach dem Warum zu fragen. Die Warums sind die geistigen Haltegriffe, an denen wir uns in diesem abgründigen Gelände vorwärts tasten.

Warum sind die Atome so klein?

Auf die Feststellung, dass die Atome unvorstellbar klein sind, folgt also die kindlich-naturwissenschaftliche Frage: Warum sind die Atome so klein? Doch so zu fragen ist, wie wir weiter oben schon festgestellt haben (s. S. 19 f.), nicht ganz richtig. Wir müssen fragen: Warum sind die Atome im Vergleich zu uns Menschen so klein? Die Frage zielt also auf das Verhältnis zweier Längen ab: der unseres Körpers und der des Atoms. Weil aber das Atom das Ursprünglichere ist und unser Organismus nur eine zeitlich sehr begrenzte Zusammenballung von Atomen darstellt, muss unsere Frage streng genommen lauten: Warum müssen unsere Körper im Vergleich zum Atom so groß sein?

Als Antwort wäre möglich: Damit wir die Atome nicht sehen, hören, fühlen oder schmecken können. Hier beißt sich die Gedankenkatze zwar in den Schwanz, aber es kommt dennoch eine ganz wichtige Wahrheit darin zum Ausdruck: Die Atome *müssen* so klein sein, damit unsere Sinnesorgane von ihnen unbeeindruckt bleiben. Wenn es nicht so wäre, wenn wir also derart empfindliche Sinnesorgane hätten, dass ein einzelnes Atom einen wahrnehmbaren Eindruck auf sie machen könnte – was für ein chaotisches Leben wäre das! Wir würden an dem atomaren Durcheinander um uns herum ganz irr werden. Eines wäre jedenfalls sicher: Ein derart feinsinniger Organismus wäre nicht in der Lage, im Gehirn jene Ordnung der Gedanken hervorzurufen, die nötig ist, um über die Welt der Atome nachzudenken. Er wäre nicht mal in der Lage, dieses Buch zu lesen, da ihn die Atome der Luft, die sich zwischen Auge und Buch befinden, fortwährend am Lesen hinderten. Wir sähen die Welt vor lauter Atomen nicht.

Nun geben sich die Naturwissenschaftler nicht damit zufrieden, etwas, das ihr Interesse weckt, nicht sehen zu können. Was man nicht sehen kann, muss deshalb nicht unentdeckt und unerforscht bleiben. Die Erforschung des Atoms ist ein beeindruckendes Beispiel dafür, dass die Naturwissenschaft eine unseren Sinnen verborgene Welt dennoch exakt beschreiben kann. Sie tut das allein über die Wirkungen, die die unsichtbaren Atome hervorrufen. Freilich war dieser Erkenntnisweg sehr lang und etappenreich. Er begann, wie wir schon gesehen haben, vor fast 2500 Jahren mit Demokrit (s. S. 18 f.).

Die ersten Chemiker nannten sich Alchimisten

Noch die Physiker und Chemiker des 19. Jahrhunderts hatten vom Atom keine grundlegend andere Vorstellung als Demokrit. Nur in einem einzigen, aber wesentlichen Punkt war die Vorstellung vom Atom im 19. Jahrhundert schon eine andere: Man unterschied verschiedene Atomarten nach ihrer Masse beziehungsweise ihrem Gewicht. Das war notwendig geworden, nachdem es Chemikern gelungen war, Stoffe, die in der Natur vorkamen, in jene Elemente zu zerlegen, aus denen sie aufgebaut sind.

Auch hatten schon die Alchimisten des Mittelalters erkannt, dass es wohl mehr als nur die vier Elemente geben müsse, von denen die Philosophen der griechischen Antike sprachen. Elemente wie Schwefel, Zinn, Kupfer, Eisen, Silber, Quecksilber oder Gold waren ihnen vertraut. Andererseits sahen sie diese nicht als wirklich elementar an. Sie stellten zum Beispiel Versuche an, durch Mischen von Schwefel und Quecksilber das begehrte Gold herzustellen.

Auch wenn es den Alchimisten nicht gelang, Gold herzustellen, so brachten sie dennoch eine Fülle wertvoller Erkenntnisse und Erfindungen hervor. Sie entdeckten bei ihren Versuchen das bis dahin unbekannte Element Phosphor, ohne es jedoch als Element zu deuten. Das Wort »Phosphor« bedeutet »Lichtstein«, was davon herrührt, dass Phosphor im Dunkeln aus sich selber leuchtet. Den Phosphor entdeckte man bei Versuchen mit menschlichem Urin. Der enthält pro Liter etwa ein bis zwei Gramm Phosphorsäure in Salzform. Freilich hatten die Alchimisten bei ihren Urinversuchen nach etwas ganz anderem gesucht, nämlich nach dem »Stein der Weisen«, mit dessen Hilfe sich unedle Metalle in Gold verwandeln lassen sollten. Diesen »Stein der Weisen« vermuteten sie in allen möglichen Stoffen, unter anderem auch in den menschlichen Ausscheidungen, die in der Alchimie eine zentrale Rolle spielten. In der Vorstellung der Alchimisten war der Mensch ein Modell der göttlichen Schöpfung, in welchem sich der ganze Kosmos widerspiegele. Was den Urin betraf, so tat man nichts anderes, als ihn hartnäckig zu kochen. Dabei wird die in ihm enthaltene Phosphorsäure in elementaren Phosphor umgewandelt.

Bei anderen Versuchen fanden die Alchimisten statt des erhofften Goldes Porzellan in ihren Schmelztiegeln vor oder sie erfanden das explosive Schwarzpulver, indem sie zufällig Schwefel, Kohlenstoff und Kalisalpeter im richtigen Verhältnis mischten. Mit Wissenschaft im heutigen Sinn hatte das wenig zu tun. Es fehlte in der Alchimie noch die strenge Trennung von Vorstellung und Erfahrung, von Fantasie und Beobachtung.

Im 17. Jahrhundert wurde die Alchimie von der wissenschaftlichen, das heißt auf genauer Beobachtung und Erfahrung beruhenden Chemie mehr und mehr in die Ecke der Geheimkünste und Scheinwissenschaften abgedrängt. So entdeckte der Engländer Robert Boyle (1627–1691), dass der von den Alchimisten gern verwendete Phosphor in der Tat ein Element ist und kein zusammengesetzter Stoff. Hundert Jahre nach ihm entdeckte der Franzose Antoine Laurent de Lavoisier (1743–1794), der ein Meister im chemischen Zerlegen von Stoffen war, das Element Sauerstoff. Er stellte als Erster eine Tabelle der zwanzig damals bekannten Elemente zusammen. Er war es auch, der den so genannten Massenerhaltungssatz für chemische Elemente formulierte. Danach geht bei einer chemischen Reaktion, also bei der Verbindung oder Lösung von Stoffen, niemals Masse verloren. Das heißt: Das Gewicht der Endstoffe ist immer gleich dem Gewicht der Ausgangsstoffe. Damit zeigte er der modernen Chemie den Weg zum Auffinden weiterer unbekannter Elemente. Messen und Wiegen machten die Chemie zu einer exakten, das heißt mathematisch fundierten Wissenschaft.

Die Chemie bringt Ordnung ins Chaos der Stoffe

Nach Lavoisier war es wieder ein Engländer, nämlich John Dalton (1766–1844), der die moderne Chemie in ihren Anfängen entscheidend voranbrachte. Er ordnete zum ersten Mal die damals bekannten Elemente nach einem gewissen System und verhalf damit der wissenschaftlichen Atomtheorie zu einem entscheidenden Durchbruch. Nach Dalton sollten die Atome eines Elements völlig gleich sein und ein ganz bestimmtes Gewicht haben, eben das Atomgewicht. Verschiedene Elemente würden sich also aufgrund ihrer verschiedenen Atomgewichte voneinander unterscheiden.

In Daltons einfachem System, das die Elemente nach steigendem Atomgewicht ordnete, erhielt der Wasserstoff als leichtestes Element die Ordnungszahl 1. In rascher Folge wurden neue Elemente entdeckt und ihre Atomgewichte mit immer genaueren Messverfahren bestimmt. Um 1870 waren bereits rund 70 Elemente bekannt. Der Russe Dimitri Mendelejew (1834–1907) ordnete schließlich auf geniale Weise die zu seiner Zeit bekannten Elemente nach ihren chemischen und physikalischen Eigenschaften zu einem System waagrechter und senkrechter Reihen, dem so genannten Periodensystem. Auf diese Weise entstanden Reihen von Elementen, die große Ähnlichkeiten in ihrem Verhalten zeigten, indem sie ganz leicht oder ganz schwer Verbindungen mit anderen Elementen eingehen. Auch in seinem System ordnete Mendelejew die Elemente nach ihrem Gewicht, vom leichtesten mit der Ordnungszahl 1 (= Wasserstoff) bis zum schwersten mit der Ordnungszahl 92 (= Uran).

Die Reihe der natürlichen chemischen Elemente

1 H Wasserstoff (Hydrogenium)	29 Cu Kupfer (Cuprum)
2 He Helium	30 Zn Zink
3 Li Lithium	31 Ga Gallium
4 Be Beryllium	32 Ge Germanium
5 B Bor	33 As Arsen
6 C Kohlenstoff (Carboneum)	34 Se Selen
7 N Stickstoff (Nitrogenium)	35 Br Brom
8 O Sauerstoff (Oxygenium)	36 Kr Krypton
9 F Fluor	37 Rb Rubidium
10 Ne Neon	38 Sr Strontium
11 Na Natrium	39 Y Yttrium
12 Mg Magnesium	40 Zr Zirkon
13 Al Aluminium	41 Nb Niob
14 Si Silizium	42 Mo Molybdän
15 P Phosphor	43 Tc Technetium
16 S Schwefel	44 Ru Ruthenium
17 Cl Chlor	45 Rh Rhodium
18 Ar Argon	46 Pd Palladium
19 K Kalium	47 Ag Silber (Argentum)
20 Ca Calcium	48 Cd Cadmium
21 Sc Scandium	49 In Indium
22 Ti Titan	50 Sn Zinn (Stannum)
23 V Vanadium	51 Sb Antimon
24 Cr Chrom	52 Te Tellur
25 Mn Mangan	53 J Jod
26 Fe Eisen (Ferrum)	54 Xe Xenon
27 Co Kobalt	55 Cs Cäsium
28 Ni Nickel	56 Ba Barium

57 bis 71 seltene Erden von Lanthan bis Lutetium
72 Hf Hafnium
73 Ta Tantal
74 W Wolfram
75 Re Rhenium
76 Os Osmium
77 Ir Iridium
78 Pt Platin
79 Au Gold (Aurum)
80 Hg Quecksilber (Hydrargyrum)
81 Tl Thallium
82 Pb Blei (Plumbum)
83 Bi Wismut (Bismutum)
84 Po Polonium
85 At Astat
86 Rn Radon
87 Fr Francium
88 Ra Radium
89 Ac Actinium
90 Th Thorium
91 Pa Protaktinium
92 U Uran

Mendelejew kannte zwar noch nicht alle 92 Elemente, die in der Natur vorkommen, aber er wusste schon, dass es 92 sein müssen. Also ließ er in seinem System entsprechende Lücken und behauptete, dass die dazugehörenden Elemente schon noch gefunden würden. So war es dann auch. Warum die Ordnung der Elemente gerade so und nicht anders und wieso beim Element Nummer 92 die Reihe zu Ende ist, konnte Mendelejew nicht erklären, ebenso wenig, wie die Elemente entstanden sind, ob sie vom Beginn der Schöpfung an einfach da waren oder irgendwann erst entstanden sind. Solche Fragen zu beantworten blieb der Atomphysik des 20. Jahrhunderts vorbehalten.

Auf der Grundlage des Periodensystems, genauer der Atomgewichte der Elemente, ließ sich die Anordnung der Atome in den Molekülen erforschen. Schließlich konnte man auf der Grundlage des Periodensystems sogar Moleküle auf dem Papier entwerfen und chemische Verbindungen erzeugen, die in der Natur nicht vorkommen. Bis heute hat man in der Natur etwa hunderttausend Molekülarten entdeckt. Die Chemiker aber haben in den vergangenen dreihundert Jahren etwa 15 Millionen Molekülarten in ihren Labors »gebastelt«, ausgehend von einem »Baukasten« mit 92 Atom-Bausteinen, den die Natur zur Verfügung stellt. Die Atomtheorie schien damit am Ende des 19. Jahrhunderts in sich abgeschlossen. Überraschungen, so dachten die Chemiker, sollte es eigentlich keine mehr geben.

Die Entdeckung der Radioaktivität

Die Chemiker hatten falsch gedacht. Sie hatten nicht mit dem Forscherdrang der Physiker gerechnet. Denn im Jahr 1896 entdeckte der französische Physiker Antoine Henri Becquerel (1852–1908) durch Zufall, dass eine bestimmte Substanz Eigenschaften besaß, die mit den herrschenden Vorstellungen vom Atom nicht zu vereinbaren waren. Bei seinen Versuchen mit Röntgenstrahlen, also besonders energiereichen elektromagnetischen Strahlen, die ein Jahr zuvor von dem Deutschen Wilhelm Conrad Röntgen (1845–1923) entdeckt worden waren, benutzte er einen Stoff, in dem Spuren von Uran enthalten sind. Dieser Stoff gab nach Bestrahlung mit Röntgenstrahlen selbst wieder Strahlung einer unbekannten Art ab.

Becquerel vermutete, dass in dieser Strahlung ebenfalls Röntgenstrahlen enthalten seien. In dieser Erwartung wurde er zwar enttäuscht, dafür stellte er jedoch fest, dass die rätselhafte Strahlung durch schwarzes Papier drang und einen dahinter befindlichen fotografischen Film trübte. Genauere Untersuchungen ergaben, dass die Uranatome in dem Stoff die Verursacher dieser Strahlung waren. Die Uranatome schleuderten offensichtlich pausenlos Teile von sich, als würden sie explodieren. »Explodieren« aber ist ein irreführendes Wort. Also erfand man ein neues: Uran ist »radioaktiv«. Uranatome senden radioaktive Strahlung aus.

Wenn Uranatome aber Teilchen von sich schleudern konnten, so war damit natürlich die Vorstellung hinfällig geworden, ein Atom sei ein hartes, unteilbares Kügelchen. Offensichtlich bestand es aus mehreren noch kleineren Teilchen. Zumindest radioaktive Stoffe schleuderten beständig solche Teilchen von sich. Mit dieser Erkenntnis von der Teilbarkeit der Atome beginnt die Atomphysik der Neuzeit.

Atome bestehen aus geladenen Teilchen

Schon früher hatte es Hinweise gegeben, dass Atome aus mehr als nur einem elementaren Teilchen bestehen könnten. Doch man war noch nicht in der Lage, diese Hinweise zu einer in sich schlüssigen Atomvorstellung zu verknüpfen. So hatte sich zum Beispiel der englische Physiker und Chemiker Michael Faraday (1791–1867) bereits eingehend mit den Erscheinungsformen der Elektrizität beschäftigt und zahlreiche Gesetze dazu formuliert. Seine Beobachtungen an Gasentladungen und seine Elektrolyseversuche deuteten schon darauf hin, dass sich Atome aus elektrisch positiv und negativ geladenen Teilchen zusammensetzen mussten.

Das zeigte sehr eindringlich die so genannte Elektrolyse, bei der ein elektrischer Strom durch eine Salzlösung geschickt wird. Die Lösung kann beispielsweise aus in Wasser gelöstem Kochsalz (NaCl = Natriumchlorid) bestehen. Zwei Metallbleche, Elektroden genannt, werden in die Lösung getaucht. Das eine Metallblech, die Anode, ist mit dem positiven Pol einer elektrischen Batterie verbunden, das andere, die Kathode, mit dem negativen Pol. Durch die Salzlösung fließt nun ein elektrischer Strom, wobei sich an der positiven Anode gasförmiges Chlor absetzt und an der negativen Kathode das Metall Natrium.

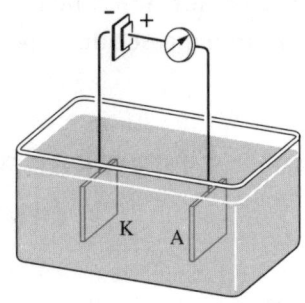

Das Prinzip der Elektrolyse.
Taucht man zwei Bleche in einen Behälter mit Kochsalzlösung und legt an diese eine elektrische Spannungsquelle, so fließt ein elektrischer Strom (K = Kathode, die am negativen Pol hängt, A = Anode, die am positiven Pol hängt). Stoffe, deren Lösungen den elektrischen Strom auf diese Weise leiten, nennt man Elektrolyte. Chemisch sind sie Salze, Säuren oder Laugen.

Dieses Versuchsergebnis ist nur so zu erklären, dass bei Atomen sowohl positive als auch negative Ladungen vorkommen. Oder anders: Atome müssen aus negativ und positiv geladenen Teilchen bestehen. Die Natriumatome, die sich an der negativen Kathode ablagern, müssen demnach positiv geladen sein. Denn so viel wusste man schon: Entgegengesetzte elektrische Ladungen ziehen einander an, gleiche elektrische Ladungen stoßen einander ab. Entsprechend müssen die Chloratome negativ geladen sein, weil sie von der positiven Anode angezogen werden. Solche elektrisch geladenen Atome nennt man Ionen. Das Wort ist griechischen Ursprungs und bedeutet »Gehendes, Wanderndes«. Ionen sind Atome, die wegen ihrer elektrischen Ladung dorthin wandern, wo eine entgegengesetzte Ladung herrscht.

Die weitere Erforschung des Atoms als Träger elektrischer Ladungen ist unlösbar verbunden mit dem neuseeländischen Experimentalphysiker Ernest Rutherford (1871–1937). Für seine Experimente verwendete er ganz bestimmte Materieteilchen, die von vielen in der Natur vorkommenden radioaktiven Elementen ausgesandt werden. Rutherford nannte diese Teilchen Alphateilchen. Dabei handelt es sich um zweifach positiv geladene Helium-Ionen.

Hatte Rutherford zu Beginn seiner Experimente die Alphateilchen selbst untersucht, indem er sie zum Beispiel starken Magnetfeldern aussetzte und ihr Verhalten beobachtete, machte er sie später zu »Werkzeugen« seiner Untersuchungen. Das Alphateilchen erwies sich dabei als einzigartiger Schlüssel zur verborgenen Welt der Atome. Es diente als äußerst scharfe Sonde, mit der man in Atome eindringen konnte, um dann zu beobachten, was passiert. So ließ Rutherford Alphateilchen aus einer radioaktiven Quelle wie Geschosse auf eine hauchdünne Goldfolie prallen und sah zu, was dabei mit ihnen geschah.

Man kann Atome beobachten, ohne sie zu sehen

An dieser Stelle muss erklärt werden, wie es möglich war, Teilchen zu beobachten, die für das Auge unsichtbar sind. Nun, in diesem Fall kam der Atomphysik das neblig-trübe Wetter zugute, das gewöhnlich in Schottland herrscht. So tut man als schottischer Wetterforscher gut daran, sich auf Nebel- und Wolkenbildung zu spezialisieren. Das tat der Meteorologe C.T.R. Wilson (1869–1959). Er fand heraus, dass sich winzige Wassertröpfchen besonders leicht an elektrisch geladenen Staubkörnchen bilden. Um diesen Vorgang genauer studieren zu können, entwickelte Wilson 1911 eine so genannte Nebelkammer, die man mit unterkühlter feuchter Luft füllen konnte. Fliegt nun ein elektrisch geladenes Staubkorn durch diesen unsichtbaren Wasserdampf, dann zeichnet sich seine Flugbahn als Nebelspur ab. Es bildet einen feinen Kondensstreifen. Diesen kann man als Flugbahn des geladenen Staubkorns fotografieren.

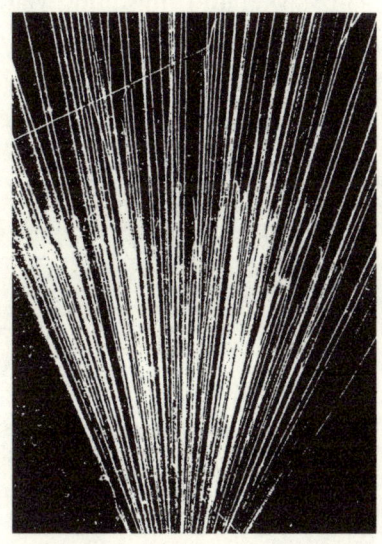

Spuren von Alphateilchen in einer Nebelkammer. Am oberen Rand des Bildes ist eine Spur zu erkennen, die schräg nach links unten weist. Sie beginnt dort, wo die Spur eines nach oben fliegenden Alphateilchens leicht abknickt. Hier hat eine Kernreaktion stattgefunden: Ein Sauerstoffkern ist beim Zusammenstoß eines Heliumkerns mit einem Stickstoffkern der Luft entstanden. Dabei wurde ein Wasserstoffkern (Proton; s. ab S. 36) fortgeschleudert, der die schräg nach links weisende Spur hinterließ.

Was für geladene Staubkörnchen gilt, muss natürlich genauso für geladene Atome (Ionen) gelten. Und so war es auch. Rutherford konnte mithilfe einer solchen Nebelkammer, auch Wilson-Kammer genannt, beobachten, dass fast alle Alphateilchen, die er auf die Goldfolie schoss, durch diese unbehelligt hindurchgingen. Materie, selbst in Form eines so fest und dicht scheinenden Metalls, musste also etwas ungeheuer Poröses sein. Materie konnte somit keinesfalls aus undurchdringlich harten Kügelchen bestehen, von denen eines dicht am andern lagerte. Der größte Teil der Atome schien leerer Raum zu sein. Durch diese Leerräume konnten die Alphateilchen ungehindert hindurchfliegen.

Daraus ergab sich eine erste verblüffende Erkenntnis zum inneren Aufbau der Materie. Materie besteht vor allem aus nichts, aus leerem Raum. Darin ähnelt das Innere der Materie dem äußeren kosmischen Raum, der ebenfalls weitgehend leer ist. Nur hin und wieder, so ergaben Rutherfords Nebelkammer-Versuche, wurde ein Alphateilchen beim Druchdringen der Goldfolie in einem stumpfen Winkel – bis zu 180 Grad – von seiner ursprünglichen Bahn abgelenkt. Rutherford meinte zu dieser Beobachtung: »Es war genauso unglaublich, als ob man eine Granate auf ein Stück Seidenpapier abschösse – und sie prallt zurück und trifft einen.« Es musste also eine sehr starke, im Innern der Materie ruhende Kraft auf dieses Alphateilchen eingewirkt haben.

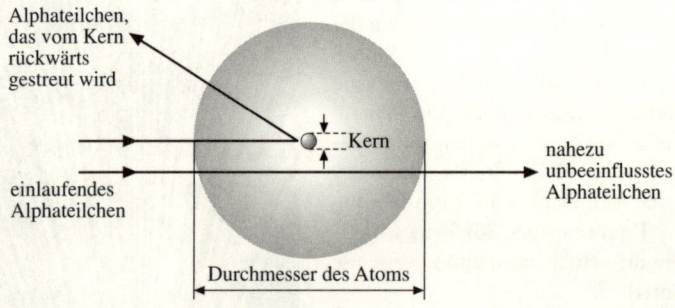

Durch sein Streuexperiment mit Alphateilchen konnte Rutherford zeigen, dass ein Atom einen harten Kern besitzt. Dieser ist in der Skizze stark vergrößert gezeichnet, denn in Wirklichkeit ist er hunderttausendmal kleiner als das Atom. Das heißt: Ein Atom besteht vor allem aus Leere. Deshalb kommt es auch sehr selten vor, dass ein Alphateilchen mit dem winzigen Atomkern zusammenstößt. In diesem Fall wird es in einem großen Winkel zurückgestreut.

Das Gesetz, das diese Ablenkung beschreibt, wird Rutherford'sches Gesetz genannt. Es hat eine ganz einfache Aussage: Die Kraft, die auf das Alphateilchen einwirkt, ist eine längst bekannte, nämlich die elektrische Abstoßung, die zwischen seiner eigenen zweifach positiven Ladung und der positiven Ladung eines Atomkerns wirkt, in dessen Nähe es geraten ist. Damit war eines klar: Ein Atom besitzt einen Kern und auf diesem sitzt eine positive elektrische Ladung.

Je näher ein positiv geladenes Teilchen dieser positiven Ladung im Atomkern kommt, umso stärker wird es von diesem abgestoßen. Die Abstoßungskraft zwischen zwei gleichen Ladungen ist abhängig vom Abstand zwischen ihnen. Sie nimmt im Quadrat des Abstandes ab. Das heißt: Verdoppelt sich der Abstand, nimmt die Abstoßungskraft um das Vierfache ab. Das Entsprechende gilt für die Anziehungskraft zwischen entgegengesetzten Ladungen; auch sie nimmt im Quadrat der Entfernung ab.

Ohne anziehende Kräfte in der Natur gäbe es keine Materie

Das Gesetz von Anziehung und Abstoßung zwischen elektrischen Ladungen entspricht dem Newton'schen Gravitationsgesetz, das die Anziehung zwischen Massen beschreibt. Auch hier nimmt die Anziehungskraft zwischen zwei Körpern im Quadrat der Entfernung ab. Allerdings darf man nicht übersehen, dass die Gravitation immer nur anziehend wirkt, während die Kraft zwischen elektrisch geladenen Teilchen sowohl anziehend als auch abstoßend sein kann, je nachdem, ob die Teilchen entgegengesetzte oder gleiche Ladungen tragen.

Warum diese Naturkräfte so wirken, wie sie es tun – und nicht genau umgekehrt –, wusste Rutherford nicht. Und das wissen die Physiker bis heute nicht. Denkbar wäre auch ein Universum, in dem gleiche elektrische Ladungen einander anziehen und entgegengesetzte Ladungen einander abstoßen. Ebenso wäre eine Kraft zwischen Massen vorstellbar, die nicht anziehend, sondern abstoßend wirkte. In solch einem Universum gäbe es freilich weder Galaxien noch Sterne noch Planeten und somit auch keine Lebewesen, die sich über das Universum Gedanken machen. Es wäre ein Universum, das bestenfalls Atome hervorbrächte – ein ziemlich langweiliges Universum!

Nach Auswertung seiner Experimente war Rutherford 1911 in der Lage, eine Atomtheorie zu veröffentlichen, die über die alte Vorstellung von den festen Materiekügelchen hinausging. Vielmehr sollte nach Rutherfords Ansicht das Atom aus einer äußeren, von den Elektronen gebildeten Atomhülle bestehen, in deren Mitte sich der winzige Atomkern befindet. Der Atomkern vereinigt fast die ganze Masse des Atoms in sich. Dabei ist er so unvorstellbar klein, dass man ungefähr hunderttausend Atomkerne nebeneinander legen müsste, um den Durchmesser des Atoms zu erhalten. Der mittlere Durchmesser eines Atoms beträgt, wie wir bereits wissen, 10^{-10} Meter oder 0,1 Nanometer.

Doch die Elektronen, die den Atomkern in weitem Abstand umrunden, sind noch wesentlich kleiner als dieser. Sie haben faktisch gar keine Ausdehnung mehr. Die Entfernung der Elektronen vom Atomkern wird vielleicht ein bisschen anschaulich, wenn man sich den Kern als Pünktchen von einem Millimeter Durchmesser vorstellt: Dann wären die Elektronen etwa hundert Meter vom Kern entfernt.

Wie schon gesagt: Das Innere eines Atoms besteht vor allem aus Leere, vergleichbar der Leere im Universum. Auch Rutherford bemühte bei seinem Atommodell einen kosmischen Vergleich: Um eine zentrale Sonne, den Atomkern, kreisen auf verschiedenen Bahnen die Planeten, also hier die Elektronen. Doch im Gegensatz zu den Planeten, die die Sonne relativ langsam umrunden, kreisen die Elektronen ungeheuer schnell um den Atomkern, nämlich ungefähr hundertbilliardenmal pro Sekunde. Die Elektronen kreisen auch nicht auf einer Bahnebene wie die Planeten, sondern bilden eine kugelförmige Hülle oder Schale um den Kern.

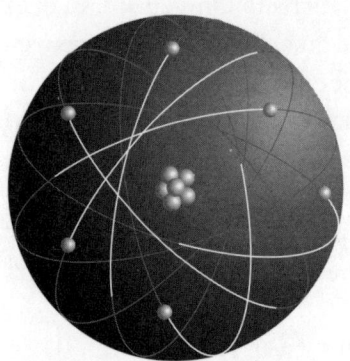

Rutherfords Atommodell von 1911. Es deutet die Elektronen als Satelliten des Kerns auf beliebigen Bahnen.

Wegen ihrer unvorstellbar hohen Geschwindigkeit könnte man sagen, dass sich die Elektronen in jedem Augenblick an fast jedem Punkt dieser Schale befinden. Sie bilden eine Art negative Ladungswolke um den positiven Kern. Atomkern und Elektronenhülle ergeben also zusammen ein Atom. Die Masse des Atoms wird fast vollständig vom Kern geliefert. Die Masse des Elektrons ist ihm gegenüber winzig klein. Beim leichtesten Atom, jenem des Wasserstoffs, hat das Elektron etwa zweitausendmal weniger Masse als der Kern.

Atomkern und Elektron sind aber nicht nur Träger von Masse, sondern, wie gesagt, ebenso von elektrischer Ladung. Nun hat es die Natur so eingerichtet, dass auf dem Atomkern eine positive elektrische Ladung sitzt, auf dem Elektron eine negative. Warum das so ist, wissen wir nicht. Diese elektrischen Elementarladungen können wir also nicht weiter erklären; wir müssen sie einfach als eine elementare Tatsache der Natur akzeptieren. Wir können eine elektrische Ladung messen, zum Beispiel die eines Elektrons, aber wir können nicht sagen, warum sie gerade diesen Wert hat und keinen anderen. Ebenso wenig wissen wir, woher die Ladung kommt. Wir haben es hier mit einer physikalischen Grundkonstante zu tun, die für das ganze Universum gültig ist. Mehr noch: Wir wissen nicht mal, *was* ein Elektron ist. Wir kennen zahlreiche Eigenschaften des Elektrons, doch sein innerstes Wesen bleibt unergründlich. Das ist ähnlich wie mit den Grundgrößen der Physik: Ladung, Masse oder Energie bleiben, soviel man auch über sie zu sagen weiß, letztlich Geheimnisse. Und die werden, wie der Physiker Robert Oppenheimer sagte, »mit dem Fortschritt der Wissenschaft nicht klarer werden, sondern immer unverständlicher«.

Der Kern des Atoms birgt selbst wieder Kerne

Damit ein Atom stabil ist, müssen sich die entgegengesetzten Ladungen in ihm ausgleichen. Das heißt: Die Summe von positiver Kernladung und negativer Elektronenladung muss null ergeben. Nach außen hin sind Atome elektrisch neutral. Für das einfachste Atom, das von Wasserstoff, gilt also, dass sein Kern die positive Ladung +1 trägt, während das Elektron, das ihn umrundet, die negative Ladung -1 hat.

Rutherford entdeckte aber noch mehr. Er wies nach, dass, wenn ein Alphateilchen mit einem Atomkern zusammenstößt, gelegentlich auch etwas anderes aus diesem Zusammenstoß hervorgehen kann als ein Alphateilchen. Aus einem Kern des Elements Stickstoff schoss Rutherford mithilfe eines Alphateilchens einen Wasserstoffkern heraus. Damit gelang ihm die erste Kernumwandlung durch Menschenhand. So war der alte Wunschtraum der Alchimisten doch noch in Erfüllung gegangen: die Umwandlung eines Elements in ein anderes, wenn es auch nicht Gold war, was entstand, sondern »nur« Wasserstoff.

Den Wasserstoffkern nannte Rutherford Proton. Das bedeutet so viel wie »Ur-Teilchen« oder »Erst-Teilchen«. Die Tatsache, dass Atomkerne durch Beschuss mit Alphateilchen verändert werden konnten, ließ darauf schließen, dass sich Atomkerne aus noch kleineren Bestandteilen zusammensetzen, eben den Protonen. Nur der Kern des Wasserstoffs schien aus einem einzigen Teilchen, aus einem einzigen Proton zu bestehen. Denn alle Versuche Rutherfords, ihn zu verändern, misslangen. Der Kern des Wasserstoffs ist mit dem Proton gleichzusetzen; er ist der kleinste, gewissermaßen der Ur-Atomkern, aus dem sich alle Kerne der größeren Atome zusammensetzen.

Nun wissen wir schon einiges über das innere Wesen der Atome: Sie besitzen einen Kern aus Protonen, der in großer Entfernung von einer Elektronenwolke eingehüllt ist. Der Kern besitzt so viele Protonen, wie draußen in der Atomhülle Elektronen um ihn herumrasen. Im einfachsten Fall, dem des Wasserstoffs, besteht der Kern aus einem Proton, der von einem einsamen Elektron umrundet wird. Bei jedem Atom, egal, welchem Element es angehört, ist es so, dass sich die positive Kernladung der Protonen und die negativen Elektronenladungen stets exakt ausgleichen. Das Kohlenstoffatom zum Beispiel besitzt sechs Elektronen, die zusammen die Ladung -6 haben; sein Kern trägt mit 6 Protonen entsprechend die Ladung +6. Die Anzahl der Protonen beziehungsweise Elektronen ist für jedes Element typisch. Sie bestimmen sein chemisches Verhalten.

So weit könnten wir mit diesem einfachen Atommodell zufrieden sein. Es ist nur leider viel zu einfach. Beim genauen Wiegen der verschiedenen Elemente stellte sich nämlich heraus, dass, vom Wasserstoff abgesehen, die Massen der Atome ungefähr doppelt so groß sind, als sie aufgrund ihrer Protonenzahl sein dürften. Die

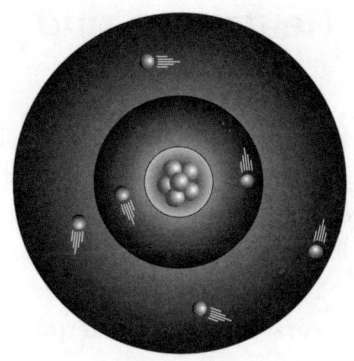

Modell des Kohlenstoffatoms mit seinen sechs Elektronen.

Elektronen kann man beim Atomgewicht vernachlässigen, denn im Vergleich zum Proton ist ein Elektron extrem leicht; es wiegt, wie wir wissen, nur rund ein Zweitausendstel des Protons. Von der Masse eines Atoms sind also 99,95 Prozent in seinem Kern konzentriert. Der Kohlenstoffkern zum Beispiel mit seiner Ladung +6 sollte eigentlich aus 6 Protonen bestehen und somit auch die Masse von 6 Protonen haben. Tatsächlich beträgt seine Masse aber nicht das Sechsfache, sondern das Zwölffache eines einzelnen Protons. Die Masse des Atomkerns – vom Wasserstoff abgesehen – entspricht also nicht der Zahl der Protonen. Es ist vielmehr doppelt so groß.

Woher, fragten sich die Physiker, kommt diese zusätzliche Masse? Alles deutete darauf hin, dass Atomkerne noch andere Teile enthalten mussten. Diese unbekannten Teile schienen die gleiche Masse wie die Protonen zu haben, jedoch keine elektrische Ladung zu besitzen. Damit trugen sie zur Masse des Kerns bei, ohne seine Ladung zu erhöhen. Wie aber sollte man solche ungeladenen Teilchen aufspüren? In der Nebelkammer, so beeindruckend dieses Nachweisgerät auch war, zeichnen sich leider nur die Spuren von geladenen Teilchen ab.

Neutronen sind »schwangere« Protonen

Wenn man ungeladene Teilchen nicht direkt in der Nebelkammer nachweisen kann, dann vielleicht auf indirektem Weg, dachten die Physiker. Also experimentierten sie, bis es schließlich 1932 dem englischen Physiker James Chadwick (1891–1974) gelang, solche ungeladenen Kernteilchen indirekt nachzuweisen. Zu diesem Zweck nahm er wiederum Alphateilchen als Geschosse und lenkte sie auf eine Folie, die aus dem Metall Beryllium bestand. Bei diesem Vorgang wurden aus dem Beryllium Teilchen herausgeschleudert, die zwar in der Nebelkammer keine Spuren hinterließen, dafür aber aus einer in geringer Entfernung zum Beryllium angebrachten Paraffinschicht – ein wachsartiger Stoff, der aus Kohlen- und Wasserstoff besteht – Protonen herausschlugen. Und diese waren in der Nebelkammer nachweisbar. Irgendwelche Kernteilchen ohne Ladung mussten diese Protonen herausgeschlagen haben. Chadwick nannte sie Neutronen, weil sie elektrisch neutral waren.

Diese Neutronen mussten ungefähr die gleiche Masse wie die Protonen haben. Genaue Messungen zeigten, dass ein Neutron ein klein wenig schwerer ist als ein Proton; im Ruhezustand wiegt es $1{,}67492 \times 10^{-27}$ Kilogramm im Gegensatz zum Proton mit $1{,}672614 \times 10^{-27}$ Kilogramm. Das Neutron ist also gerade mal um ein Zweitausendstel schwerer als das Proton. Dieses Verhältnis kommt uns bekannt vor. Wir hatten festgestellt, dass ein Elektron etwa ein Zweitausendstel der Masse des Protons besitzt. Wir könnten also auch sagen, dass ein Neutron exakt um ein Elektron schwerer ist als ein Proton.

Tatsächlich machte man bei der genaueren Untersuchung des neu entdeckten Neutrons die überraschende Beobachtung, dass ein freies, aus einem Atomkern herausgeschlagenes Neutron, im Gegensatz zum Proton, instabil ist. Es hat nur eine »Lebensdauer« von ungefähr siebzehn Minuten. Danach zerfällt es in ein Proton und ein Elektron. Es sieht so aus, als gehe ein Neutron mit einem Elektron schwanger. Wenn es dieses in die Welt setzt, verwandelt es sich selbst in ein Proton.

Aber so ist es oft in den Naturwissenschaften: Eine neue Erkenntnis oder Beobachtung schafft mehr neue Gedankenprobleme, als sie alte zu lösen vermag. So war es auch bei der Entdeckung des Neutrons. Sie löste das Problem des Atomkerns nicht, sondern es tauchten sofort neue Schwierigkeiten auf. Der Atomkern entpuppte sich als ein weitaus rätselhafteres Gebilde, als irgendein Physiker bis dahin erwartet hatte.

Dabei war die Frage, wieso es überhaupt Neutronen im Kern gibt, noch am leichtesten zu beantworten: Sie erfüllen den Zweck, die elektrische Abstoßung zwischen den im Kern zusammengepackten Protonen zu neutralisieren. Gäbe es keine Neutronen in den Atomkernen, so gäbe es keine Atome. Denn die Protonen würden sich wegen ihrer positiven elektrischen Ladung abstoßen. Die Neutronen binden die Protonen wie Klebstoff aneinander. Allein der Wasserstoffkern, der ja nur aus einem einzigen Proton besteht, bedarf keines Neutrons, da bei ihm logischerweise keine auseinander strebenden Kräfte vorhanden sind.

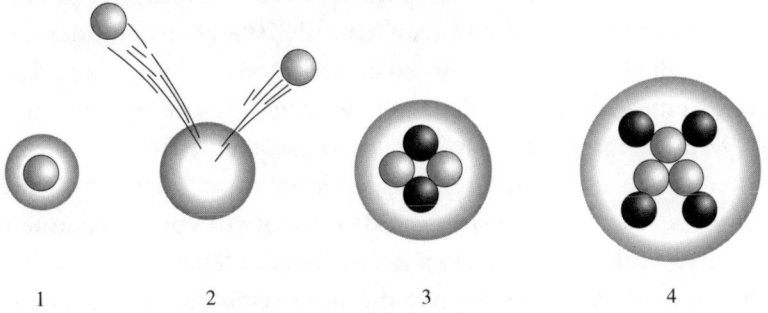

Ohne die Neutronen (schwarze Kugeln) wären Atomkerne nicht stabil, denn die positiv geladenen Protonen (weiße Kugeln) stoßen einander ab. Deshalb würde ein Kern, der nur Protonen enthielte, explodieren (2). Nur der Wasserstoffkern (1) bedarf keines Neutrons, weil er aus einem einzigen Proton besteht. Im Heliumkern (3) halten zwei Neutronen, im Lithiumkern (4) halten vier Neutronen die Protonen zusammen.

Das Proton, also der Kern des Wasserstoffs, ist somit das stabilste Gebilde, das im Universum vorkommt. Fast möchte man sagen, es ist von ewiger Dauer. Doch die Ewigkeit, also eine unendlich lange Zeitdauer, gibt es in der Physik nicht. Heute weiß man, dass auch Protonen nicht ewig »leben«, sondern durchschnittlich 10^{33} Jahre (eine 1 mit dreiunddreißig Nullen).

Protonen und Neutronen kleben durch den Austausch von Teilchen aneinander

Wenden wir uns jetzt solchen Atomkernen zu, die aus mehreren Protonen und somit notgedrungen auch aus Neutronen bestehen. Neutronen binden die Protonen im Kern aneinander. Das schreibt sich so einfach hin. Aber wie machen sie das?, fragen wir uns. Das fragten sich auch die Physiker in den Dreißigerjahren. Zweifellos muss dabei eine Kraft im Spiel sein, denn jede Bindung zwischen Materieteilchen setzt eine Bindungskraft voraus.

Weitere Untersuchungen von Atomkernen durch Beschuss mit energiereichen Alphateilchen führten in dieser Frage nicht weiter. Doch in den Wissenschaften ist es oft so: Wenn Experimente die Erkenntnis nicht voranbringen, hilft nur noch streng logisches Denken weiter. In der Physik heißt das: Man fängt zu rechnen an.

Es war der japanische Physiker Hideki Yukawa, der aufgrund von Berechnungen zu dem Schluss kam, dass die Bindekraft, mit der die Neutronen die Protonen am Auseinanderfliegen hindern, durch den Austausch einer weiteren Teilchenart zwischen Protonen und Neutronen vermittelt wird. Zu der Zeit, als Yukawa seine Berechnungen anstellte – das war in den Dreißigerjahren –, wusste man schon auf der Grundlage von Kernspaltungen, dass im Innern vor Atomkernen eine extrem starke Kraft wirksam ist, die bei der Spaltung des Kerns freigesetzt wird. Man musste nur die freigesetzte Energie messen, um ziemlich genau sagen zu können, wie stark diese Kernkraft im Innern sein muss. Es stellte sich heraus, dass sie etwa hundertmal stärker ist als die elektrische Kraft, die zwischen geladenen Teilchen wirksam ist.

Da diese Kernkraft, wie der Name schon sagt, über den Bereich eines Atomkerns nicht hinausreicht, konnte Yukawa berechnen, dass das geheimnisvolle Austauschteilchen etwa zweihundertmal so viel Masse haben musste wie ein Elektron. Seine Masse lag also irgendwo in der Mitte zwischen der Elektronenmasse und der Masse von Protonen oder Neutronen. Wegen ihrer mittleren Masse nannte man diese vermuteten Austauschteilchen Mesonen (von Griechisch »mesos«: in der Mitte). Entsprechend wurden die schweren Teilchen

(Proton und Neutron) als Baryonen bezeichnet (von Griechisch »barys«: schwer). Die leichten Elektronen wurden fortan als Leptonen eingeordnet (von Griechisch »leptos«: leicht).

Die Mesonen, die man für die starke Bindungskraft in Atomkernen verantwortlich machte, waren die ersten Teilchen, die nicht durch Experimente nachgewiesen wurden, sondern allein auf dem Papier durch Berechnung. Allerdings fand man einige Jahre nach Yukawas Berechnungen tatsächlich solche Mesonen in der kosmischen Strahlung, die beständig aus dem All bei uns eintrifft. Mesonen sind äußerst unbeständige Teilchen, die außerhalb eines Atomkerns sofort in andere Teilchen zerfallen. Und auch innerhalb eines Atomkerns zeigen sie ein äußerst flüchtiges Wesen. Deshalb bezeichnet man sie auch als virtuelle (scheinbare) Teilchen. Sie haben eher den Charakter eines Ereignisses als eines punktförmigen Objekts wie Proton oder Neutron.

In Atomkernen wird pausenlos Pingpong gespielt

Bei der Wechselwirkung zwischen den Protonen und Neutronen im Atomkern, für die die Mesonen verantwortlich sind, handelt es sich um ein Ereignis, das im schwierigen Grenzgebiet zwischen Masse und Energie stattfindet. Diese Wechselwirkung ist vergleichbar mit einem Vorgang, bei dem sich unablässig Masse in Energie und Energie in Masse verwandelt – und zwar mit der Schnelligkeit von billionstel und billiardstel Sekunden. Ein blitzschnelles Pingpongspiel im Billiardsteltakt.

Das Meson ist, wenn man so will, eine Art Umformer, der aber nur durch seine Tätigkeit des Umformens existiert. Es fliegt in jeder Sekunde Billiarden Mal zwischen Proton und Neutron hin und her und verwandelt, wenn es beim Proton landet, dieses in ein Neutron. Und wenn es beim Neutron landet, verwandelt es dieses in ein Proton. Das Hin und Her erzeugt die Bindungskraft im Kern oder besser: Es *ist* die Bindungskraft.

Bindungskräfte entstehen überall dort, wo zwei benachbarte Kör-

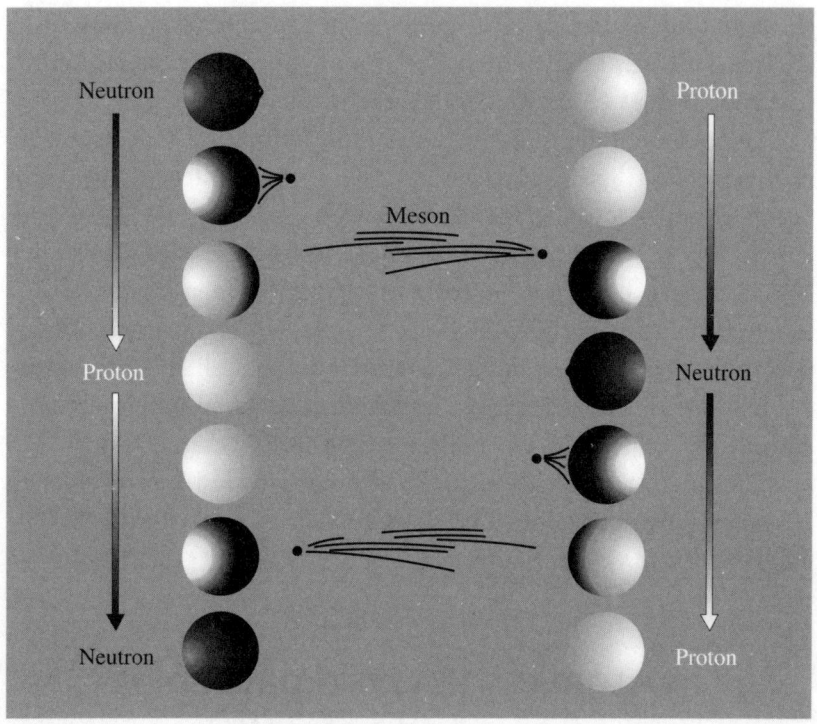

Die bindende Kraft im Atomkern ist eine Austauschkraft. Protonen und Neutronen halten zusammen, weil sie unablässig ein Teilchen, das so genannte Meson, austauschen. Durch den wechselnden Besitz des Mesons verwandeln sie sich ineinander. Wer das Meson gerade besitzt, ist Neutron, wer es gerade abgegeben hat, ist Proton. Dabei fliegt das Meson in jeder Sekunde viele Millionen Male hin und her.

per einen dritten Körper fortgesetzt austauschen. Wenn zwei Menschen zum Beispiel Tischtennis spielen, so ist der kleine Ball gewissermaßen die Austauschkraft, die die beiden Spieler aneinander bindet. Entsprechend wäre also das Meson der »Tischtennisball«, den die »Spieler« Proton und Neutron ständig zwischen sich hin- und herschlagen.

Das Meson, das wie ein Tischtennisball zwischen Proton und Neutron hin- und herfliegt, tut dies mit Lichtgeschwindigkeit, also mit 300 000 Kilometern pro Sekunde. Der Weg, den es dabei durchmisst, ist aber nicht der ganze Durchmesser des Atomkerns, der schon unvorstellbar klein ist, sondern nur der Abstand zwischen Proton und Neutron. Von daher braucht es nicht zu verwundern, dass das

Meson in der Sekunde 5×10^{17}-mal hin- und herfliegt. Damit ist es fast gleichzeitig an zwei Orten – und davon rührt seine gewaltige Bindekraft.

Jedes Element ist durch die Anzahl der Protonen in seinem Atomkern bestimmt

Unser vorläufiges, noch sehr einfaches Vorstellungsbild eines Atoms reicht immerhin schon aus, um uns die Vielfalt der in der Natur vorkommenden Elemente verständlich machen zu können. Jedes Element ist charakterisiert durch die Anzahl seiner Protonen im Atomkern. Und dieser Zahl entspricht wiederum die Zahl der Elektronen in der Atomhülle. Das heißt: Mit einem Proton und einem Elektron beginnt die Reihe der Elemente, also mit dem Wasserstoff (s. Liste der Elemente, S. 26 f.). Sein Zeichen ist der Buchstabe H (von Lateinisch »Hydrogenium«). Wasserstoff ist damit das leichteste Element.

Das zweitleichteste Element – mit zwei Protonen und zwei Elektronen – ist das Helium (He). Allerdings benötigt das Helium noch zwei Neutronen in seinem Kern, um stabil zu sein. Deshalb ist es nicht doppelt so schwer wie der Wasserstoff, sondern viermal so schwer. Beim Atom des dritten Elements Lithium (Li) sollten wir erwarten, dass sich drei Protonen im Kern und drei Elektronen in der Hülle befinden. Und so ist es auch. Wir sollten außerdem erwarten, dass sich zu den drei Protonen im Kern noch drei Neutronen hinzugesellen. Leider sehen wir uns in dieser Erwartung getäuscht: Im Lithium-Kern sitzen vier Neutronen, weshalb dieses Element das Atomgewicht 7 hat; es ist also schon siebenmal schwerer als der Wasserstoff. Bei der Zahl der Neutronen gehorcht die Natur keiner simplen Logik; mit den Neutronen im Kern scheint sie eher spielerisch umzugehen.

Durch stufenweises Hinzufügen je eines Protons zum Kern und je eines Elektrons zur Atomhülle können wir der Reihe nach alle Atomarten bis zur Nummer 92, dem Uran (U), auf dem Papier aufbauen. Uran ist das schwerste und damit auch größte Atom, das in der Natur vorkommt. Es hat 92 Protonen in seinem Kern und 92 Elektronen umkreisen diesen Kern in der Atomhülle. Zu den 92 Protonen kommen beim Uran noch 146 Neutronen hinzu. Das Uran hat somit das Atomgewicht 238, ist also 238-mal so schwer wie der Wasserstoff.

In der aufsteigenden Reihe der Elemente ist zu beobachten, dass die Zahl der Neutronen im Kern rascher zunimmt als die der Protonen. Offensichtlich werden mit zunehmender Größe der Atomkerne auch die Abstoßungskräfte zwischen den gleich geladenen Protonen immer größer. Dementsprechend sind mehr Neutronen zu ihrer Bändigung nötig. Ist beim Helium das Verhältnis von Protonen zu Neutronen noch 1:1, so steigt es bis zum Uran auf 1:1,6 an.

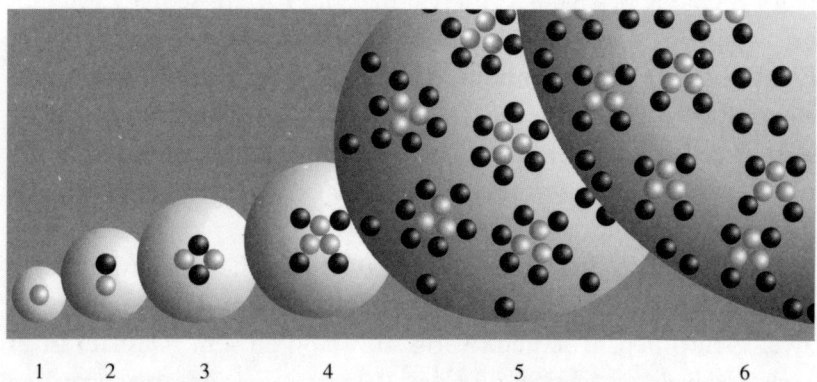

Je mehr Protonen ein Atomkern enthält, umso mehr Neutronen benötigt er zur Bändigung der Abstoßungskräfte zwischen den positiv geladenen Protonen. Der Wasserstoffkern (1) braucht kein Neutron. Er kann aber unter bestimmten Bedingungen eines aufnehmen und wird dann zum Kern des Schweren Wasserstoffs (2), Deuterium genannt. Die beiden Protonen im Heliumkern (3) werden durch zwei Neutronen zusammengehalten. Die drei Protonen des Lithiumkerns (4) brauchen vier Neutronen. In den größeren Atomkernen verschiebt sich die Anzahl immer mehr zu Gunsten der Neutronen (5, 6). Die 92 Protonen des Urans werden von 146 Neutronen zusammengehalten.

Mit dem Uran ist die Reihe der natürlichen Elemente zu Ende. Größere Atome als die des Urans kommen in der Natur nicht vor. Den Mesonen im Kern ist es ab einer bestimmten Kerngröße nicht mehr möglich, die Kernteile zusammenzuhalten. Das hat damit zu tun, dass diese Bindekräfte nur über kleinste Strecken wirksam sind.

Die elektrischen Abstoßungskräfte zwischen den Protonen haben hingegen eine unendliche Reichweite. Je größer die Atomkerne werden, umso wackliger wird das Gleichgewicht zwischen der starken Wechselwirkung, die den Kern zusammenhält, und der elektrischen Kraft, die den Kern auseinander treibt. Wenn mehr und mehr Protonen und Neutronen in einem Kern zusammengepackt sind und damit immer größere und schwerere Kerne entstehen, fällt es der Kernkraft mit ihrer winzigen Reichweite immer schwerer, gegen die elektrische Kraft anzukommen. Alle Protonen im Kern »spüren« einander immer mehr und stoßen sich gegenseitig ab. Alle schweren Atomkerne enthalten deshalb mehr Neutronen als Protonen. Nur so kann die Stabilität weiter aufrechterhalten werden. Denn die überschüssigen Neutronen tragen zur Bindungsenergie im Kern bei, ohne elektrische Abstoßungskräfte zu erzeugen. Doch beim Uran mit seinen 92 Protonen ist auch der stabilisierende Einfluss der Neutronen zu Ende.

Die Reichweite der Starken Kernkraft entspricht in etwa dem Durchmesser eines schweren Kerns, wie wir ihn im Uran vor uns haben. Hier endet der Einflussbereich der Starken Kernkraft. Die hundertmal schwächere elektrische Kraft trägt nun den Sieg davon, allein weil ihre Reichweite über den Kern hinausreicht.

Bis zum Element Nummer 83, dem Wismut (Bi, von Lateinisch »Bismutum«), können die Austauschkräfte die Atomkerne noch stabil halten. Danach, vom Element Nummer 84 an, dem Polonium (Po), beginnen die radioaktiven Elemente. Diese sind nicht mehr stabil, sondern zerfallen, indem sie beständig die uns schon bekannten Alphateilchen und andere Teilchen von sich schleudern. Mit dem Uran als 92. Element hat dann aber auch die instabile radioaktive Materie in der Natur ein Ende. Einen um ein weiteres Proton vergrößerten Atomkern würde man in der Natur vergeblich suchen. Der Mensch allerdings kann solche Atomkerne in besonderen Labors künstlich herstellen. Er kann Elemente erzeugen, die es in der Natur nicht gibt. Inzwischen hat man Elemente mit bis zu 118 Protonen im Kern hergestellt. Ein solcher Atomkern aber hatte nur eine »Lebensdauer« von weniger als einer tausendstel Sekunde. In dieser kurzen Zeit spaltet er nämlich ein Alphateilchen (= Heliumkern) ab und wird zum Kern des Elements 116. Sechshundert Mikrosekunden später entsteht aus diesem der Kern des Elements 114, das freilich auch nicht länger »überlebt«. Die Zerfallskette geht so lange weiter, bis endlich das stabile Element Blei (Pb, von Lateinisch »Plumbum«) mit seinen 82 Protonen erreicht ist.

Die so genannten Isotope – Elemente mit abweichender Neutronenzahl

Wie die Kernphysiker Elemente künstlich herstellen, werden wir uns später noch genauer ansehen. Zuvor müssen wir erst noch das Atom eingehender betrachten. So klein dieses »Ding« ist, so vielschichtig ist es dennoch in seinem Aufbau. Immerhin haben wir inzwischen das innere Wesen der Elemente verstanden, und darauf dürfen wir uns in der Tat etwas einbilden. Denn damit haben wir buchstäblich den Wesenskern aller Materie verstanden, nämlich den Grund für die Verschiedenheit der Elemente. Sie unterscheiden sich nur durch die Anzahl ihrer Protonen im Kern. Man bräuchte beispielsweise dem Kern von Stickstoff (N, von Lateinisch »Nitrogenium«) mit seinen sieben Protonen nur ein Proton wegzunehmen, um den Kern von Kohlenstoff (C, von Lateinisch »Carboneum«) mit seinen sechs Protonen zu erhalten. Würde man dem Stickstoffkern ein Proton hinzufügen, so hätte man einen Sauerstoffkern (O, von Lateinisch »Oxygenium«) gebildet.

Im Gegensatz zur unabänderlichen Beziehung zwischen der Protonenzahl und der Elementart kann die Zahl der Neutronen im Kern wechseln, ohne dass sich die Elementart ändert. Von fast allen Elementen kommen in der Natur Nebenformen vor, die sich in der Zahl der Neutronen von der Hauptform unterscheiden. Man nennt solche Atome Isotope. Das Wort ist von Griechisch »isos« (gleich) und »topos« (Ort) abgeleitet. Isotope sind Atome, die durch die gleiche Zahl von Protonen am gleichen Ort der Elementreihe stehen. Es gibt also von ein und demselben Element oftmals eine ganze Reihe von unterschiedlichen Kernen – unterschiedlich in der Zahl ihrer Neutronen!

So existieren zum Beispiel drei verschiedene Arten von Wasserstoffatomen. Jedes von ihnen hat nur ein Proton im Kern – und entsprechend ein Elektron in der Hülle –, doch zwei Wasserstoffarten besitzen zusätzlich zum Proton noch ein Neutron beziehungsweise zwei Neutronen. Fast alle Wasserstoffatome auf der Erde, nämlich 99,986 Prozent, bestehen nur aus einem Proton, das von einem Elektron umrundet wird. Ein verschwindend kleiner Rest von 0,014 Prozent der natürlichen Wasserstoffatome besitzt zum Proton noch ein Neutron im Kern. Dieser so genannte Schwere Wasserstoff wird auch Deuterium genannt. Die dritte Art des Wasserstoffs – sie hat zwei Neutronen im Kern – heißt Tritium. Dieses kommt allerdings in der Natur nicht vor, sondern wird nur künstlich in Kernkraftwerken erzeugt. Es zerfällt sofort wieder unter Aussendung von radioaktiver Strahlung.

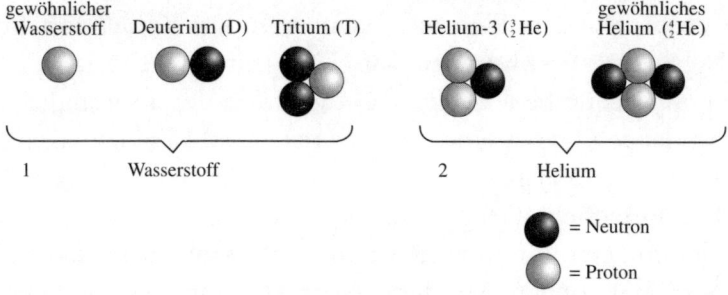

Die Isotope von Wasserstoff (1) und Helium (2).

Auch vom Helium gibt es ein Isotop. Es hat nur ein Neutron statt zwei. Hier spricht man von einem leichten Isotop des Heliums, während Deuterium und Tritium schwere Isotope des Wasserstoffs sind.

Die mittelgroßen Atome bilden mehr Isotope als die kleinen oder die großen Atome. Die Höchstzahl von Isotopen findet man deshalb bei den Elementen in der Mitte der Elementreihe. Zum Beispiel kommt das Element Nummer 50, Zinn (Sn, von Lateinisch »Stannum«), in der Natur mit zehn verschiedenen Isotopen vor. Einige Isotope haben Berühmtheit erlangt, so etwa der radioaktive Kohlenstoff-14 (C-14), den man zur genauen Altersbestimmung von toten organischen Stoffen verwendet. Dieses Kohlenstoff-Isotop besitzt im Gegensatz zum normalen Kohlenstoff nicht sechs, sondern acht Neutronen in seinem Kern, neben den sechs Protonen, die das Element Kohlenstoff auszeichnen.

Alle organischen Substanzen, egal ob in Pflanzen, Tieren oder Menschen, enthalten neben dem normalen Kohlenstoff auch winzige Mengen des radioaktiven Kohlenstoff-Isotops C-14. Diese werden von den Pflanzen über das Kohlendioxid (CO_2) in der Luft aufgenommen. So gelangt das C-14 über die Nahrungskette in tierische oder menschliche Organismen. Wenn ein Lebewesen stirbt, nimmt es logischerweise kein C-14 mehr auf. Von da an zerfällt der im Organismus befindliche radioaktive Kohlenstoff, ohne ersetzt zu werden.

Nun hat jeder radioaktive Stoff eine ganz bestimmte, für ihn typische Zerfallszeit. Man nennt sie Halbwertszeit. Mit »Halbwertszeit« ist die Zeit gemeint, nach der die Hälfte der Atome einer radioaktiven Probe in andere Elemente zerfallen ist. Das Kohlenstoff-Isotop C-14 hat eine Halbwertszeit von 5730 Jahren. Wenn ich also bei einer Gewebeprobe feststelle, dass die Hälfte der ursprünglich dort vorhandenen C-14-Atome bereits zerfallen ist, kann ich sagen, dass das Gewebe 5730 Jahre alt ist. Freilich sind für dieses Messverfahren hoch empfindliche Geräte nötig, so genannte Beschleuniger-Massenspektrometer, die einzelne Atome einer Probe nach deren Massen sortieren können. Mit dieser Methode kann man das Alter von Ausgrabungsfunden, die organischen Ursprungs sind, sehr genau bestimmen, allerdings nur bis etwa 35 000 Jahre in die Vergangenheit. Will man ältere Objekte genau datieren, muss man andere radioaktive Stoffe heranziehen. Mithilfe von Uran-238 konnte man zum Beispiel das Alter von Mondgestein und Meteoriten bestimmen. Denn Uran-238 hat eine Halbwertszeit von rund 4,5 Milliarden Jahren. Auf diesem Weg ließ sich auch das Alter der Erde auf etwa 4 Milliarden Jahre festlegen. Das im Gestein gefundene Uran ist demnach fast zur Hälfte in andere Elemente zerfallen.

Von den 92 in der Natur vorkommenden Elementen gibt es über 300 natürliche Isotope. Zusätzlich hat man in den Kernforschungslabors durch Einschießen von Kernteilchen in Atomkerne fast 1000 künstliche Isotop-Arten hergestellt. So gibt es auf der Welt zwar nur 92 Elemente, aber fast 1300 verschiedene Arten von Atomkernen.

Die Elektronen kreisen um den Atomkern, aber nach äußerst strengen Regeln

Bis jetzt haben wir unser Augenmerk vor allem auf den Atomkern gerichtet, von dem wir nun schon eine ziemlich gute Vorstellung haben. Das ist umso erstaunlicher, als die Welt der Atome jenseits aller Vorstellbarkeit liegt. Wir sollten uns deshalb stets bewusst sein, dass unsere Vorstellungsbilder nur grobe sprachliche oder grafische Annäherungen an die unsichtbare Welt im Innern der Atome sind.

Wenden wir uns jetzt der Hülle des Atoms zu, also dem Bereich, in dem die Elektronen »zu Hause« sind. Die Elektronen umkreisen, wie wir bereits festgestellt haben (s. S. 34), den Atomkern in relativ großer Entfernung, ähnlich wie die Planeten die Sonne. Die Planeten können nur deshalb auf stabilen Bahnen um die Sonne kreisen, weil zwei gleich starke entgegengesetzte Kräfte sie exakt auf ihren Bahnen halten: Die Massenanziehungskraft zieht sie zur Sonne hin, die Fliehkraft, die durch die Kreisbewegung der Planeten entsteht, zerrt sie von der Sonne weg. Beim Atom kann man es sich ähnlich vorstellen. Nur wirkt hier nicht die Massenanziehungskraft des Kerns, sondern die elektromagnetische Kraft zwischen entgegengesetzt geladenen Teilchen. Der positiv geladene Kern zieht die negativ geladenen Elektronen in der Hülle zu sich hin, während sie selbst durch ihre rasend schnelle Kreisbewegung vom Kern weggezerrt werden.

Dieses Planetenmodell, so einleuchtend es auch ist, funktioniert nur leider bei den Elektronen nicht. Denn im Gegensatz zu den Planeten des Sonnensystems, die die Sonne nahezu in ein und derselben Ebene umrunden, bewegen sich die Elektronen in allen Richtungen des Raums um den Atomkern. Während das Sonnensystem also die Form einer Scheibe hat, zeigt das Atomsystem die Form einer Kugel.

Doch auch dieses Kugelmodell funktioniert leider nicht. Es hat einen Fehler, der nun wirklich schwerwiegend ist und die Atomphysiker zu Beginn des 20. Jahrhunderts vor große gedankliche Probleme stellte. Die mechanischen Gesetze Newtons, die die Bewegungen von Planeten exakt beschreiben, gelten im Bereich von Atomen nicht mehr. Denn dort herrscht ja nicht die Massenanziehungskraft, sondern die elektrische Kraft. Andere Gesetze, nämlich die der Elektrodynamik, die die Erscheinungen von ruhenden und bewegten elektrischen Ladungen beschreiben, zeigen, dass ein Atom, wenn es genauso wie ein Planetensystem funktionieren würde, instabil sein müsste. Denn nach den Gesetzen der Elektrodynamik nimmt die Bewegungsenergie eines Elektrons, das sich in einer anderen als einer geraden Linie bewegt, ab. Es verliert unentwegt Energie, indem es elektromagnetische Strahlung aussendet. Das würde auch für die Elektronen in der Atomhülle gelten. Auch sie würden auf ihren Kreisbahnen um den Kern fortwährend Energie verlieren, also langsamer werden, bis sie endlich in den Kern stürzten. Das aber ist nicht der Fall.

Das Atom gleicht einer Zwiebel – einer Zwiebel mit Kern

Für die klassische Physik Newtons ist die Frage, wieso die Atome stabil sind, nicht zu beantworten. Dazu bedarf es einer anderen Physik. Sie muss im Bereich des ganz Kleinen an die Stelle der Newton'schen Mechanik treten, die dort ihre Gültigkeit verliert. Diese andere Physik werden wir später genauer kennen lernen. Für den Fortgang unserer Gedanken reicht es erst einmal, wenn wir feststellen, dass der junge dänische Physiker Niels Bohr (1885–1962) im Jahr 1913 das Problem der Atomstabilität löste, indem er eine einfache Forderung aufstellte: Die Elektronen eines Atoms können den Atomkern nicht auf beliebigen, sondern nur auf ganz bestimmten Bahnen umkreisen. Und diese Bahnen haben die Eigenschaft, dass die auf ihnen kreisenden Elektronen keine Energie abstrahlen.

Nun, so etwas lässt sich leicht behaupten. Etwas anderes ist es, die Richtigkeit einer solchen Behauptung zu beweisen. Dazu war der junge Bohr zunächst auch nicht in der Lage. Wie die Elektronen es fertig bringen sollen, trotz ihres Umlaufs nicht zu strahlen, wusste Bohr selbst nicht. Dafür stellte er eine weitere Forderung auf: Die

Elektronen können ihren Energiegehalt nur durch Sprung von einer festgelegten Bahn auf eine andere, ebenfalls festgelegte Bahn ändern. Springt ein Elektron auf eine vom Atomkern entferntere Bahn, so bedarf es dazu der Aufnahme von Energie. Diese kann ihm nur von außen zugeführt werden. Springt ein Elektron umgekehrt von einer entfernteren auf eine näher am Kern liegende Bahn, so gibt es Energie in Form von Strahlung ab.

Mit diesen Forderungen Bohrs war nichts bewiesen, aber sie lenkten den Forscherdrang der Atomphysiker in die richtige Richtung. Ausschlaggebend war dabei die Vorstellung von streng festgelegten, hohlkugelartigen Bahnen oder, besser, Schalen, auf denen die Elektronen ohne Energieverlust um den Kern laufen können. Die Chemiker nennen diese Schalen Orbitale (von Lateinisch »orbita« = Kreisbahn). Die Natur zwingt die Elektronen im Atom auf feste Bahnen und macht es ihnen dadurch möglich, ohne Energieverlust um den Kern kreisen zu können.

Das Atom gleicht also, nach Bohrs Vorstellung, einer Zwiebel, die ja auch aus Schalen aufgebaut ist. Freilich handelt es sich dabei nur um gedankliche Schalen, Geisterschalen, so könnte man sagen. Solche Schalen existieren in Wirklichkeit nicht, sie werden nur durch die Bewegungen der Elektronen »geschaffen«. Das Atom ist ein offenes Gebilde.

Nun wissen wir bereits, dass die elektromagnetische Kraft, die zwischen Atomkern und Elektronen wirksam ist, zwar eine unendliche Reichweite hat, aber mit dem Quadrat der Entfernung abnimmt. Das bedeutet für die Elektronen im Atom: Die, die auf der innersten Schale kreisen, werden stärker vom Kern angezogen als die, die sich auf den äußeren Schalen befinden. Die inneren Elektronen erfahren also eine stärkere elektrische Bindung als die äußeren. So erklärt sich, weshalb bei äußeren Einwirkungen auf das Atom, zum Beispiel durch Zufuhr von Wärmeenergie, zuerst die kernfernen Elektronen aus ihren Schalen springen. Alle Beeinflussungen der Atomhülle schreiten also vom äußeren Rand zum Zentrum voran.

Ein Kollege von Niels Bohr, der österreichische Physiker Wolfgang Pauli (1900–1958), fand auf rein rechnerischem Weg heraus, dass auf jeder Schale nur eine ganz bestimmte Anzahl von Elektronen Platz haben könne. Man kann sich das ganz einfach so vorstellen, dass die innerste Schale, die dem Kern am nächsten ist, auch die engste Schale darstellt. Auf ihr finden nur wenige Elektronen Platz. Nach außen hin werden die Schalen immer größer und so können sie auch mehr und mehr Elektronen aufnehmen. Die Elektronen auf einer Schale brauchen auch deshalb genügend Platz, weil sie sich wegen ihrer gegenseitigen Abstoßung nicht zu nahe kommen können. Aus diesem Grund geht es auf den jeweiligen Schalen sehr geordnet zu. Es kommt dort, trotz des Gedränges, niemals zu Zusammenstößen zwischen den herumrasenden Elektronen.

Die einzelnen Elektronenschalen im Atom haben die Physiker, um sie voneinander zu unterscheiden, mit den Buchstaben K, L, M, N, O, P und Q bezeichnet. Es gibt also maximal sieben Elektronenschalen, wobei die großen Atome logischerweise die meisten aufweisen. K ist die innerste, also engste Schale. Auf ihr haben höchstens zwei Elektronen Platz. Beim einfachsten, also leichtesten Atom, dem des Wasserstoffs, bewegt sich das einzige Elektron auf dieser K-Schale. Beim zweiten Element Helium kommt ein zweites Elektron hinzu. Auch dieses findet seinen Platz auf der K-Schale. Damit sich beide Elektronen des Heliumatoms nicht in die Quere kommen, kreisen sie nicht auf derselben Bahn, sondern jedes hat seine eigene Bahn innerhalb der K-Schale, die um 90 Grad zur anderen Bahn geneigt ist.

Das nächstgrößere Atom, das vom Lithium, besitzt drei Elektronen. Doch auf der K-Schale, so will es die Natur mit strenger Ge-

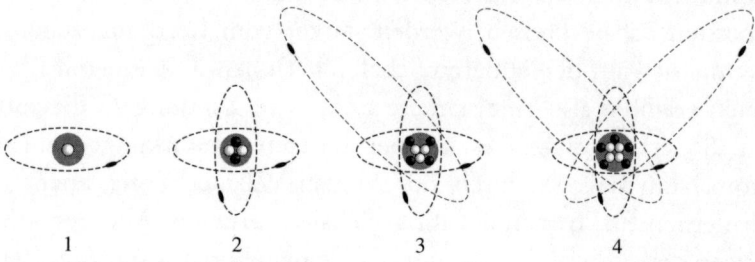

Die Protonen im Kern (weiße Kugeln) ziehen mit ihrer positiven Ladung die negativen Elektronen an und halten sie so auf ihren Bahnen. Deshalb findet man im Atomkern immer so viele Protonen, wie auf den Elektronenbahnen Elektronen kreisen. 1, 2, 3, 4 symbolisieren die ersten Elemente des Periodensystems, also Wasserstoff, Helium, Lithium und Beryllium.

setzmäßigkeit, haben nur zwei Elektronen Platz. Also muss sich das dritte Elektron auf die nächste, die L-Schale begeben. Auf dieser ist nun wesentlich mehr Platz, nämlich gleich für acht Elektronen. Doch auch dort kreist jedes Elektron auf seiner eigenen Bahn in einem bestimmten Winkel zu den anderen.

Gäbe man den Elektronen fortlaufende Nummern, so könnte man sagen: Elektron 1 und 2 laufen auf der innersten, der K-Schale. Die folgenden acht Elektronen, also Elektron 3 bis 10, laufen auf der zweiten, der L-Schale. Wenn diese mit acht Elektronen gefüllt ist – man sagt auch »gesättigt« –, müssen sich hinzukommende Elektronen auf die dritte, die M-Schale begeben, die noch weiter vom Kern entfernt und damit noch geräumiger ist. Auf ihr haben maximal 18 Elektronen Platz. So geht es fort, insgesamt siebenmal, bis 92 Elektronen – auf sieben Schalen verteilt – den Kern des schwersten Atoms, des Urans, umkreisen.

Die Schalen der Atomzwiebel bestehen wiederum aus Schalen

Leider ist das Schalenmodell, wie wir es soeben skizziert haben, ein bisschen zu einfach, um dem tatsächlichen Verhalten der Elektronen in der Atomhülle gerecht zu werden. Die Elektronen kreisen nicht nur blitzschnell auf ihren Schalenbahnen, sondern drehen sich dabei auch noch rasend schnell um sich selbst. Elektronen haben einen Eigendrall (englisch »spin«); man spricht auch vom Drehimpuls. Auch hierin ähneln sie den Planeten, die sich ja auch um die Sonne *und* um sich selber drehen.

Elektronen können sich schneller oder langsamer um sich selber drehen, das heißt ihr Drehimpuls kann höher oder niedriger sein. Man kann sich die Elektronen in der Atomhülle also als wirbelnde Kreisel oder kreiselnde Wirbel denken, die den Kern auf einer Hauptschale umrunden. Doch diese Hauptschale besteht wiederum aus einem Bündel von Nebenschalen, die von den Elektronen, je nachdem welchen Drehimpuls sie haben, eingenommen werden können. Entsprechend ihren Energiestufen bewegen sich die Elektronen nicht nur auf der Hauptschale, sondern auch auf diesen Nebenschalen.

Die Nebenschalen werden mit den Kleinbuchstaben s, p, d und f bezeichnet. Auf der s-Nebenschale können maximal 2, auf der p-Nebenschale 6, auf der d-Nebenschale 10 und auf der f-Nebenschale bis zu 14 Elektronen laufen beziehungsweise kreiseln. Daraus ergibt sich ein in der Tat etwas verwirrendes Gesamtbild der Elektronenhülle, das sich nicht weiter vereinfachen lässt. Wir müssen mit diesem Schalen- und Teilchengewirr irgendwie zurechtkommen, und sei es, dass wir dieses Gewirr und unsere Verwirrung darüber einfach so hinnehmen. Atomphysik *ist* verwirrend; das wird jeder Atomphysiker bestätigen.

Das Haupt- und Nebenschalengewirr sieht also folgendermaßen aus: Auf der innersten K-Hauptschale können, wie wir schon wissen, höchstens 2 Elektronen Platz finden; diese befinden sich stets im s-Zustand, was ihren Drehimpuls betrifft. Hier fallen gewissermaßen Haupt- und Nebenschale in eins zusammen. Auf der L-Hauptschale finden maximal 8 Elektronen Platz, wobei sich 2 im s-Zustand und 6 im p-Zustand befinden müssen. Die L-Hauptschale setzt sich also aus zwei Nebenschalen zusammen. Entsprechend besteht die gefüllte M-Hauptschale mit ihren 18 Elektronen aus drei Nebenschalen, wobei sich wiederum 2 Elektronen im s-Zustand, 6 Elektronen im p-Zustand und 10 Elektronen im d-Zustand befinden. Das gleiche Prinzip setzt sich bei der N-Hauptschale fort: Sie hat Platz für maximal 32 Elektronen, wobei wiederum 2 im s-Zustand, 6 im p-Zustand, 10 im d-Zustand und 14 im f-Zustand sind.

So, das reicht fürs Erste. Inzwischen wirbeln auch in unserem Kopf jede Menge Elektronen auf Haupt- und Nebenschalen durcheinander. Bevor wir selber anfangen zu rotieren, beenden wir an dieser Stelle erst mal unsere gedankliche Erforschung des Atoms. Das heißt nicht, dass wir damit alles über den Bau des Atoms gesagt haben. Wir haben nicht mehr als ein grobes Schlaglicht darauf geworfen.

Freilich weden wir auf unserem weiteren Gedankengang zum Atom zurückkehren. Um genau zu sein: Wir verlassen die Welt des Atoms nicht wirklich, sondern richten jetzt unseren Blick auf das,

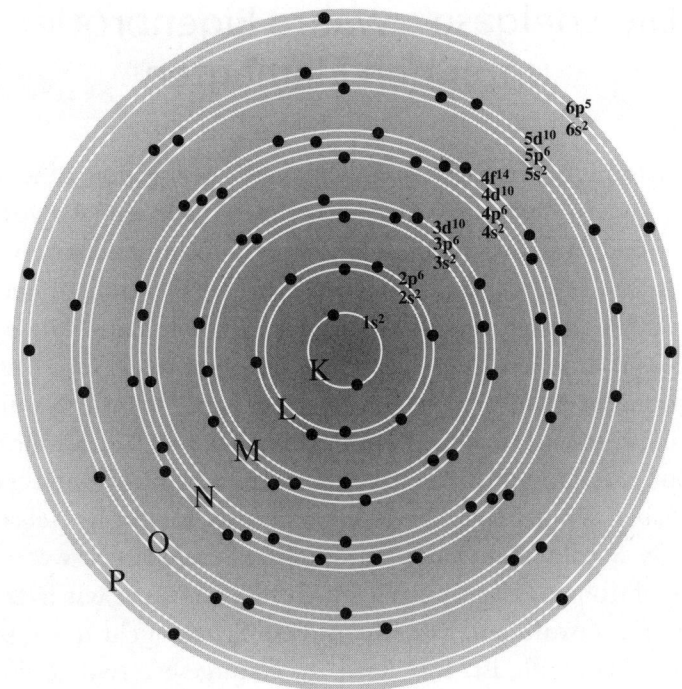

Die Elektronenhülle am Beispiel des Elements Astat. Es besitzt 85 Elektronen, die sich von innen nach außen auf sechs Hauptschalen in der Ordnung 2, 8, 18, 32, 18, 7 verteilen. Jede Hauptschale setzt sich aus Nebenschalen zusammen, etwa die M-Schale aus den drei Nebenschalen s, p und d.

was zwischen mehreren Atomen geschieht. Denn dass da etwas geschehen muss, ist klar. Schließlich besteht die Welt nicht nur aus einzelnen Atomen, sondern aus Menschen, Tieren, Pflanzen, Steinen, Flüssigkeiten, Gasen, kurzum, aus der Vielfalt toter und lebendiger Materie mit unendlich vielen Variationen, einer ständigen Umwandlung der Stoffe.

Die Edelgase – wahre Eigenbrötler unter den Elementen

Die Atome haben die Eigenschaft, nach geeigneten Bindungen mit andern Atomen zu suchen. In ihnen steckt eine Art von atomarem »Bedürfnis« nach Bindung. Freien, ungebundenen Atomen ist nicht wohl in ihrer »Haut«, das heißt in ihrer Elektronenhülle. Allein »fühlen« sie sich unvollständig, irgendwie ruhelos. Diese Unruhe gehört zur Natur der Elemente. Dahinter steckt eine Gesetzmäßigkeit, die man nicht weiter erklären kann, die die Natur den Elementen gewissermaßen einprogrammiert hat: Sie können auf ihrer äußersten Elektronenschale höchstens acht Elektronen tragen. Zwar haben wir weiter oben festgestellt, dass auf der M-Schale 18, auf der N-Schale 32 und auf den weiteren Schalen noch wesentlich mehr Elektronen Platz finden können, doch müssen wir jetzt einschränkend hinzufügen: nur, wenn diese Schale nicht die äußerste der Elektronenhülle ist. Ein atomares Naturgesetz zwingt also die Elemente dazu, ihre Elektronen so auf die Schalen zu verteilen, dass die äußere niemals mehr als 8 Elektronen besitzt. Mit 8 Elektronen ist die äußerste Elektronenschale voll besetzt, also gesättigt. Die Zahl 8 stellt für die Elemente so etwas wie eine magische Zahl dar. Sie hätten alle gern eine gesättigte Außenschale. Dieses Glück aber haben von allen 92 Elementen nur sechs: die so genannten Edelgase. Das leichteste unter ihnen, das Helium, haben wir bereits kennen gelernt. Es ist allerdings schon mit seinen 2 Elektronen gesättigt, weil mehr auf seiner einzigen Schale, der K-Schale, gar nicht Platz haben. Die anderen fünf Edelgase – Neon (Ne), Argon (Ar), Krypton (Kr), Xenon (Xe) und Radon (Rn) – tragen auf ihren äußersten Schalen 8 Elektronen und sind damit, so könnte man sagen, mit sich selber im Reinen.

Bei allen anderen Elementen sieht es anders aus. Sie sind mit sich unzufrieden und von einer elementaren Unruhe gekennzeichnet. Insgeheim wären auch sie alle gern Edelgase. Alle haben sie das Bestreben, eine solche gesättigte Edelgasschale mit 8 Elektronen auszubilden. Um dies zu erreichen, bleibt ihnen nur der Weg, sich mit anderen Elementen zusammenzutun. Die äußeren ungesättigten

Schalen der Elemente sind also dafür verantwortlich, dass Elemente das Bestreben haben, Bindungen einzugehen. Hingegen schwirren die Atome der Edelgase immer als Einzelatome durch die Welt. So verschieden die Edelgase in ihrem Atomaufbau sind, so vollkommen gleich sind sie in ihrem Verhalten gegenüber andren Elementen: Sie gehen keine Verbindungen ein.

Die überwiegende Mehrheit der in der Natur vorkommenden Elemente, nämlich 86 von 92, besitzen keine gesättigte äußere Elektronenschale. Bei ihnen befinden sich dort zwischen 1 und 7 Elektronen. Allein diese Tatsache ist der Grund dafür, dass es Moleküle gibt, also Zusammenballungen von Atomen. Fast alle Materie auf unserer Erde existiert in Gestalt von Molekülen. Hunderttausende von Molekülarten kommen in der Natur vor oder werden vom Menschen in chemischen Labors unter besonderen Bedingungen hergestellt.

Die Materie hat ein inneres Verlangen nach Stabilität

Wieso verlangt es die Atome eigentlich nach einer mit 8 Elektronen gesättigten äußeren Schale, selbst wenn sie diese mit einem anderen Atom – oder mehreren – teilen müssen? Dahinter steckt ein Grundgesetz der physikalischen Welt: Alle Vorgänge oder Zustände in der Natur streben auf einen Zustand höchstmöglicher Stabilität zu – und das ist in der Physik der Zustand niedrigster Energie. Durch den Zusammenschluss von Atomen zu Molekülen entledigen sich die Atome eines Teils ihrer Energie. Man könnte auch sagen: Die Atome legen in der Bindung einen Teil ihrer inneren Unruhe ab; sie sind nicht mehr auf der Suche, denn sie haben ja das Gewünschte gefunden: eine stabile Edelgasschale aus 8 Elektronen.

Nehmen wir zum Beispiel die Elemente Wasserstoff (H) und Sauerstoff (O). Sie vereinigen sich z.B. gern auf Baustellen, nämlich dann, wenn ein Bauarbeiter seinen Schweißbrenner in Gang setzt. Die Vereinigung geschieht unter schlagartiger Freisetzung großer Energiemengen, wobei Wasser (H_2O) entsteht. Die Formel H_2O besagt, dass sich jeweils zwei Wasserstoffatome mit einem Sauerstoffatom zu einem Wassermolekül verbunden haben. Der Wärmeanteil der dabei freigesetzten Energie wird genutzt, um mit dem Schweißbrenner Eisenteile zusammenzuschweißen oder durchzuschneiden.

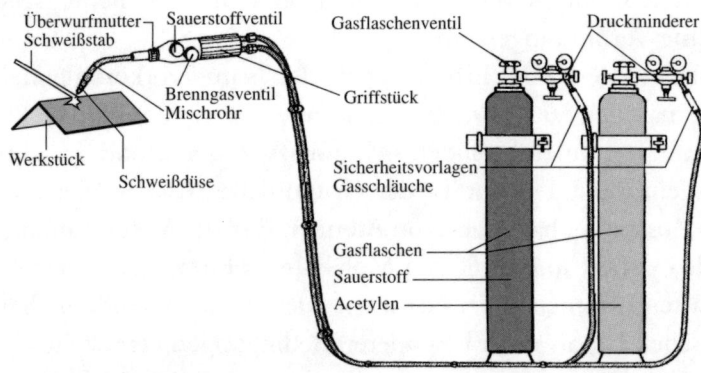

Prinzip eines Schweißbrenners. Als Brennstoff wird nicht reiner Wasserstoff verwendet, sondern eine Kohlen-Wasserstoffverbindung, genannt Acetylen (chem. Formel: C_2H_2). Beide Gase werden in getrennten Schlauchleitungen einem Mischrohr zugeführt. Nach Vermischung durch eine Schweißdüse treten die Gase nach außen und werden gezündet. Die Schweißflamme erreicht Temperaturen von über 3000 Grad Celsius.

Daraus kann man schon ersehen, welch hohe Energien bei der Verbindung von Wasserstoff und Sauerstoff frei werden. Das dabei entstehende Wasser ist im Vergleich zu den beiden miteinander reagierenden Gasen äußerst energiearm, weshalb es ja auch so beständig ist. Im Wasser haben sich Wasserstoff und Sauerstoff gesättigt, gewissermaßen ihre atomare Erregung im Wasser abgekühlt.

Will man umgekehrt in einem Wasserzersetzungsapparat aus Wasser wieder Wasserstoff und Sauerstoff gewinnen, so muss man diesem Apparat erneut exakt die Energiemenge zuführen, die bei der Bildung des Wassers freigesetzt wurde. Es ist also leicht, aus Wasserstoff und Sauerstoff Wasser herzustellen, aber ziemlich aufwändig, Wasser wieder in Wasserstoff und Sauerstoff zu zersetzen. Im einen Fall genügt ein einziger Funke, im andern benötigt man enorme Mengen elektrischen Stroms.

Sauerstoff und Wasserstoff sind also offensichtlich ganz wild darauf, sich miteinander zu Wasser zu verbinden, um darin ihre innere

Ruhe zu finden und beispielsweise als stiller kleiner See in der Landschaft zu liegen und zum Lebensraum für Pflanzen und Tiere zu werden. Nichts deutet mehr darauf hin, dass dieses Wasser vor Urzeiten explosionsartig aus Wasserstoff und Sauerstoff hervorgegangen ist.

Der Grund für diese starke Neigung des Wasserstoffs zum Sauerstoff liegt allein in ihren äußeren Elektronenschalen: Das Sauerstoffatom hat insgesamt 8 Elektronen, davon 2 auf seiner inneren K-Schale und 6 auf seiner äußeren L-Schale; es fehlen ihm also zur Sättigung 2 Elektronen. Wasserstoff ist nun der ideale Partner für das nach Sättigung suchende Sauerstoffatom. Denn Wasserstoff hat nur ein einziges Elektron. Das Sauerstoffatom braucht also nur zwei Wasserstoffatome an sich zu reißen, um mit diesen zusammen eine stabile Außenschale mit 8 Elektronen zu bilden.

Nun ist es aber so, dass der Wasserstoff gar nicht in Einzelatomen vorkommt, sondern diese schließen sich zu Molekülen aus 2 Wasserstoffatomen (H_2) zusammen. Der Wasserstoff findet also schon in sich selbst einen idealen Partner, um eine ideale Edelgasschale zu bilden. Denn die innerste Schale, die K-Schale, die der Wasserstoff als einzige besitzt, ist bereits mit 2 Elektronen gesättigt. Tun sich also zwei Wasserstoffatome zusammen, so haben sie auch schon einen Zustand größter Stabilität erreicht. Das kümmert freilich das Sauerstoffatom wenig; es hat nur seine eigene Sättigung im Sinn und reißt den Wasserstoff an sich, ob er will oder nicht.

Allerdings ist es nicht so, dass Wasserstoff und Sauerstoff ständig und ganz von selbst miteinander reagieren, wo immer sie aufeinander treffen. Aber auch der Sauerstoff kommt nicht in Einzelatomen vor, schließlich ist er ja kein Edelgas. Er verbindet sich, solange keine idealeren Partner vorhanden sind, ebenfalls mit seinesgleichen. Der Sauerstoff in der Luft fliegt deshalb in O_2-Molekülen herum, nicht als atomarer Sauerstoff. Unter bestimmten Bedingungen fügt er sich sogar zu O_3-Molekülen zusammen, die wir als Ozon kennen. Doch gibt er diese »innerfamiliäre« Bindung sofort wieder auf, wenn es ihm möglich ist, sich bei genügend hoher Zündtemperatur mit Wasserstoff oder anderen Elementen zu verbinden. Denn dabei wird er viel mehr Energie los als bei der Bindung mit seiner eigenen Elementart (s. S. 73). Sie verbinden sich erst ab einer bestimmten

Temperatur. Bei Zimmertemperatur zum Beispiel kann man Sauerstoff und Wasserstoff mischen, ohne dass irgendwas passiert. Allerdings sollte man streng darauf achten, dabei keine Funken zu erzeugen. Wasserstoff und Sauerstoff bedürfen eines äußeren Anstoßes in Form einer kurzen Energiezufuhr, um miteinander reagieren zu können. Kurzum, man muss das Gasgemisch entzünden.

Die zugeführte Wärme lässt die Moleküle von Wasserstoff und Sauerstoff an der Stelle, wo sich die Zündflamme befindet, so heftig aufeinander prallen, dass sie in die Einzelatome zerfallen. Es bedarf also einer Startenergie. Das hat damit zu tun, dass die Einzelatome die eigentlichen Träger jedes chemischen Geschehens sind und nicht die Moleküle. In unserem Fall: Nicht H_2 und O_2 reagieren miteinander, sondern die Atome H und O.

Ist aber erst mal die nötige Startenergie zugeführt, dann läuft die weitere Reaktion von Wasserstoff und Sauerstoff eigenständig ab, und zwar mit rasender Geschwindigkeit. Die ersten von einer Zündflamme angeregten Atome, die sich miteinander verbinden, setzen dabei so viel Energie frei, dass damit sofort weitere Atome angeregt werden. Vom ursprünglichen Zündpunkt aus pflanzt sich die Verbrennung von Wasserstoff zu Wasser als Kettenreaktion blitzartig fort. Man nennt das eine Explosion. Sie ist nichts anderes als eine Verbrennung im Blitztempo.

Wie heftig, das heißt wie schnell die Verbrennung eines Stoffes abläuft, hängt unter anderem davon ab, wie fein er verteilt ist. Das gilt freilich nur für feste oder flüssige Stoffe, denn Gase zeichnen sich dadurch aus, dass sie immer die feinste Verteilung darstellen: die in einzelne Moleküle, bei Edelgasen sogar in einzelne Atome. Feste und flüssige Stoffe aber können in feinerer oder gröberer Verteilung auftreten, in winzigen Körnchen oder riesigen Brocken, in feinsten Nebeltröpfchen oder dicken Tropfen.

Ein kompaktes Stück Holzkohle zum Beispiel verbrennt langsam, wenn man es entzündet. Auch benötige ich eine relativ hohe Starttemperatur, um die Verbrennung überhaupt in Gang zu bringen. Würde ich das gleiche Stück Holzkohle jedoch zu feinem Staub zermahlen und ihn dann in die Luft pusten, so könnte ein einziger Funke genügen, die Kohlenstaubwolke explosionsartig verbrennen zu lassen. Diese Tatsache macht zum Beispiel den Kohlenstaub, der bei der Arbeit in Kohlebergwerken entsteht, so gefährlich. Die Zündenergie kann bei der Kohlenstaubwolke an vielen Kohlenstoffkristallen gleichzeitig aktiv werden und diese in Einzelatome zerlegen. Beim Holzkohlenstück muss sich die Energie Schicht für Schicht von außen nach innen vorarbeiten. Die Angriffsfläche für die Flamme ist eng begrenzt, während sie bei der Staubwolke sehr groß ist.

Bei einer normalen Verbrennung, etwa eines Holz- oder Kohlestücks, kommt der Sauerstoff aus der umgebenden Luft. Nun kann man aber auch Stoffe künstlich herstellen, in denen der Brennstoff – also zum Beispiel Kohlenstoff oder Wasserstoff – bereits auf der molekularen Ebene mit dem Sauerstoff gemischt ist. Man bastelt also ein Molekül, in dem Brennstoffatome und Sauerstoffatome vorhanden sind. Berühmtestes Beispiel hierfür ist das Dynamit, die feste Form des flüssigen Nitroglycerins. Bei einem solchen Stoff bedarf es keines Sauerstoffs mehr von außen. Man hat es mit einem so genannten Sprengstoff zu tun.

Nitroglycerin hat die chemische Formel $C_3 N_3 H_5 O_9$. Man sieht: Reichlich Brennstoff (3 Kohlenstoffatome und 5 Wasserstoffatome) sind mit 9 Sauerstoffatomen in ein und demselben Molekül vereint. Die exakte chemische Formel sieht allerdings etwas anders aus: $C_3 H_5 [(ONO_2)_3]$. Das heißt, dass der Sauerstoff an den Stickstoff gebunden und damit erst mal von den beiden Brennstoffen C und H fern gehalten ist. Doch Verbindungen von Stickstoff und Sauerstoff sind nicht besonders stabil. Schon die geringste Energiezufuhr genügt, um beide wieder voneinander zu lösen. Das heißt für das Nitroglycerin: Es bedarf nur einer schwachen Erschütterung oder einer geringen Erwärmung, damit der Sauerstoff sich vom Stickstoff trennt und auf die Kohlenstoff- und Wasserstoffatome überspringt, zu denen er sich von Natur aus hingezogen fühlt. Denn mit ihnen kann er stabile Edelgasschalen ausbilden. Das Nitroglycerin zerfällt dabei in Kohlendioxid (CO_2), Wasser (H_2O), gasförmigen Stickstoff (N_2) und etwas überschüssigen Sauerstoff (O_2). Dabei werden die instabilen Stickstoff-Sauerstoff-Bindungen durch wesentlich stabilere Kohlenstoff-Sauerstoff-, Wasserstoff-Sauerstoff- und Stickstoff-Stickstoff-Bindungen ersetzt. Als Ergebnis wird schlagartig eine gewaltige Energiemenge frei. Die Explosion findet ohne Sauerstoff von außen statt.

Die Explosion von Dynamit ist also mehr als nur eine äußerst schnell ablaufende Verbrennung, sondern ein Umwandlungsprozess im Nitroglycerin-Molekül selbst. Daher rührt die außergewöhnliche Wucht bei der Energiefreisetzung.

Kehren wir aber jetzt zur normalen Verbrennung zurück. Sie ist der in der Natur häufigste und daher auch vertrauteste chemische Prozess. Wenn also beim Verbrennen von Wasserstoff Wasser entsteht, so hat das Wasser, wie wir schon festgestellt haben, einen wesentlich niedrigeren Energiegehalt als die Einzelatome, aus denen es hervorgegangen ist. Diese verloren gegangene Energie steckt in der Wärme und dem Licht, die bei der Verbrennung freigesetzt wurden. Die innere Ruhe der Wasserstoff- und Sauerstoffatome war nur über den Weg eines heftigen Zusammenpralls möglich, bei dem die beteiligten Atome einen Teil ihrer Energie loswurden.

Brennstoffe sind jene Elemente, die geeignet sind, sich unter Abgabe intensiver Wärme- und Lichtenergie mit Sauerstoff zu verbinden. Neben dem Wasserstoff ist es vor allem der Kohlenstoff, zu dem der Sauerstoff eine besonders starke Neigung hat, eine Verbindung einzugehen. Allerdings binden sich Kohlenstoff- und Sauerstoffatome anders aneinander, als das zwischen Wasserstoff- und Sauerstoffatomen der Fall ist. Denn das Kohlenstoffatom trägt auf seiner äußeren Schale 4 Elektronen. Das ist gerade genug für zwei Sauerstoffatome, denen jeweils 2 Elektronen fehlen, um gesättigt zu sein. Jeweils zwei Sauerstoffatome stürzen sich auf ein Kohlenstoffatom und es entsteht die Verbindung CO_2 (Kohlendioxid). Es ist jenes Gas, das hauptsächlich für den so genannten Treibhauseffekt verantwortlich ist. Dieser führt zur Erwärmung des Erdklimas, weil die ins kalte Weltall strebende Wärmestrahlung vom CO_2 in der Atmosphäre verstärkt zum Erdboden zurückgeworfen wird.

Wie funktioniert eine Kerze?

Zu verstehen, was beim Abbrennen einer Kerze auf der chemischen Ebene geschieht, fällt uns nunmehr ganz leicht. Das gilt freilich auch für alle anderen brennbaren Materialien. Sie alle zeichnen sich dadurch aus, dass sie in der Hauptsache aus Kohlenstoff und Wasserstoff bestehen, oder besser: aus unterschiedlichen Kohlenwasserstoff-Verbindungen. Aus solchen Verbindungen sind grundsätzlich alle Lebewesen aufgebaut. Unsere vertrauten Brennstoffe stammen alle von lebenden Organismen, also Pflanzen oder Tieren. Steinkohle zum Beispiel ist versteinertes Holz, Erdöl entstand aus abgestorbenen Meerestieren, die wegen Sauerstoffmangels nicht verwest sind, sondern Faulschlamm bildeten. Dieser wurde durch Bakterien in Erdöl umgewandelt. Tatsächlich besteht Erdöl aus etwa 85 Prozent Kohlenstoff und etwa 15 Prozent Wasserstoff. Der Kohlenstoff nimmt in der belebten Natur eine absolute Sonderstellung ein, allein schon wegen der ungeheuren Zahl seiner Verbindungsarten. Man kennt über eine Million Arten von Kohlenstoffverbindungen. Unter ihnen sind Riesenmoleküle mit tausenden von Atomen, wobei der Kohlenstoff gewissermaßen das Grundgerüst liefert.

Dass der Mensch eine normale Körpertemperatur von etwa 37 Grad Celsius hat, beruht auf nichts anderem als Verbrennung. In unseren Körperzellen werden Kohlenwasserstoff-Verbindungen, die wir durch die Nahrung in Form von Kohlehydraten, Fetten und Eiweiß zu uns nehmen, verbrannt. In dieser Hinsicht funktionieren wir beziehungsweise unsere Körperzellen nicht grundsätzlich anders als eine brennende Kerze oder ein Ofen, in dem Holz, Kohle oder Heizöl verbrannt wird. Der zur Verbrennung in unseren Zellen notwendige Sauerstoff wird mit dem von der Lunge kommenden Blut zu den Zellen geführt. Die Verbrennungsprodukte Kohlendioxid und Wasser werden beim Ausatmen abgegeben. Dass wir Wasser ausatmen, sieht man während der kalten Jahreszeit sehr schön an der Atemwolke vor unserem Mund. In der Kälte kondensiert der ausgeatmete Wasserdampf. Oder wir hauchen eine kalte Fensterscheibe an – sofort ist sie mit feinen Wassertropfen beschlagen. Aber auch die Haut atmet Wasser aus, weshalb wir beim Laufen schwitzen.

Warum brennt eine Kerze? Weil sie aus Brennstoff besteht. Der Brennstoff Wachs enthält Wasserstoffatome (H) und Kohlenstoffatome (C). Das Wasserstoffatom trägt auf seiner einzigen Elektronenschale ein einsames Elektron. Der Sauerstoff (O) in der Luft sättigt sich, indem er seine beiden Lücken mit Wasserstoffatomen füllt. So entsteht als erstes Produkt der Verbrennung Wasser (H_2O). Dem Kohlenstoff (C) fehlen vier Elektronen auf seiner äußeren Schale. Die Sauerstoffatome sättigen sich, indem sich jeweils zwei von ihnen in die vier Lücken eines Kohlenstoffatoms einheften. So entsteht als zweites Produkt der Verbrennung Kohlendioxid (CO_2).

Jetzt stellt sich natürlich die Frage, wo eigentlich die Flamme ist, mit der Kohlenstoff und Wasserstoff in unserem Körper verbrannt werden. Wenn in unseren Zellen tatsächlich nichts anderes stattfindet als bei einer brennenden Kerze, dann müssten wir doch auch innerlich brennen. Das tun wir aber nicht. In unseren Zellen brennen keine winzigen Flammen. Die Verbrennung findet dort ohne Lichtentwicklung statt. Es entsteht nur Wärme. Mithilfe bestimmter organischer Verbindungen, die man Enzyme nennt, gelingt es dem Organismus, die Verbrennung schon bei niedriger Temperatur, also bei 37 Grad Celsius, ablaufen zu lassen. Die Enzyme funktionieren als so genannte Katalysatoren, das heißt als Stoffe, die durch ihre bloße Anwesenheit die Verbrennung herbeiführen und je nach Bedarf steuern, ohne dass sie selbst an der chemischen Reaktion teilnehmen. Diese Katalysatorwirkung der Enzyme ersetzt im Körper die Aktivierung der Verbrennung durch eine Zündflamme. Normalerweise sind etwa 400 Grad Celsius nötig, damit Kohlenstoff (in Form von Holzkohle) brennt. Wasserstoff zum Beispiel kann man auch ohne Zündflamme schon bei Zimmertemperatur zum Brennen bringen. Man muss ihn nur über pulverisiertes Platin (Pt) leiten und schon entzündet er sich. Hier spielt das Element Platin die Rolle des Katalysators. Es erleichtert die Aufspaltung der Wasserstoffmoleküle in Einzelatome, die sich dann bereits bei Raumtemperatur mit dem Sauerstoff der Luft vereinigen können. Ohne Katalysator benötigt ein Wasserstoff-Sauerstoff-Gemisch eine Zündtemperatur von 642 Grad Celsius.

Die Partnersuche der Elemente

Nun gibt es in der Natur nicht nur die Verbrennung als Reaktion zwischen Elementen. Verbrennungen sind nur jene Bindungsvorgänge, bei denen sich Sauerstoff unter großer Wärme- und Lichtabstrahlung mit einem anderen Element verbindet. Im Prinzip finden, wie wir schon festgestellt haben, alle jene Elemente leicht zueinander, bei deren Verbindung sich für beide eine stabile Edelgasschale mit 8 Elektronen ergibt (s. S. 56). Und bei jeder Art von Verbindung wird Wärme freigesetzt, freilich nicht gleich so viel wie bei einer Verbrennung.

Der Sauerstoff kann sich nicht nur mithilfe von Wasserstoff oder Kohlenstoff sättigen. Er kann die beiden Elektronen, die ihm auf seiner äußeren Schale fehlen, auch leicht von anderen Elementen bekommen, und zwar solchen, die geneigt sind, ihre äußeren Elektronen loszuwerden, weil sie nur wenige davon haben.

Der Wasserstoff wiederum reagiert nicht nur gern mit Sauerstoff, sondern er gibt im Prinzip sein einziges Elektron jedem Element, das eins braucht, um satt zu werden. Da wäre zum Beispiel der Schwefel (S), das Element Nummer 16 im Periodensystem. Wie dem Sauerstoffatom auf seiner äußeren L-Schale zwei Elektronen zur Sättigung fehlen, so auch dem Schwefel auf seiner äußeren M-Schale. Deshalb zeigt der Schwefel, wie der Sauerstoff, eine starke Neigung, sich mit dem Wasserstoff zu verbinden, genauer: mit zwei Wasserstoffatomen. Beide Elemente, Sauerstoff und Schwefel, so verschieden sie in ihrer Erscheinung sind, ähneln einander in ihrem Verhalten anderen Elementen gegenüber. Sie ähnlen sich in ihrem Bindungsverhalten, weil sie in der Zahl ihrer Elektronen auf der äußeren Schale – der Bindungsschale – übereinstimmen. Wie Wasserstoff (H) und Sauerstoff (O) sich gern zu Wasser (H_2O) verbinden, so auch Wasserstoff (H) und Schwefel (S) zu Schwefelwasserstoff (H_2S), einem übel riechenden, giftigen Gas.

Nun haben wir gesehen, dass Sauerstoff (O) auch eine starke Neigung zum Kohlenstoff (C) hat, um sich mit ihm zu sättigen. Entsprechend verbindet sich auch der Schwefel (S) gern mit dem Kohlenstoff (C) zu Schwefelkohlenstoff (CS_2). Wie der Sauerstoff, so geht auch der Schwefel unzählige Verbindungen mit anderen Elementen ein – vorausgesetzt, es ist darüber eine gemeinsame äußere Schale aus 8 Elektronen zu erreichen.

Besonders bindungsfreudig sind jene Elemente, die schon ganz nah an einer stabilen äußeren Schale sind, denen also entweder ein Elektron fehlt, um sich zu sättigen, oder die ein einsames Elektron auf ihrer Außenschale haben, das sie gern abgeben, um so zu einer Edelgasschale zu kommen. Elemente mit 7 Elektronen auf der Außenschale haben von daher eine elementare Neigung zu Elementen mit nur einem Elektron auf der Außenschale.

Elemente, die zwei oder drei Elektronen auf ihrer äußeren Schale besitzen, wollen diese Elektronen ebenfalls gern loswerden. Sie suchen gleichsam nach Elementen mit sechs beziehungsweise fünf Außenelektronen, um sich zu sättigen. Dazwischen liegen jene Atome mit 4 Elektronen auf der äußeren Schale, wie wir das beim

Kohlenstoffatom gesehen haben. Für diese Elemente sind beide Möglichkeiten – Abgabe oder Aufnahme von Elektronen – gegeben.

Alkalimetalle lieben Halogene

Wie schon gesagt: Die Elemente mit nur einem Elektron auf der äußeren Schale haben eine starke Neigung zu Elementen mit sieben Elektronen auf der Außenschale. Die beiden Elementgruppen stehen sich als gegensätzliche, man sagt auch: als polare Gruppen gegenüber. Ihre Verbindungen sind buchstäblich von feuriger Leidenschaftlichkeit. Sie laufen unter Freisetzung einer hohen Bindungswärme ab.

Zur Familie mit nur einem einsamen Elektron auf der Außenschale zählen folgende Elemente:

Nr. 1 H (Wasserstoff)
Nr. 3 Li (Lithium)
Nr. 11 Na (Natrium)
Nr. 19 K (Kalium)
Nr. 37 Rb (Rubidium)
Nr. 55 Cs (Cäsium)
Nr. 87 Fr (Francium)

Man nennt diese Familie Alkalimetalle, zu denen freilich der Wasserstoff nicht gezählt wird. Er gehört zwar in diese erste Hauptgruppe der Elemente, weil er ein einsames Elektron auf seiner einzigen Schale besitzt, doch als »Urbaustein« der Elemente nimmt er eine Sonderstellung ein. Wasserstoff verhält sich also wie ein Alkalimetall, was seine Bindungsvorlieben betrifft, ohne wirklich eins zu sein. Wir müssen uns bei der Chemie einfach daran gewöhnen, dass es zu jeder Gesetzmäßigkeit mindestens eine Ausnahme gibt. Von allen Naturwissenschaften ist die Chemie mit Abstand die unübersichtlichste, verwirrendste und damit auch schwierigste.

Das soll uns freilich nicht daran hindern, uns jetzt die Gruppe der so genannten Halogene anzusehen, also die Elemente mit sieben Außenelektronen. Es sind dies die Elemente:

Nr. 9   F   (Fluor)
Nr. 17   Cl   (Chlor)
Nr. 35   Br   (Brom)
Nr. 53   J   (Jod)
Nr. 85   At   (Astat)

Die Halogene mit ihren sieben Außenelektronen stellen eine äußerst aktive Elementgruppe dar, eben weil sie so nahe an einer Sättigung stehen. Sie brauchen nur noch ein Elektron, um diese Sättigung zu erreichen. Entsprechend heftig reagieren sie. So stürzt sich zum Beispiel das sehr aktive Element Chlor (Cl) leidenschaftlich auf ein Wasserstoffatom und verbindet sich unter Feuererscheinung mit ihm. Die Verbindung läuft wie eine Verbrennung ab, ohne eine zu sein. Denn Verbrennungen sind immer nur Reaktionen, die mit Sauerstoff stattfinden. Chlor (Cl) verbindet sich mit Wasserstoff (H) zu Chlorwasserstoff (HCl).

Chlor hat aber eine nicht minder starke Neigung zum Natrium, oder in der Sprache der Chemiker: Beide Elemente zeigen eine große Affinität zueinander. Der aus dieser Verbindung hervorgehende Stoff heißt Natriumchlorid (NaCL). Er ist uns allen als Kochsalz vertraut. Aber nicht minder leidenschaftlich verbinden sich die übrigen Mitglieder aus beiden Gruppen miteinander, so etwa Kalium (K) mit Brom (Br), Kalium (K) mit Chlor (Cl) oder Natrium (Na) mit Fluor (F) und so weiter.

Nun kennen wir bereits drei der insgesamt acht Hauptgruppen der Elemente: die Edelgase mit ihrer gesättigten Außenschale aus acht Elektronen, wobei das Helium seine Sättigung bereits mit zwei Elektronen auf seiner einzigen Schale erreicht hat. Dann die Alkalimetalle mit einem Elektron und die Halogene mit sieben Elektronen auf der äußeren Schale. Entsprechend ergeben sich alle übrigen Hauptgruppen durch die gleiche Anzahl von Elektronen auf der Außenschale, sodass sich das Gesamtbild der Hauptgruppen wie in der Übersicht auf S. 69 darstellt.

Alle übrigen Elemente, die nicht in diesen acht Hauptgruppen vorkommen, hat man in so genannten Nebengruppen zusammengefasst, die uns aber hier nicht interessieren sollen. Für uns ist es schwierig genug, bei den Hauptgruppen nicht den Überblick zu verlieren.

LEGENDE:

Ordnungszahl (= Zahl der Protonen)
Chemisches Zeichen
Element
Mittleres Atomgewicht

34 Se
Selen
78,96

1 H Wasserstoff 1,00794							2 He Helium 4,0026
3 Li Lithium 6,941	4 Be Beryllium 9,0122	5 B Bor 10,811	6 C Kohlenstoff 12,0107	7 N Stickstoff 14,0067	8 O Sauerstoff 15,9994	9 F Fluor 18,9984	10 Ne Neon 20,1797
11 Na Natrium 12,9898	12 Mg Magnesium 24,305	13 Al Aluminium 26,9815	14 Si Silizium 28,086	15 P Phosphor 30,9738	16 S Schwefel 32,066	17 Cl Chlor 35,453	18 Ar Argon 39,948
19 K Kalium 39,098	20 Ca Calcium 40,08	31 Ca Calcium 40,08	32 Ge Germanium 72,61	33 As Arsen 74,9216	34 Se Selen 78,96	35 Br Brom 79,904	36 Kr Krypton 83,80
37 Rb Rubidium 85,47	38 Sr Strontium 87,62	49 In Indium 114,82	50 Sn Zinn 118,71	51 Sb Antimon 121,760	52 Te Tellur 127,60	53 J Jod 126,9045	54 Xe Xenon 131,29
55 Cs Cäsium 132,905	56 Ba Barium 137,27	81 Tl Thallium 205,38	82 Pb Blei 207,2	83 Bi Wismut 208,98	84 Po Polonium 210	85 At Astat 210	86 Rn Radon 222
1	2	3	4	5	6	7	8

Die acht Hauptgruppen der chemischen Elemente.
Die Gruppen 1 und 7, 2 und 6, 3 und 5 haben eine große Vorliebe füreinander, weil sie zusammen eine volle äußere Elektronenschale mit acht Elektronen bilden können. Die Gruppe 8 ist die der Edelgase.

In der Kette der 92 Elemente kommt es also zu einer periodischen, das heißt regelmäßigen Wiederkehr von Elementen mit ähnlichem chemischen Verhalten, bedingt durch die gleiche Anzahl von Bindungselektronen auf der äußeren Schale. In der Abbildung auf S. 70 ist diese Kette als Spirale ausgelegt, beginnend mit dem Wasserstoff im Zentrum, wobei die acht Hauptgruppen als Reihen sichtbar werden. Allerdings haben sich rechts oben drei Elemente aus einer Nebengruppe dazwischengemogelt (Scandium Sc, Yttrium Y und Lanthan La), was uns aber nicht weiter stören soll.

Die Chemie funktioniert also wie eine Art Baukasten. Das Grundprinzip dieses Baukastens besteht darin, dass Elemente (Bausteine) dann zusammenpassen, wenn sie eine stabile gemeinsame

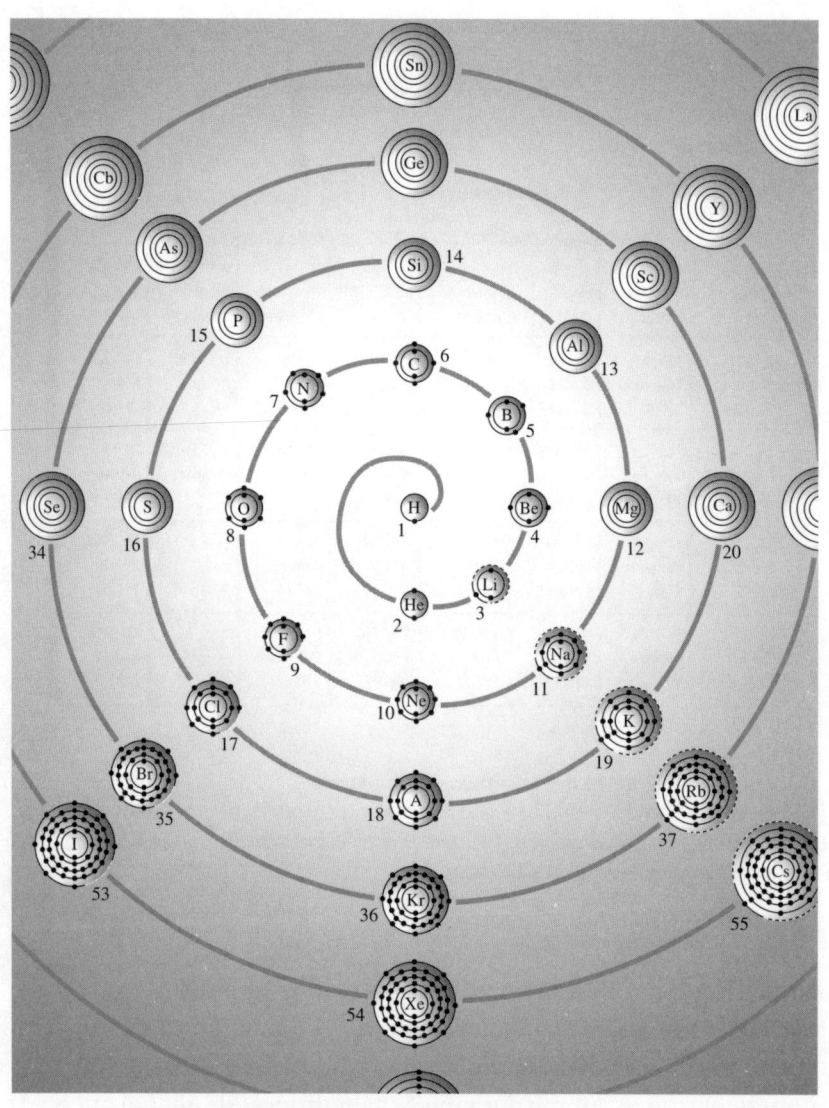

Das periodische System der chemischen Elemente

Elektronenschale mit 8 Elektronen bilden können. Besonders der Wasserstoff tanzt hier gern auf allen Hochzeiten; er passt sich mit seinem einzigen Elektron besonders gut in bestehende Lücken ein. So verbinden sich zum Beispiel Elemente mit ihm, denen noch drei oder gar vier Elektronen zu einer äußeren Achterschale fehlen: etwa die Elemente Stickstoff (N) oder Phosphor (P) der 5. Hauptgruppe.

So entstehen Ammoniak (NH_3) oder Phosphorwasserstoff (PH_3). Auch der Kohlenstoff (C), dem noch vier Elektronen fehlen, verbindet sich gern mit vier Wasserstoffatomen zum sogenannten Methan (CH_4), woraus unser Heizgas hauptsächlich besteht.

Die Natur beschränkt sich freilich nicht darauf, immer nur mit zwei Elementen Verbindungen herzustellen. Das wäre ein langweiliges Spiel. Es können sich dutzende, ja hunderte und tausende von Atomen der unterschiedlichsten Elemente zusammentun, um ein Riesenbauwerk aus dem Baukasten der Elemente zu zaubern. So entstehen unter anderem auch die Mineralien, die wir als Edel- und Halbedelsteine bewundern. Rubine oder Saphire zum Beispiel sind nichts anderes als Verbindungen von Aluminium (Al) und Sauerstoff (O), wobei sich jeweils drei Sauerstoffatome mit zwei Aluminiumatomen zu Al_2O_3 zusammentun. Den drei Sauerstoffatomen fehlen jeweils zwei Elektronen, also zusammen sechs. Diese liefern die beiden Aluminiumatome, die je drei Elektronen auf ihrer Außenschale besitzen.

Im Quarz zum Beispiel haben sich Sauerstoff (O) und Silizium (Si) auf ähnliche Weise verbunden wie Sauerstoff und Kohlenstoff. Denn auch das Siliziumatom hat vier Elektronen auf seiner Außenschale wie das Kohlenstoffatom. Statt CO_2 entsteht SiO_2, wobei dieses in unterschiedlichen Farben und Kristallformen vorkommt, je nachdem, unter welchen Bedingungen es im Erdinnern entstanden ist. So gibt es SiO_2 als gewöhnlich weißen Quarzsand, aber auch als wunderschönen, durchsichtigen Bergkristall, als violetten Amethyst, als Rosenquarz oder vielfarbigen Achat.

Interessant ist in diesem Zusammenhang auch die Feststellung, dass der Stoff, der aus der Verbindung von mindestens zwei Elementen hervorgeht, so vollkommen anders ist als seine Ausgangselemente. Bringt man beispielsweise die Elemente Kohlenstoff, Wasserstoff und Sauerstoff zusammen, so können, je nach Art des Experiments, unzählige Verbindungen mit neuen Eigenschaften entstehen, etwa Alkohole, Zucker oder Fettsäuren. Die meisten Merkmale der so entstandenen Verbindungen lassen sich nicht aus den Merkmalen der drei zu Grunde liegenden Atomarten ableiten, obwohl sie selbstverständlich von ihnen bestimmt werden.

Es gibt verschiedene Bindungsarten

Am einfachen Molekül des Kochsalzes (NaCl) lässt sich sehr schön verdeutlichen, wie die Bindung zweier Atome, also die bindende Kraft zwischen ihnen, zu Stande kommt.

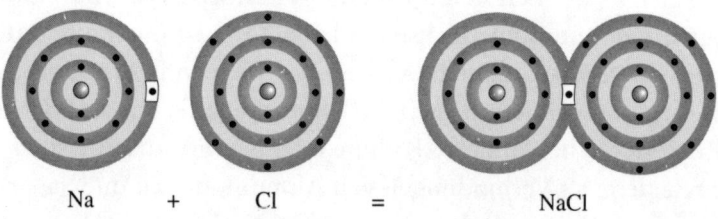

Na + Cl = NaCl

Natrium (Na), das 11. Element des Periodensystems, hat eine starke Neigung zum Chlor (Cl), dem 17. Element. Auf der äußersten Schale des Natriumatoms kreist ein einsames Elektron, während dem Chloratom auf seiner Außenschale gerade ein Elektron zur stabilen Achterschale fehlt. Durch Einfangen des Natriumatoms »sättigt« sich das »ungesättigte« Chloratom. So entsteht die Verbindung Natriumchlorid (NaCl), die uns allen als Kochsalz vertraut ist.

Das Natriumatom gibt, wenn es auf ein Chloratom trifft, sein einziges äußeres Elektron an das Chloratom mit seinen sieben Außenelektronen ab. Dieses baut es als achtes Elektron in seine äußere Schale ein. Das Natriumatom, weil es ein Elektron abgegeben hat, ist damit zu einem positiv geladenen Natrium-Ion (Na^+) geworden. Umgekehrt ist das Chloratom, das nun ein Elektron mehr hat, zu einem negativ geladenen Chlor-Ion (Cl^-) geworden. Entgegengesetzte Ladungen aber ziehen einander an. Diese elektrische Anziehung der beiden Ionen bewirkt die Bindung zwischen Natrium- und Chloratomen und schweißt sie zu einem Kochsalzmolekül zusammen. Man spricht deshalb von einer Ionenbindung.

Der Bindungsvorgang, den wir soeben mit mehreren Sätzen beschrieben haben, läuft in Wirklichkeit allerdings mit unvorstellbarer Geschwindigkeit ab. Das Knüpfen oder Lösen von chemischen Bindungen dauert weniger als eine billionstel Sekunde (Pikosekunde).

Die Ionenbindung ist die häufigste Bindungsart, allerdings nicht die einzige. So gibt es auch noch eine so genannte Atombindung. Dabei bleiben die Atome unverändert; es werden keine Ionen gebildet. Vielmehr erfolgt hier die Bindung über gemeinsame Elektronenpaare, zu denen jedes Atom ein Elektron beisteuert. Die Bindung entsteht also nicht durch die elektrische Kraft zwischen entgegengesetzt geladenen Ionen, sondern allein durch gemeinsamen Besitz von Elektronen. Das Ziel ist freilich das Gleiche wie bei der Ionenbindung: Aufbau einer gemeinsamen Außenschale mit 8 Elektronen.

So macht es zum Beispiel das Chloratom, wenn es sich mit seinesgleichen verbinden will. Beide Chloratome mit ihren sieben Außenelektronen wollen ja ein Elektron hinzubekommen, um eine vollständige Achterschale auszubilden, doch keines will ein Elektron abgeben. Also teilen sie sich ein Elektronenpaar, zu dem jedes ein Elektron beisteuert. So kommt jedes der beiden Chloratome zu einer Achterschale, ist aber an das andere über das gemeinsame Elektronenpaar gebunden. Teilen verbindet – das gilt anscheinend für Menschen und Atome gleichermaßen. Grafisch lässt sich die Atombindung zwischen zwei Chloratomen ganz einfach darstellen:

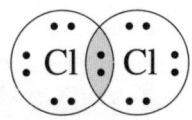

Die Bindung wird durch das gemeinsame Elektronenpaar hergestellt. Ähnlich verfährt das Sauerstoffatom, wenn es sich mit seinesgleichen verbindet. Ihm fehlen ja zwei Elektronen auf der äußeren Schale. Wenn nun jedes der beiden Atome zwei Elektronen für zwei gemeinsame Elektronenpaare beisteuert, kommen beide zur erwünschten Achterschale. Grafisch sieht das so aus:

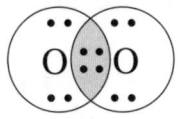

Man spricht in diesem Fall von einer doppelten Atombindung oder Doppelbindung, da gleich zwei Elektronenpaare miteinander geteilt werden.

Das Prinzip der Atombindung funktioniert natürlich nicht nur zwischen zwei Atomen, sondern ebenso bei Bindungen zwischen drei und mehr Atomen. So liegt zum Beispiel beim Kohlendioxid (CO_2), das wir als Produkt der Verbrennung von Kohlenstoff bereits kennen gelernt haben, ebenfalls Atombindung vor. Dabei existiert zwischen dem Kohlenstoffatom und den beiden Sauerstoffatomen jeweils eine Doppelbindung:

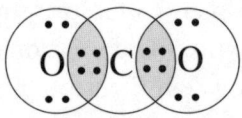

Der Kohlenstoff mit seinen 4 Elektronen auf der Außenschale bevorzugt die Atombindung. Sie ist nicht so stark wie die Ionenbindung, aus der vor allem die Gesteine und Mineralien hervorgehen. Die Neigung des Kohlenstoffs zur weniger starken Atombindung ist die Grundlage aller organischen Materie, auf der sich das Leben auf unserer Erde aufbaut. Das Gewebe von Organismen wird weitgehend durch Atombindung zusammengehalten. Deshalb ist es elastisch, nicht starr. Die Atombindung des Kohlenstoffs garantiert die Stabilität der Moleküle, aus denen Lebewesen aufgebaut sind.

Atome teilen also lieber eine stabile Achterschale mit anderen Atomen, als ohne Bindung durch die Welt zu irren. Fast möchte man sagen: Die Elemente zeigen ein ausgeprägtes Sozialverhalten. Allein die Atome der Edelgase ziehen ihre Einsamkeit dem allgemeinen Miteinander vor.

Manchmal ist die Art der Bindung jedoch nicht eindeutig. Es kommt nicht selten zu Vermischungen von Ionen- und Atombindung, wobei auch noch andere, schwächere Bindungsarten in Erscheinung treten, mit denen wir uns aber nicht unnötig belasten wollen. Eine Bindungsart müssen wir allerdings noch erwähnen, weil sie der Grund für eine wichtige Eigenschaft bestimmter Stoffe, der so genannten Metalle, ist: die elektrische Leitfähigkeit. Die spezielle Bindung zwischen Metallen wird Metallbindung genannt. Bei Metallen wie Natrium, Eisen, Kupfer, Silber oder Gold teilen nicht einzelne Nachbaratome ihre äußeren Elektronen miteinander, um bindende Elektronenpaare zu bilden, sondern jedes Atom des Metallstücks steuert ein äußeres Elektron oder mehrere zum Zusammenhalt des Moleküls bei. Diese von den Atomen zur Verfügung gestellten Elektronen schweben gleichsam als Elektronengas lose durch das ganze Atomgitter des Metallstücks. Sie bilden ein Meer ungebundener Elektronen.

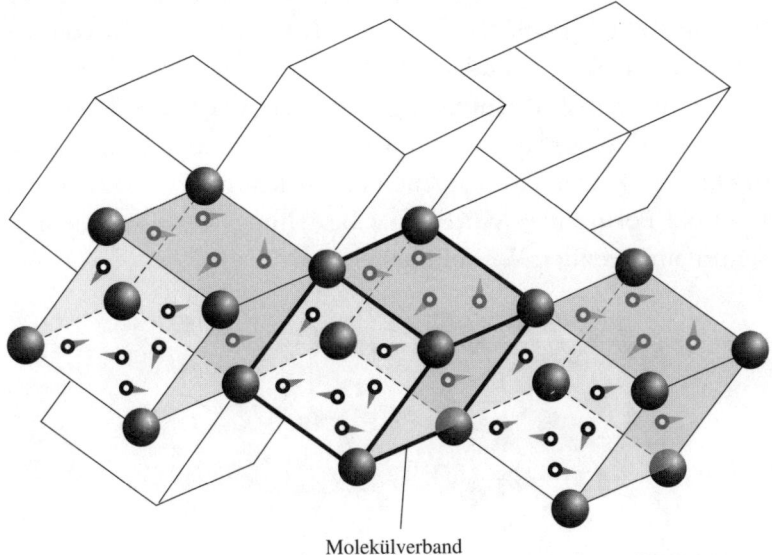

Molekülverband

Bei einem Stück Metall sind die Atome regelmäßig im dreidimensionalen Raum angeordnet. Die Atome entlassen ihre Elektronen von ihrer äußeren Schale, behalten sie aber innerhalb ihres Molekülverbandes. In diesem können sie sich frei bewegen. Auf dieser freien Beweglichkeit gemeinschaftlicher Elektronen beruht die elektrische Leitfähigkeit der Metalle, ebenso ihre Biegsamkeit.

Alle Atome eines metallischen Materials teilen sich diese herumvagabundierenden Elektronen – eine Art atomarer Kommunismus. Der gemeinsame Besitz an diesen »Kollektiv-Elektronen« stellt die Bindung, also den inneren Halt des Metallstücks, her. Dieses frei bewegliche Elektronengas in den Metallen ist der Grund für ihre gute elektrische Leitfähigkeit. Beim Anlegen einer äußeren elektrischen Spannung übernehmen die frei beweglichen Elektronen die Elektrizitätsleitung. Im Gegensatz dazu sind etwa in einem Stück Kohlenstoff alle Bindungselektronen in Elektronenpaaren »festgezurrt«. Es kommt keine Elektrizitätsleitung zu Stande.

Kehren wir an dieser Stelle noch einmal zum Kochsalz zurück –

und damit zur Ionenbindung. Die elektrische Kraft, die dabei wirksam wird, ist nicht nur von einem Na$^+$-Ion zu einem Cl$^-$-Ion gerichtet, sondern sie strahlt gleichmäßig in den gesamten Raum aus. Das führt dazu, dass sich viele solcher Ionen aneinander fügen und dadurch eine räumliche Struktur bilden, ein so genanntes Kristallgitter. Im Fall des Kochsalzes ist es so, dass jedes Na$^+$-Ion von sechs Cl$^-$-Ionen umgeben ist und jedes Cl$^-$-Ion von sechs Na$^+$-Ionen. Aus dieser räumlichen Anordnung ergibt sich ein würfeliges Riesenmolekül, so groß, dass man es mit freiem Auge erkennen kann: als Salzkörnchen. Legt man das Körnchen unters Mikroskop, so sieht man, dass es die Form eines Würfels hat beziehungsweise aus mehreren zusammenhängenden Würfeln besteht.

Die Grafik oben verdeutlicht, wie die würfelige Gitterstruktur des Kochsalzes zu Stande kommt. Darunter sieht man Kochsalzkristalle in 50-facher Vergrößerung. Die Würfelformen sind deutlich zu erkennen.

Dass sich Natrium- und Chloratome gerade im Sechserpack zusammenfügen, hat mit der unterschiedlichen Größe beider Atome zu tun: Ein Natriumatom ist wesentlich kleiner als ein Chloratom: Es hat das Atomgewicht 23 (also 11 Protonen und 12 Neutronen im Kern) im Gegensatz zum Atomgewicht 35 (also 17 Protonen und 18 Neutronen im Kern) des Chlors. Aus diesem Grund können höchstens sechs große Chloratome ein kleineres Natriumatom berühren. Denn die Ionenbindung funktioniert ja nur, wenn die Oberflächen (= äußere Elektronenschalen) der ionisierten Atome unmittelbar aneinander stoßen.

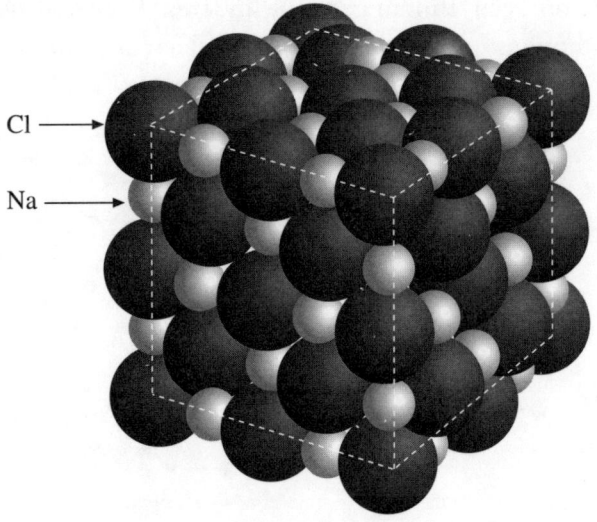

Da die Chloratome wesentlich größer sind als die Natriumatome, können höchstens sechs Chloratome ein Natriumatom berühren. Daraus ergibt sich die exakte Würfelform der Kochsalzmoleküle.

Die Würfelform stellt für diese Verbindung die idealste, das heißt stabilste Packungsart dar. Andere Moleküle bilden andere, mehr oder weniger regelmäßige geometrische Gitterformen aus. Das gilt freilich nur für die so genannten kristallinen Festkörper. So zeigt die Natur in den Mineralien einen ungeheuren Formenreichtum. Selbst von ein und derselben mineralischen Verbindungsart gibt es die unterschiedlichsten Variationen, das heißt Verformungen der Gitterstruktur, je nachdem, welche Temperatur- und Druckverhältnisse zur Zeit der Kristallbildung wirksam waren.

Das kann man zum Beispiel sehr schön am Kohlenstoff beobachten. Auch er kommt in unterschiedlichen Gitterstrukturen vor. Was wir als Grafit im Bleistift verwenden, ist von lockerer, flächiger Gitterstruktur. Sie lässt sich schon durch leichten Druck – zum Beispiel des Bleistifts auf das Papier – auflösen. Hingegen sind beim Diamanten, der chemisch auch nichts anderes als Kohlenstoff ist, durch extrem hohen Druck, wie er im Erdmantel herrscht, die Atome zu einem dreidimensionalen Gitter geformt. Den Kohlenstoffatomen stehen ja vier äußere Elektronen für den Bindungsvorgang zur Verfügung. Unter dem hohen Druck fügen sie sich so zusammen, dass jedes Kohlenstoffatom vier Bindungen mit anderen Kohlenstoffatomen eingeht. Dadurch ist jedes Atom sehr eng und fest an seine Nachbarn »gekettet«.

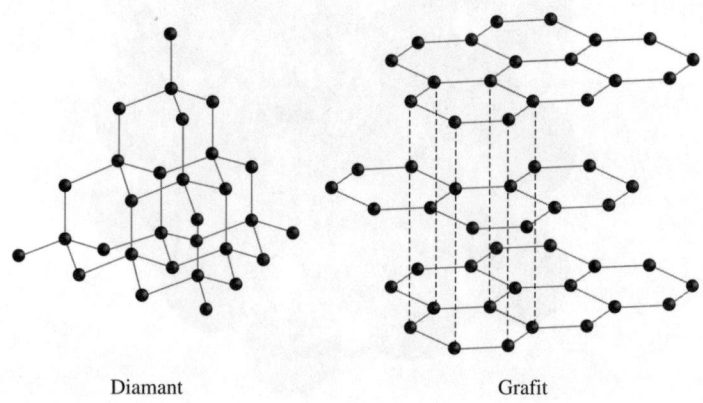

Diamant   Grafit

Beim Diamant ist jedes Kohlenstoffatom durch vier Elektronenpaare mit vier Nachbaratomen verbunden. Diese vierfache räumliche Verkettung jedes Kohlenstoffatoms bewirkt die extreme Härte des Diamanten, denn es fällt schwer, auch nur ein einziges Kohlenstoffatom von seinem Platz zu verdrängen. Bei der Bildung von Grafit wirkt ein geringerer Druck. So bilden die Kohlenstoffatome nur mit drei Nachbaratomen gemeinsame Elektronenpaare, wobei ausgedehnte übereinander gestapelte Schichten entstehen, die aus Kohlenstoff-Sechsecken bestehen.

Wie sich Atome tatsächlich in der Natur aneinander binden, hängt also nicht nur von den Elektronen ihrer äußeren Schale ab, sondern auch von der Größe der beteiligten Atome, also ihrem Durchmesser, und von der Art der Ladung der Ionen, denn es gibt nicht nur einfach positiv oder negativ geladene Ionen, sondern auch solche mit zwei- oder dreifacher Ladung. Und dann sind noch die äußeren Faktoren wie Druck und Temperatur beim Bindungsvorgang mit entscheidend. Die Natur baut nicht stur nach immer gleichen Mustern, sondern spielt mit ihrem Baukasten aus 92 Elementen äußerst erfindungsreich.

Man nehme nur mal verschiedene Bergkristalle in die Hand: Keiner gleicht dem andern, obwohl jeder aus nichts anderem als Kieselsäure (SiO_2) besteht. Calcit zum Beispiel, auch Kalkspat genannt, eine kristalline Verbindung aus Calcium (Ca), Kohlenstoff (C) und Sauerstoff (O) mit der Formel $CaCO_3$, bildet in der Natur mehrere hundert verschiedene Grundformen und aus diesen mehr als tausend Kombinationen. Es ist damit das formenreichste Mineral überhaupt.

Die Wärme als gestaltende Kraft der Natur

Die Chemie, das haben wir inzwischen verstanden, ist eine äußerst komplizierte und verwirrende Wissenschaft. Zur Chemie muss man über das Experimentieren finden, nicht über öde Formeln. Der Zauber chemischer Formeln erschließt sich einem ganz von selbst, wenn man mit den Stoffen, die sich dahinter verbergen, selber experimentiert, und zwar mit Stoffen aus dem alltäglichen Leben. In jedem Menschen steckt eine angeborene Lust zu experimentieren, Fragen zu stellen, Dinge zu erforschen. Dem kommt die Chemie wie keine andere Wissenschaft entgegen. In ihr drückt sich nichts anderes als die Experimentier- und Spielfreude der Natur aus. Freilich wird mit 92 Arten von Bausteinen gespielt, und das macht das Ganze ein bisschen unübersichtlich. Das schwierige Schach spielt man mit 32 »Steinen« – und wird seine Geheimnisse niemals ganz durchschauen, obwohl sich alles auf nur 64 Feldern abspielt. Die Natur spielt mit ihren 92 »Steinen« auf unbegrenztem Feld.

Aus dieser Tatsache folgt natürlich, dass unsere Darstellung der Bindungsarten der Atome notgedrungen vereinfachend, also oberflächlich ist. Die Chemie ist komplizierter und vielfältiger, als es die Beispiele von Kochsalz, Kohlendioxid oder Wasser vermuten lassen.

Machen wir uns also nichts vor: Wir tun hier nichts anderes, als ein paar Türen zu Vorhöfen und Eingangshallen dieses riesigen, labyrinthartigen Wissensgebäudes zu öffnen. Manche dieser Türen machen wir nach kurzem Einblick auch gleich wieder zu. Wir würden uns heillos verirren, wenn wir eintreten wollten. Einzutreten hieße nichts anderes, als Chemie zu studieren – das ist gewiss eine faszinierende Berufsperspektive. Gerade die molekulare Forschung wird in Zukunft immer wichtiger werden, auch wird die Chemie mehr und mehr Fächer überschreitend forschen, gemeinsam mit der Biologie und Medizin. Damit wird die Chemie eine erweiterte Bestimmung bekommen, denn wir fangen gerade erst an, die chemischen Abläufe des Lebens auf der molekularen Ebene zu verstehen. Chemie wird ein Teil der »Lebenswissenschaften« werden – ein schier grenzenloses Arbeitsfeld.

Nach dieser kurzen gedanklichen Atempause wollen wir vorsichtig eine weitere Vorzimmertür des gewaltigen Chemiebauwerks öffnen und einen Blick hinein riskieren. Wie ein Stoff in der Natur in Erscheinung tritt, hängt also nicht nur davon ab, aus welchen Elementen er sich zusammensetzt, sondern ebenso, welchen äußeren Bedingungen er bei seiner Entstehung ausgesetzt war beziehungsweise welchen äußeren Bedingungen er im Augenblick ausgesetzt ist. Unter diesen Bedingungen spielt die Wärme, also die Temperatur, eine wichtige Rolle.

Durch Änderung der Temperatur ändern sich auch viele Eigenschaften der Stoffe. Ganz vertraut ist uns diese Tatsache beim Wasser. Wasser kennt jeder in drei Zuständen: fest, flüssig und gasförmig. Das Wort »Wasser« bringen wir natürlich vor allem mit der Flüssigkeit in Verbindung, doch festes Wasser (= Eis) ist uns nicht weniger vertraut; das Gleiche gilt für gasförmiges Wasser (= Dampf). Doch was für das Wasser gilt, gilt für jeden Stoff: Er kann, je nach Temperatur, im festen, flüssigen oder gasförmigen Zustand erscheinen. Ein Stück Eisen zum Beispiel muss man nur stark genug erhitzen, um es flüssig zu machen. Steigert man die Temperatur weiter, so geht das flüssige Eisen irgendwann in den gasförmigen Zustand über; es verdampft. Ein anderes Metall, Quecksilber, ist hingegen schon bei Zimmertemperatur flüssig; bei -39 Grad Celsius wird es fest und bei 356 Grad Celsius verdampft es bereits, während Eisen bei dieser Temperatur noch immer fest ist. Freilich gibt es unzählige Stoffe, die nur in einem Aggregatzustand vorkommen. Holz zum Beispiel kann man nicht verflüssigen.

Diese drei Grundzustände der Materie kann man in der grafischen Vereinfachung so darstellen:
Im festen Zustand sind die Atome wie Baukastenteile zu einem Git-

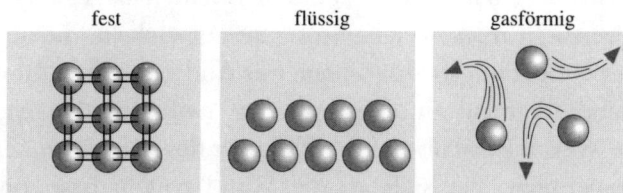

ter montiert. Jedes Atom ist über die Elektronen seiner äußeren Schale mit seinen Nachbaratomen fest verklammert. Stößt man eines dieser Atome an, so wird sich die Bewegung auf die anderen Atome übertragen: Das ganze Gitter aus Atomen gerät in Schwingung. Freilich kann der Stoß so heftig sein, dass er dort, wo er das Gitter trifft, die Bindungen zwischen den dort sitzenden Atomen zerreißen lässt. Das ist zum Beispiel der Fall, wenn man einen Stein zertrümmert oder Teile von ihm absprengt. Allerdings werden die Bruchstellen dort auftreten, wo die Bindungskräfte zwischen den Atomen am schwächsten sind. Das ist der Grund, wieso Mineralien für sie typische Brucharten zeigen. Dabei können einzelne Teilchen von dem Schlag so stark erhitzt werden, dass sie glühend wegspringen und verdampfen. Das kann man sehr schön an Feuersteinen beobachten, die man im Dunkeln aneinander schlägt.

Im Gegensatz zu einem Festkörper sind im Gas keine Kräfte mehr vorhanden, die die Atome oder Moleküle an Ort und Stelle halten. Diese können sich vielmehr frei im Raum bewegen und im Allgemeinen große Entfernungen zurücklegen, bevor sie mit anderen Atomen oder Molekülen zusammenstoßen.

Der flüssige Zustand liegt irgendwo zwischen dem festen und dem gasförmigen. Es gibt stets auch verschiedene Grade innerhalb der Grundzustände, zum Beispiel verschiedene Härtegrade, und auch die Übergänge von fest zu flüssig und von flüssig zu gasförmig sind selbst wieder fließend. So genannte »weiche Materie« ist uns in

Form von geschlagener Sahne, Wackelpudding oder Gummibärchen eine liebenswerte Bereicherung des Alltags, ebenso in Gestalt einer Schaumstoffmatratze. So bekannt diese Stoffe sind – den Chemikern geben solche Zwischenzustände der Materie noch immer viele Rätsel auf. Einen Pudding, so sagt man, kann man nicht an die Wand nageln. Aber warum eigentlich nicht? Solchen sinnlos anmutenden Fragen wird in chemischen Labors ernsthaft nachgegangen. Zum Beispiel versucht man, weiche Stoffe zu entwickeln, die auf Änderung ihrer Umgebungsbedingungen mit Änderung ihrer Gestalt reagieren, und zwar auf »intelligente«, das heißt für den Menschen nützliche Weise. Es ist also in der Zukunft durchaus ein chemischer Pudding denkbar, der sich an die Wand nageln lässt, oder eine Schaumstoffmatratze, die flüssig wird, sobald man sich drauflegt.

Nicht nur in Gasen, sondern auch in Flüssigkeiten können sich die Atome oder Moleküle frei bewegen. Sie neigen jedoch dazu, mithilfe schwacher Bindungskräfte einen lockeren Zusammenhalt herzustellen. Man kann eine Flüssigkeit mit einem mit Kugeln gefüllten Sack vergleichen: Jede Kugel kann sich frei bewegen, indem sie über die benachbarten Kugeln gleitet. Doch dazu bedarf es eines gewissen Kraftaufwands, um die Reibung zwischen den Kugeln zu überwinden.

Die Übergänge von fest zu flüssig und von flüssig zu gasförmig werden als Phasenübergänge bezeichnet. Die Ursache für Phasenübergänge liegt stets in der Energie, die einem Stoff von außen zugeführt oder entzogen wird. Ohne Temperaturänderungen gibt es auch keine Phasenübergänge. Führt man einem Festkörper Wärme zu, so überträgt sich diese zugeführte Energie auf die Atome im Gitter. Die Atome – und damit das ganze Gitter – geraten immer mehr in Schwingung. Sie verharren zwar an ihrem Ort im Gitter, doch die zugeführte Energie veranlasst sie zu immer heftigerem Hin- und Herschwingen. Irgendwann ist der Punkt erreicht, an dem sie so stark ausschwingen, dass die atomaren Bindungskräfte nicht mehr stark genug sind, die Atome an ihrem Ort im Gitter zu halten. Die Schwingungsenergie, also die Bewegungsenergie der einzelnen Atome, ist an diesem Punkt größer als die Bindungsenergie zu ihren Nachbaratomen. Die Atome reißen sich aus dem Gitter los und beginnen sich frei zu bewegen. Der Festkörper geht in den flüssigen

Zustand über; er schmilzt. Das Erstarren von flüssiger Materie bei Temperaturabfall ist nur die Umkehrung des Schmelzvorgangs. Die herumstreunenden Atome ordnen sich wieder zum Gitter.

Führt man einer Flüssigkeit weiterhin Energie zu, dann bewegen sich die Atome mit ständig wachsender Geschwindigkeit. Bei starker Erwärmung können Strömungen und Wirbel entstehen: Es kommt zu einem mehr oder weniger chaotischen Durcheinander von Bewegungen. Dabei passiert es an der Oberfläche der Flüssigkeit immer öfter, dass sich einzelne Moleküle mit genügend großer Bewegungsenergie auf die Oberfläche zubewegen, um diese durchstoßen zu können und aus der Flüssigkeit zu entweichen. Wird die Temperatur weiter erhöht, so erhalten schließlich alle Moleküle der Flüssigkeit ausreichend Energie, um zu entweichen. Der jeweilige Stoff ist zum Gas geworden, der nun den umgebenden Raum erfüllt.

Die Moleküle sind jetzt vollkommen frei beweglich und rasen im Raum wie ein wilder Bienenschwarm mit Geschwindigkeiten von etwa 1000 Metern pro Sekunde umher. Ist dieser Raum begrenzt – wird das Gas beispielsweise in einem Behälter eingefangen –, stoßen die Moleküle in ihrem wilden Flug nicht nur ständig miteinander zusammen, sondern sie prallen auch auf die Gefäßwände und üben dadurch einen Druck auf sie aus. Erhöht man die Temperatur des Gases weiter, so wächst der Gasdruck in dem Maße, wie die Geschwindigkeit der Gasmoleküle zunimmt. Der Druck kann schließlich so groß werden, dass der Behälter platzt. Zum Zeitpunkt des Zerplatzens befinden sich nicht mehr Gasmoleküle im Behälter als zu Beginn. Allein ihre zunehmende Bewegungsenergie hat ihn schließlich zum Bersten gebracht.

Wasser – ein so vertrauter wie rätselhafter Stoff

Die Dichte eines Stoffs hängt also nicht nur davon ab, welche Arten von Atomen in ihm zusammengepackt sind, sondern auch von der Temperatur, die der Stoff hat. Je höher die Temperatur wird, umso mehr Raum beanspruchen die einzelnen Atome oder Moleküle für ihre Eigenbewegung. Daraus erklärt sich, wieso sich ein fester Körper beim Erhitzen ausdehnt. Das Ausdehnen ist gewissermaßen die Vorstufe des Schmelzens. Die Eigenschwingung der Atome nimmt zu, das heißt: Jedes Atom beansprucht für sich mehr Raum gegenüber seinen Nachbarn. So nimmt insgesamt das Volumen des festen Körpers bei Temperatursteigerung zu. Umgekehrt verringert sich das Volumen, wenn eine Flüssigkeit in den festen Zustand übergeht. Die Eigenschwingung der Atome nimmt ab, die Atome geben sich mit weniger Raum zufrieden. Das ist wie beim Kofferpacken: Wirft man seine Sachen kreuz und quer hinein, benötigen sie mehr Raum, das heißt, man bringt weniger unter. Der Kofferinhalt befindet sich gewissermaßen im flüssigen Zustand. Fein säuberlich gefaltet und übereinander gelegt lassen sich mehr Kleidungsstücke verstauen. Der Kofferinhalt hat, wenn man so will, die Ordnung eines Kristallgitters angenommen.

So nimmt das Volumen eines Stoffes im Durchschnitt um 10 Prozent ab, wenn er vom flüssigen in den festen Zustand übergeht. Für einen einzigen Stoff im ganzen Universum gilt das allerdings nicht, weshalb er auch wirklich ein einzigartiger Stoff ist: das Wasser. Mit dem Wasser hat sich die Natur – oder der Schöpfer – etwas ganz Besonderes ausgedacht, was umso mehr erstaunt, als dieser Stoff nun wirklich ganz einfach gebaut und für uns der alltäglichste von allen ist. Wasser hält sich nicht an das eben formulierte Naturgesetz, dass bei abnehmender Temperatur die Stoffe ihr Volumen verkleinern und bei zunehmender Temperatur vergrößern. Eis, also Wasser im festen Zustand, hat eine geringere Dichte, also ein größeres Volumen, als Wasser im flüssigen Zustand. Das ist auch der Grund, warum Eis schwimmt.

Tatsächlich hält sich aber auch das Wasser bei Abkühlung zuerst noch an das oben beschriebene Gesetz und wird immer dichter. Doch schlagartig, bei etwa 4 Grad Celsius, fängt es an, sich wieder auszudehnen, bis es bei 0 Grad Celsius fest wird. Doch das ist nicht die einzige Absonderlichkeit, die das Wasser auszeichnet. Eigentlich sollte Wasser wegen der Leichtigkeit seines Moleküls auf unserer Erde gar nicht als Flüssigkeit vorkommen. Bei Raumtemperatur sollte es längst kochen und zu Dampf werden, ähnlich wie sein nächster chemischer Verwandter, Ammoniak (NH_3), der bei 20 Grad Celsius längst ein Gas ist. Erst bei -93 Grad Celsius sollte Wasserdampf flüssig werden und der Gefrierpunkt läge entsprechend einige Grade darunter.

H_2O – ein einfaches Molekül mit komplizierten Wirkungen

Die besonderen Eigenschaften des Wassers haben mit seinem besonderen molekularen Aufbau zu tun. Man könnte nun meinen, dass dieser so simpel sei wie die drei Atome, die sich im Wassermolekül zusammengefunden haben: Zwei Wasserstoffatome und ein Sauerstoffatom bilden ein H_2O-Molekül. Da sollte es doch keine Gedankenprobleme oder gar Rätsel geben, denkt man. Leider falsch gedacht.

Die Formel H_2O gilt streng genommen nur für das Wasser im Gaszustand, wo sich die einzelnen Moleküle frei im Raum bewegen und mit den anderen weiter nichts zu tun haben, es sei denn, sie stoßen hin und wieder bei ihrem chaotischen Flug aneinander. Kühlt der Wasserdampf jedoch ab, dann nimmt die Heftigkeit der Molekülzusammenstöße ab. Die einzelnen Wassermoleküle prallen nicht mehr voneinander ab, sondern haften immer öfter aneinander. Das ist der Grund, wieso weiße Wolken bei Abkühlung zu dunklen Regenwolken werden. Der Wasserdampf, aus dem die weißen Wolken bestehen, verdichtet sich zu Wassertropfen, die wegen ihres Gewichts zur Erde fallen.

Bei einer gewöhnlichen Flüssigkeit bewegen sich, wie wir schon wissen, die einzelnen Moleküle vollkommen beliebig gegeneinander wie Kugeln in einem Behälter. Beim flüssigen Wasser ist es anders. Hier lagern sich die Moleküle nach einem festen Schema aneinander. Sie bilden bereits im flüssigen Zustand eine Art »lockeres Gitter« aus, ein »Flüssigkeitsgitter«, wenn man so will. Das klingt zwar nach einem Widerspruch in sich, aber genau das zeichnet das Wasser aus. Es ist ein widersprüchlicher, um nicht zu sagen: verrückter Stoff. Der Grund dafür liegt im einzelnen Wassermolekül. In ihm sind die beiden Wasserstoffatome und das Sauerstoffatom durch

Atombindung zusammengehalten. Das heißt, das Sauerstoffatom teilt sich mit jedem Wasserstoffatom ein Elektronenpaar. So wird die gewünschte stabile Achterschale gebildet. Daraus ergibt sich folgendes grobes Bindungsschema:

$$\text{H} : \overset{..}{\underset{..}{\text{O}}} : \text{H}$$

Dieses Schema sagt allerdings noch nichts über die wirkliche Form des Wassermoleküls aus. Geometrisch besteht es nämlich aus einem leicht verzerrten Tetraeder, also einer Pyramide, die ein Dreieck als Grundfläche hat. Im Zentrum dieses Tetraeders sitzt das Sauerstoffatom. Die beiden Wasserstoffatome befinden sich an zwei der vier Ecken des Tetraeders. An den beiden anderen Ecken bilden sich Wolken negativer Ladung, hervorgerufen durch die Elektronen. Diese verteilen sich im Wassermolekül nicht gleichmäßig, sondern halten sich mit Vorliebe in der Nähe des Sauerstoffatoms auf, weshalb sie dort einen leichten Überschuss an negativer Ladung erzeugen, während die beiden Wasserstoffatome leicht positiv geladen sind. Man sagt, das Wassermolekül ist polar. Es weist einen negativen und positiven Ladungspol auf. Die positiven und negativen Ladungsbereiche im Wassermolekül gleichen sich jedoch exakt aus, weshalb es insgesamt elektrisch neutral ist. Das sieht grafisch etwa so aus:

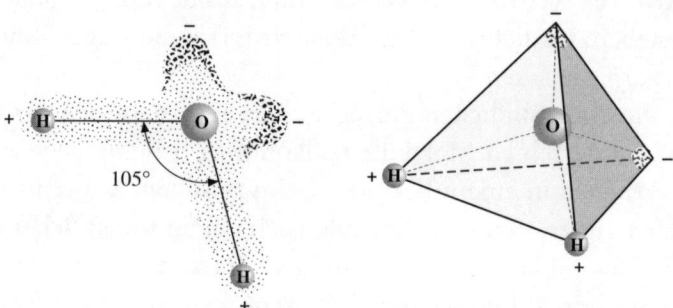

Das Wassermolekül besteht aus einem verzerrten Tetraeder mit einem Sauerstoffkern im Mittelpunkt, zwei Wasserstoffkernen an zwei Ecken und Wolken negativer Ladung an den beiden anderen Ecken (links flächig dargestellt, rechts räumlich).

Die Polarität der Wassermoleküle ermöglicht elektrische Wechselwirkungen zwischen den leicht positiv geladenen Wasserstoffatomen eines Wassermoleküls und dem leicht negativ geladenen Sauerstoffatom eines anderen, benachbarten Wassermoleküls. Es bilden sich so genannte Wasserstoffbrückenbindungen zwischen einander berührenden Wassermolekülen aus. Das bedeutet aber, dass sich die Moleküle im flüssigen Wasser nicht lose wie Kugeln durcheinander bewegen. Vielmehr heften sie sich über diese Wasserstoffbrücken aneinander.

Wegen der Tetraederform des Wassermoleküls bildet jedes meist vier solcher Wasserstoffbrücken. Die beiden positiven Wasserstoffatome bilden je eine Wasserstoffbrücke zu einem Sauerstoffatom eines benachbarten Wassermoleküls und das Sauerstoffatom hat umgekehrt meist zwei solcher Bindungsbrücken zu zwei fremden Wasserstoffatomen. Wenn man das so liest, kann einem leicht der Kopf schwirren. Vielleicht wird das Ganze durch eine Zeichnung verständlicher, wobei die tatsächliche Tetraederform eines Wassermoleküls durch ein flächiges Gebilde mit vier »runden Ecken« ersetzt ist:

Die durchgehenden Linien sind die Atombindungen innerhalb eines Wassermoleküls. Die gestrichelten Linien bedeuten Wasserstoffbrückenbindungen zu benachbarten Wassermolekülen.

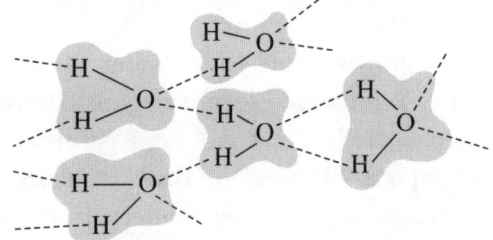

So entsteht ein Riesenmolekül aus endlos vielen Wassermolekülen, wobei die Anordnung selbstverständlich im Raum geschieht, nicht nur flächig wie in unserer Zeichnung.

Im Eis sind aus diesem Grund die Wassermoleküle gewöhnlich zu einem Gitter mit perfekter Tetraedergeometrie angeordnet. Im flüssigen Wasser ist es noch so, dass die Wasserstoffbrücken zwischen benachbarten Molekülen nicht ein für alle Mal festgelegt sind. Es handelt sich um relativ schwache Bindungen, die sich leicht wieder lösen und neu knüpfen lassen. Im flüssigen Wasser findet ein ständiges Knüpfen und Lösen von Wasserstoffbrücken statt. Es herrscht dort ein andauernder Wechsel der Bindungspartner.

Aufgrund der in Tetraederform ausgerichteten Wasserstoffbrücken hat Wasser eine lockere, offene Struktur. Nun verstehen wir auch, wieso man dem Wasser so ungewöhnlich viel Wärmeenergie zuführen kann, ehe es zu Dampf wird. Die zugeführte Energie muss erst mal die Wasserstoffbrückenbindungen auflösen, ehe sie die Wassermoleküle so richtig in Bewegung bringen kann. Bei anderen Flüssigkeiten, etwa Ölen, ist das nicht so. Dort existieren keine Brückenbindungen zwischen den benachbarten Ölmolekülen und deshalb überträgt sich die zugeführte Energie sofort auf die frei beweglichen Moleküle und lässt sie sich rasch immer schneller bewegen. Flüssiges Öl erreicht deshalb schnell den Siedepunkt und verdampft. Wasser hingegen erhitzt sich viel langsamer, da als Erstes die Wasserstoffbrücken zum Einsturz gebracht werden müssen – und dazu ist ein Teil der zugeführten Wärme nötig.

Die Wasserstoffbrücken hemmen die Beweglichkeit der Wassermoleküle. Freilich müssen sie bei immer weiter ansteigender Temperatur des Wassers irgendwann unterliegen. Ihre Kraft ist zu schwach gegenüber der zunehmenden Bewegungsenergie der Wassermoleküle.

Im umgekehrten Fall – wenn also die Temperatur immer weiter sinkt – nimmt die Eigenbewegung der Wassermoleküle stetig ab und die elektrische Kraft der Wasserstoffbrücken kann sich zunehmend behaupten. Entstandene Brücken bleiben immer öfter erhalten. Sie lösen sich nicht ständig wieder auf. Bei 4 Grad Celsius gewinnt die Gitterbildung durch die Wasserstoffbrücken endgültig die Oberhand. An diesem Punkt ist die Bewegungsenergie der Wassermoleküle zu schwach, um entstandene Wasserstoffbrücken wieder lösen zu können. Die Moleküle suchen nun ihren festen Platz in dem sich verfestigenden Gitter, wobei sie aber nicht immer noch enger zusammenrücken. Durch den Aufbau eines starren Gitters treten die Moleküle bei 4 Grad Celsius plötzlich in Distanz zueinander. Die Dichte des sich abkühlenden Wassers nimmt von da an nicht weiter zu, sondern ab. Das Voneinanderabrücken der Moleküle hat folgenden Grund: Die Wassermoleküle müssen sich so zum starren Gitter des Eises verschachteln, dass es zu keinen Überlappungen von Molekülen kommt. Denn die geladenen Pole der Wassermoleküle erlauben solche Überlappungen nicht. Vielmehr muss sich stets der negative Pol des einen Moleküls an den positven Pol eines andern anlagern.

Im Wasser kann sich also eine maximale Zahl von Wasserstoffbrücken nur ausbilden, wenn die Moleküle nicht die dichteste Packung aufweisen, wie wir sie zum Beispiel von Getränken im Tetrapack kennen, die sich dicht an dicht in einen Karton packen lassen. Bei der Eisbildung werden hingegen regelrechte Hohlräume zwischen den Tetraedermolekülen gebildet. Diese machen etwa zehn Prozent des Gesamtvolumens aus, weshalb Eis um zehn Prozent leichter ist als flüssiges Wasser und somit schwimmt. So entsteht bei der Eisbildung ein offenes Gitter mit viel freiem Raum zwischen den Lagen. Die Lagen haben eine sechseckige Struktur. Die Ladungen der tetraedischen Wassermoleküle zwingen diese bei der Eisbildung in Muster mit sechseckiger Grundform, wie sie bei jeder Schneeflocke sichtbar werden. Vergeblich wird man nach einer Schneeflocke suchen, die nicht die Grundform des Sechsecks zeigt.

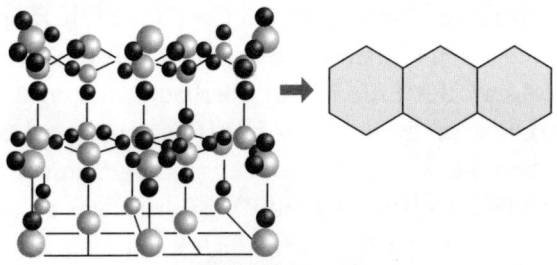

Gefriert Wasser zu Eis, wird die Tetraederform der Wassermoleküle darin eingeschlossen. Das zwingt die Moleküle, sich auf eine ganz bestimmte Weise anzuordnen, wobei eine offene sechseckige Struktur entsteht. Diese erscheint dann auch im großräumigen Gebilde einer Schneeflocke.

Weil Wasser bereits im flüssigen Zustand schwache Gittereigenschaften ausbildet, kann man sagen, dass es streng genommen irgendwo zwischen fest und flüssig anzusiedeln ist. Wasser ist nur zum Schein eine vollkommene Flüssigkeit. Das flüssige Wasser »vergisst« nie ganz, dass es mal Eis gewesen ist.

Dass das Wasser im festen Zustand um zehn Prozent leichter ist als im flüssigen, war für die Entwicklung von Leben auf unserer Erde von entscheidender Bedeutung. Gäbe es keine Ladungspolarität im Wassermolekül, so wäre Eis nicht leichter, sondern schwerer als flüssiges Wasser. Es würde in dem Temperaturbereich, in dem Leben existieren kann, ohnehin nur als Gas vorkommen. Leben aber konnte nur im flüssigen Wasser entstehen. Die Tatsache, dass festes Wasser leichter ist als flüssiges, bewirkt, dass Seen und Flüsse von der Oberfläche und nicht vom Grund her zufrieren. Dadurch schützt die oben schwimmende Eisdecke die tieferen Gewässerschichten vor der Kälte des Winters. Wäre Eis schwerer als flüssiges Wasser, würden die Gewässer bei Temperaturen unter null Grad Celsius sehr schnell ganz zufrieren, und zwar vom Grund zur Oberfläche, wobei die meisten lebenden Organismen absterben müssten. Leben gäbe es in den Gewässern der Erde, wenn überhaupt, nur in den Tropen. Das Gesamtklima der Erde, deren Oberfläche ja zu siebzig Prozent aus Wasser besteht, wäre vollkommen anders, nämlich extremer. Dass das Erdklima so lebensfreundlich ist, hat nicht zuletzt mit der Fähigkeit des Wassers zu tun, wesentlich mehr Wärme aufnehmen zu können als andere Flüssigkeiten.

Die Fähigkeit, sehr viel Wärmeenergie zu speichern, ermöglicht erst die Entstehung großer warmer Meeresströmungen, etwa des Golfstroms. Das in den Tropen erwärmte Wasser bewegt sich in diesen Meeresströmungen langsam auf die kalten Pole zu und gibt dabei die gespeicherte Wärme nach und nach in die Atmosphäre ab. Die Wärmemengen, um die es dabei geht, sind gewaltig. Man schätzt, dass die vom Golfstrom in zwei Stunden abgegebene Wärme ungefähr dem Heizwert der Kohle entspricht, die pro Jahr weltweit gefördert wird. Dabei liegt die Ursache für diesen gewaltigen Wärmeeffekt des Golfstroms allein in den Wasserstoffbrücken zwischen den Wassermolekülen. Das ist ein beeindruckendes Beispiel für das natürliche Prinzip von kleiner Ursache und großer Wirkung.

Wasser ist ein ideales Lösungsmittel

Der außergewöhnliche molekulare Aufbau des Wassers ist noch aus einem anderen Grund für die Entwicklung des Lebens auf der Erde von entscheidender Bedeutung gewesen: Wasser ist ein ungemein lösungsfreudiger Stoff. Die polare Ladungsverteilung im Wassermolekül bewirkt, dass sich Salze im Wasser sofort in ihre Ionen auflösen, also zum Beispiel das Kochsalz (NaCl) in seine Ionen Na^+ und Cl^-, die sich dann locker an die negativen beziehungsweise positiven Pole der Wassermoleküle anlagern. Versucht man hingegen Kochsalz in einer Flüssigkeit wie Speiseöl aufzulösen, wird das nicht gelingen, zumindest nicht bei Zimmertemperatur.

Auf den Etiketten von Mineralwasserflaschen werden die im Wasser enthaltenen Ionen in Milligramm pro Liter angegeben. Wasser löst aber nicht nur Salz- oder Zuckerkristalle auf, sondern auch Gase wie Sauerstoff (O_2), Stickstoff (N_2), Ammoniak (NH_3) oder Kohlendioxid (CO_2), und zwar in einer für die irdischen Lebensvorgänge wesentlichen, das heißt hohen Konzentration. Die Lösungsfreudigkeit des Wassers macht es erst möglich, dass zum Beispiel Pflanzen in der Lage sind, die für sie lebenswichtigen Mineralien mit dem Wasser zusammen reichlich aufzunehmen. Und Fische können im Wasser nur leben, weil es sehr viel gelösten Sauerstoff enthält, den sie mit ihren Kiemen einatmen. Das Kohlendioxid, das die Fische ausatmen, wird ebenfalls im Wasser gelöst und kann von den Wasserpflanzen genutzt werden, die ihrerseits wieder Sauerstoff abgeben.

Mit nichtpolaren Molekülen wie zum Beispiel den Fetten tritt Wasser kaum in Wechselwirkung, weshalb sich Wasser und Öl nicht mischen.

Seit kurzem weiß man, dass Wassermoleküle nicht nur untereinander Wasserstoffbrückenbindungen bilden oder einfache Verbindungen wie Salze in ihre Ionen aufspalten und an sich binden. Wassermoleküle können auch mit riesigen Biomolekülen in Wechselwirkung treten, aus denen Organismen aufgebaut sind. Nicht umsonst laufen fast alle wichtigen Lebensprozesse im wässrigen Milieu ab. Die Körpersubstanz der meisten Organismen besteht zu 60 bis 70 Prozent aus Wasser. Die einzelne Körperzelle setzt sich aus Milliarden Wassermolekülen zusammen. Sie nehmen fast den ganzen Raum ein, der nicht von Biomolekülen, also vor allem den DNS- und Eiweißmolekülen, besetzt ist.

Weil Wasser elektrische Pole hat, wirkt es also nicht nur auf andere polare Moleküle wie die der Salze, Säuren und von Zucker, sondern es tritt auch in Beziehung zu den Biomolekülen, also bestimmten Eiweißstoffen, aber auch zur Erbsubstanz DNS, dem Träger der genetischen Information in lebenden Zellen. Die riesigen Biomoleküle der DNS haben sowohl Bereiche, die »Wasser liebend«, als auch solche, die »Wasser meidend« sind. Die räumliche Gestalt dieser langen Molekülketten der DNS hängt unter anderem davon ab, wie sich die verschiedenen Bereiche dem Wasser gegenüber verhalten. Entsprechend falten sich die Molekülketten in Spiralform, wobei sich die »Wasser liebenden« Bereiche an der Oberfläche der Spirale anordnen, wo sie mit dem Wasser in Wechselwirkung treten können, während die »Wasser meidenden« Bereiche vom Wasser abgewandt im Innern der Spiralstruktur ihren Platz einnehmen. Die Form der DNS-Ketten hängt also direkt vom umgebenden Wasser ab. Das Wasser hält in gewisser Weise erst die Erb- und die lebenswichtigen Eiweißmoleküle zusammen. Für das chemische Verhalten der Eiweiß- und DNS-Moleküle ist der Stoff, in dem sie existieren – nämlich Wasser –, genauso wichtig wie sie selbst.

Vollkommen reines Wasser kommt in der Natur nicht vor. Auch das Regenwasser bindet sofort die geladenen Staubteilchen in der Luft an sich und löst, wie eben schon erwähnt, die verschiedenen in der Luft enthaltenen Gase. Je mehr der Mensch die Atmosphäre mit Abgasen belastet, umso stärker ist das Regenwasser mit gelösten Stoffen angereichert, was wir dann als »sauren Regen« bezeichnen. Dennoch ist Regenwasser sehr »weich«, da es so gut wie keine Calcium(Ca)- und Magnesium(Mg)-Ionen enthält, die vor allem die Härte des Wassers bestimmen. Diese gelangen erst ins Wasser, wenn es in den kalk- und magnesiumhaltigen Erdboden eindringt. Auch alle anderen mineralischen Bestandteile des Trinkwassers wie Natrium (Na), Aluminium (Al), Silizium (Si), Kalium (K), Phosphor (P) oder Eisen (Fe) erhält es über den Boden. Diese so genannten Spurenelemente im Trinkwasser sind für unseren Organismus lebensnotwendig. Mit Regenwasser allein könnte man auf Dauer nicht überleben.

Die Herstellung völlig reinen Wassers ist ein äußerst schwieriges Unterfangen, eben weil das Wasser so eine starke Anziehung auf alle möglichen Stoffe ausübt. Man muss es deshalb unter völligem Ausschluss der Luft herstellen.

Nun sind wir, ohne es recht gemerkt zu haben, von der Welt der toten Materie in die der Biologie geraten – weil das Wasser der vermittelnde Stoff für alle wichtigen Lebensprozesse ist. Und so war es auch in der Entwicklungsgeschichte unserer Erde. Das Leben entstand im Wasser, wobei bis heute nicht geklärt ist, wie sich aus toter Materie Leben entwickeln konnte. Der Übergang liegt in jener Grauzone, die sich vorerst noch der menschlichen Erkenntnis entzieht – aber gewiss nicht mehr lange.

Unsere bescheidenen Einsichten in das komplizierte Wesen des so einfach scheinenden Wassers geben uns zumindest eine Ahnung, wieso dieser Stoff eine derart zentrale Rolle für die Entwicklung des Lebens spielte. Wasser ist noch immer ein Stoff voller Rätsel. Der Mensch ist noch weit davon entfernt, das Wasser, aus dem er selber in der Hauptsache besteht, in all seinen Wirkungsweisen zu verstehen. Das mag uns auch ein wenig darüber hinwegtrösten, dass wir auf den vorangegangenen Seiten so manche Verständnisschwierigkeiten zu meistern hatten und vielleicht auch jetzt noch nicht so recht verstehen, wieso das flüssige Wasser immer auch ein bisschen eisähnlich bleibt. So ganz haben das die Wissenschaftler selbst noch nicht verstanden.

Eine besondere, für uns Menschen nicht ungefährliche Eigenschaft des Wassers können wir jetzt allerdings problemlos nachvollziehen: seine elektrische Leitfähigkeit. Ihretwegen darf man auf keinen Fall elektrische Geräte mit in die Badewanne nehmen, zum Beispiel einen Haarföhn. Obwohl Wasser kein Metall ist, leitet es den elektrischen Strom, mehr noch, wir selbst, die wir vor allem aus Wasser bestehen, leiten ihn, weshalb er ab einer bestimmten Stärke tödlich für uns ist.

Dummerweise ist die Aussage »Wasser leitet den elektrischen Strom« aber falsch. Reines Wasser leitet ihn nicht beziehungsweise nur dann, wenn es sich um einen extrem starken elektrischen Strom handelt. Die Leitfähigkeit von gewöhnlichem Wasser beruht allein auf den im Wasser gelösten Stoffen. Das Wort »gelöst« bedeutet ja, dass beispielsweise Kochsalz (NaCL) von den Wassermolekülen in Na-Ionen und Cl-Ionen aufgespalten wird. Die Wassermoleküle schieben sich gewissermaßen zwischen die Na- und Cl-Atome des Kochsalzgitters und trennen sie. Sie sind dann als Ionen in der Lösung frei beweglich. Beim Anlegen eines elektrischen Stroms, genauer: einer elektrischen Spannung, werden die positiven Na-Atome – die Kationen – zur negativen Kathode getrieben, die negativen Cl-Atome – die Anionen – zur positiven Anode. Also nicht das Wasser selbst, sondern die Ionen der in ihm gelösten Salze oder Säuren sind die Träger des elektrischen Stromflusses. Nochmals: Reines Wasser ist kein Leiter beziehungsweise nur ein sehr schlechter Leiter. Ich brauche ihm allerdings bloß einen Tropfen Schwefelsäure oder eine Portion Kochsalz zuzugeben, sofort fließt durch das Wasser ein elektrischer Strom, wenn ich eine elektrische Spannung anlege.

Die Welt ist voller Wellen

Verweilen wir noch einen Augenblick beim Wasser. Versetzen wir uns in Gedanken ans Ufer eines Sees. Es herrscht vollkommene Windstille. Die Wasseroberfläche liegt spiegelglatt vor uns. Jetzt heben wir einen Stein vom Boden auf und werfen ihn in hohem Bogen ins Wasser. Was geschieht? Nun, das Normalste von der Welt: Um die Stelle, an der der Stein ins Wasser fiel, breiten sich ringförmig nach allen Seiten Wellen aus. Unser Steinwurf, der mit einem gewissen Energieaufwand verbunden war, versetzt die ruhende Wasseroberfläche in Unruhe, man könnte auch sagen: in Schwingung. Die Bewegungsenergie, die im geworfenen Stein enthalten war, breitet sich in Form einer Wellenbewegung nach allen Seiten auf der Wasseroberfläche aus.

Die Welle zeichnet sich dadurch aus, dass in regelmäßigem Abstand auf jeden Wellenberg ein Wellental folgt. Den Abstand zwischen zwei aufeinander folgenden Wellenbergen beziehungsweise Wellentälern bezeichnet man als Wellenlänge. Aber nicht nur die

Wasseroberfläche des Sees ist durch unseren Steinwurf in Unruhe versetzt worden, sondern ebenso die Luft, die sich über dem Wasser befindet. Auch in der Luft breitet sich eine Welle gleichmäßig nach allen Seiten aus. Die können wir allerdings so wenig sehen wie die Luft, in der sie sich fortpflanzt. Dafür können wir sie aber hören, sobald sie unser Ohr erreicht. Wir hören das Aufklatschen des Steins auf dem Wasser, sobald die Luftwelle, die der Aufprall verursacht hat, unsere Ohren erreicht. Diese Luftwelle bringt das Trommelfell in unserem Ohr zum Schwingen. Die Schwingung wird auf die drei Gehörknöchelchen (Hammer, Amboss, Steigbügel) im Mittelohr übertragen. Sie funktionieren wie Verstärker, wobei der Steigbügel die Schallwellen ans Innenohr weiterleitet. Dort kommt die Schallwelle mit rund 180-facher Verstärkung an. Wir hören also die Geräusche um uns herum gar nicht in Originalstärke, sondern extrem verstärkt. Im Innenohr werden die Schallwellen von feinen Sinneszellen in Nervenreize, also feinste elektrische Impulse, umgewandelt, die schließlich von dort zum Gehirn weitergeleitet werden. Das Gehirn bildet daraus einen Höreindruck.

Nun sind wir ein wenig von unserem eigentlichen »Gegenstand«, der Welle, abgekommen. Aber das macht nichts. Denn der kurze Gedankenschlenker hat uns nebenbei deutlich gemacht, dass sich Wellen nicht nur in Flüssigkeiten (Wasser) ausbreiten können, sondern ebenso in Gasen (Luft) und in festen Körpern (hier den festen Bestandteilen des Ohrs). Und noch etwas können wir durch unser einfaches Gedankenexperiment mit dem Steinwurf ins Wasser feststellen: dass die Schallwellen unser Ohr viel schneller erreichen als die Wasserwellen das Ufer, an dem wir stehen.

Wellen haben also unterschiedliche Ausbreitungsgeschwindigkeiten, je nachdem, in welchem Stoff sie sich fortpflanzen. Unser Steinwurf zeigt sogar noch mehr: Von selbst entstehen keine Wellen. Wellen muss man erzeugen, was nichts anderes heißt, als dass Energie aufgewendet werden muss, indem ich zum Beispiel einen Stein ins Wasser werfe, in die Hände klatsche oder einen Schrei ausstoße.

Wellen sind eine besondere Form, in der die Energie wieder erscheint, die einem festen, flüssigen oder gasförmigen Körper zugeführt worden ist. Nun sind freilich nicht alle erzeugten Wellen gleich groß. Wellen unterscheiden sich in ihrer Länge. Werfe ich einen großen Stein ins Wasser, dann werden die erzeugten Wellen lang sein. Werfe ich hingegen nur einen Kieselstein hinein, werden die Wellen kurz sein. Von der Länge der Wellen hängt natürlich auch die Zahl der Wellenberge oder -täler ab, die pro Sekunde am Ufer des Sees oder in meinem Ohr eintreffen. Bei langen Wellen folgen die Wellenberge oder -täler in großem Abstand, bei kurzen Wellen in kleinem. Die Anzahl der Wellenberge oder -täler, die pro Sekunde an einem Beobachtungspunkt eintreffen, nennt man Schwingungszahl oder Frequenz. Lange Wellen haben somit eine niedrige Frequenz, kurze Wellen eine hohe. Wellenlänge und Frequenz stehen in umgekehrtem Verhältnis zueinander.

Alle Wellen einer Art pflanzen sich jedoch, unabhängig von der Länge der einzelnen Welle, mit der gleichen Geschwindigkeit fort. Eine lange, von einem großen Stein erzeugte Wasserwelle ist also nicht schneller am Ufer als eine gleichzeitig und in gleicher Entfernung durch einen kleinen Stein erzeugte kurze Welle. Das Gleiche gilt für Schallwellen. Andernfalls würden ja die tiefen (langwelligen) Töne eher im Ohr eintreffen als die hohen (kurzwelligen).

Schallwellen, egal ob kurz oder lang, pflanzen sich in der Luft stets mit einer Geschwindigkeit von 331 Metern pro Sekunde oder 1191 Kilometern pro Stunde fort. Um genau zu sein: Diese Ausbreitungsgeschwindigkeit des Schalls in der Luft hängt noch von der Lufttemperatur und dem Luftdruck ab. In warmer Luft breitet sich der Schall schneller aus als in kalter.

Auch ist der Schall im Wasser schneller als in der Luft, nämlich fast fünfmal so schnell. Und in festen Körpern pflanzt sich der Schall wiederum schneller fort als in Flüssigkeiten. Im Eisen zum Beispiel pflanzt sich der Schall mit über 5000 Metern pro Sekunde fort und in Holz noch ein bisschen schneller, wobei allerdings die verschiedenen Holzarten unterschiedliche Ausbreitungsgeschwindigkeiten zeigen, je nachdem, wie dicht das Holz ist.

Licht ist auch eine Welle

Im Gegensatz zum Schall, der einen Stoff (ein Medium) benötigt, in dem er sich ausbreiten kann – weshalb es im luftleeren Weltraum keine Geräusche gibt –, braucht das Licht keinen derartigen Ausbreitungsstoff. Deshalb kann das Licht auch von der Sonne oder von fernen Sternen durch den leeren Weltraum zu uns gelangen. Ja, es breitet sich im Vakuum des Weltraums sogar am schnellsten aus, weil nichts es in seiner Ausbreitung behindert. Seine Geschwindigkeit im Vakuum beträgt rund 300 000 Kilometer pro Sekunde.

Allein diese unvorstellbare hohe Geschwindigkeit macht das Licht zu etwas ganz Besonderem. Erst dadurch gibt es in unserer Alltagswelt so etwas wie Gleichzeitigkeit. Egal, wie weit wir in unserer irdischen Welt von einem Ereignis entfernt sind – wir nehmen es immer in dem Moment wahr, in dem es geschieht, vorausgesetzt, es ist ein für uns sichtbares Ereignis. Nehmen wir zum Beispiel den Blitz eines noch weit entfernten Gewitters: Wir sehen ihn im selben Moment, in dem es am jeweiligen Ort zur elektrischen Entladung kommt. Egal, wie unterschiedlich weit zwei Beobachter vom Blitzereignis entfernt sind, sie sehen den Blitz beide im selben Moment.

Anders verhält er sich mit dem Donner, den der Blitz erzeugt. Hier gibt es keine Gleichzeitigkeit für unterschiedlich weit entfernte Beobachter. Ein nur ein Kilometer vom Blitz entfernter Mensch würde nach drei Sekunden sagen: »Jetzt hat's gedonnert.« Ein vier Kilometer vom Blitz entfernter Beobachter würde erst nach zwölf Sekunden den Donner wahrnehmen. Beide sehen also gleichzeitig den Blitz, nehmen aber zu verschiedenen Zeiten den Donner wahr, den er verursacht. Bezogen auf den Schall ist jede Gleichzeitigkeit aufgehoben. Allein das Licht mit seiner unvorstellbar großen Geschwindigkeit schafft Gleichzeitigkeit, zumindest auf unserer Erde mit ihren relativ winzigen Dimensionen.

Eines aber hat das Licht mit dem Schall gemeinsam: Auch Licht breitet sich als Welle aus. Freilich bedarf es keines materiellen Stoffs, um sich darin ausbreiten zu können. Wenn wir zum Beispiel eine Kerze anzünden, dann ist das von der Kerze beleuchtete Gebiet das

Feld der Kerzenflamme. Die Feldstärke der Kerze, also in diesem Fall die Lichtstärke, nimmt mit der Entfernung ab, ohne jemals exakt den Wert null zu erreichen. Die Reichweite des Feldes einer brennenden Kerze ist im Prinzip unendlich, sofern kein Hindernis die Lichtausbreitung verhindert. Wie der Steinwurf ins Wasser kreisförmig sich ausbreitende Wellen erzeugt, so breitet sich auch das Licht in Wellen aus, nicht kreisförmig auf einer Fläche, sondern kugelsymmetrisch im Raum.

Die elektromagnetischen Wellen, die wir gemeinhin als Licht bezeichnen, pflanzen sich mit 300 000 Kilometern in der Sekunde fort. Diese Geschwindigkeit gilt jedoch, wie schon gesagt, nur für das Vakuum. In Materie verringert sich die Lichtgeschwindigkeit je nach Stoffart, durch die das Licht hindurchgeht. Die Verlangsamung ist der Grund dafür, dass Licht beim Übergang von einer Stoffart in eine andere – etwa von Luft in Wasser – gebrochen wird, also seine Richtung ändert. Daher rührt zum Beispiel der Effekt, dass die Beine eines Menschen, der im Wasser steht, immer so lächerlich kurz erscheinen.

Meist verringert sich die Geschwindigkeit des Lichts gegenüber der im Vakuum nur um einige Prozent: in Wasser beispielsweise auf 225 000 Kilometer pro Sekunde. Das ist immer noch ein astronomisch hoher Wert. Allerdings haben Forscher inzwischen Stoffe entwickelt, in denen das Licht mit gerade mal 60 Kilometern pro Stunde vorwärts kommt, also mit dem Tempo eines Radrennfahrers. Der jüngste Rekord liegt bei einem halben Meter pro Sekunde, also 1,8 km pro Stunde. In diesem Fall wurden die Lichtteilchen in einem Natriumgas abgebremst, das fast bis zum absoluten Temperaturnullpunkt abgekühlt war.

Die Vakuum-Geschwindigkeit des Lichts ist allerdings eine unveränderliche Größe, eine Naturkonstante, die überall im leeren Raum des Universums gültig ist. Es ist aber nur die Geschwindigkeit der Lichtwellen stets gleich groß, nicht die Energie. Die Energie, die in einer Lichtwelle steckt, hängt hingegen stets davon ab, wie heftig die Unruhe war, die das elektromagnetische Feld am Ausgangspunkt der Welle erfahren hat. Folgen die Störungen in kurzen Zeitabständen, ist also die Störung heftig, so hat die Lichtwelle eine hohe Frequenz; die Wellenlänge ist kurz. Um kurzwelliges Licht zu erzeugen, bedarf es also größerer Energie als bei langwelligem. Das kann man sehr schön an einem langen gespannten Seil demonstrieren: Will man das Seil in eine langwellige Schwingung versetzen, bedarf es nur einer geringen Kraft, mit der man das Seil an einem Ende auf und ab bewegt. Will man aber immer kürzere Wellen erzeugen, muss man das Seil immer schneller auf und ab bewegen, also immer mehr Energie aufbringen.

Ohne Materie kein Licht

Jetzt wüssten wir natürlich gern, was der »Steinwurf«, also die Störung sein soll, mit der das elektromagnetische Raumfeld in Unruhe versetzt werden kann. Wer oder was erzeugt denn die Lichtwelle, die sich im elektromagnetischen Raumfeld mit Lichtgeschwindigkeit fortpflanzt? Aus dem Nichts, also grundlos, kann Licht jedenfalls nicht entstehen.

Verursacher von elektromagnetischen Wellen (= Licht) kann nur die Materie sein. Da sich die Materie jedoch aus Atomen zusammensetzt, ist zu vermuten, dass sie die Lichterzeuger sind. Die Materie erzeugt das elektromagnetische Raumfeld und sie erzeugt auch die Störungen in diesem Feld. Man kann also davon ausgehen, dass überall dort, wo Lichtwellen erzeugt werden, Materie vorhanden ist.

Aber wie stellt es die Materie, das heißt, wie stellen es die Atome an, das elektromagnetische Raumfeld in Unruhe zu versetzen? Nun, indem sie selber in Unruhe versetzt werden, das heißt, indem ihnen Energie zugeführt wird. Das ist im Prinzip nicht anders als mit dem Stein, der die Wasseroberfläche in Unruhe versetzt. Er tut es nicht, solange er bewegungslos am Ufer liegt. Man muss den Stein selbst erst in Unruhe versetzen, das heißt ihn aufheben und ins Wasser werfen, damit er seinerseits die Wasseroberfläche in Unruhe bringen kann. Dabei gibt der geworfene Stein nur die Energie an die Wasseroberfläche weiter, die ich ihm durch meine Muskelkraft mitgegeben habe. Denn ein Grundgesetz der Natur müssen wir uns stets vor Augen halten, wenn es um Energieübertragungen geht: Energie kann niemals spurlos verschwinden. Sie kann sich niemals in nichts auflösen. Und genauso wenig kann sie aus nichts erzeugt werden. Die gesamte Energie des Universums war von Anbeginn, also vom Urknall an, da. Und sie wird dem Universum, solange es existiert, erhalten bleiben. Im Universum geht nichts verloren. Es gibt immer nur Umwandlungen von energetischen Zuständen, wobei wir Menschen physikalisch auch nichts anderes als energetische Zustände jener Atome sind, aus denen wir bestehen. Allein der Urknall ist das unerklärliche Ereignis, bei dem womöglich aus nichts etwas entstanden ist, nämlich gleich ein ganzes Universum. Wie das möglich war, weiß die Physik nicht zu sagen, weshalb wir uns bis auf weiteres mit der Idee eines Schöpfergottes behelfen müssen. Das macht den Urknall freilich nicht weniger rätselhaft.

Energie bleibt stets erhalten; sie wechselt höchstens ihre Erscheinungsform. Verweilen wir doch kurz bei diesem elementaren Gesetz der Natur – der Energieerhaltung –, bevor wir uns genauer mit dem Wesen des Lichts befassen und mit der Frage, wie es die Atome anstellen, Licht auszusenden.

Das Wort »Energie« ist uns ja allen ganz vertraut. So sagen wir von uns selbst, wenn wir einen besonders guten Tag haben, dass wir voller Energie und Tatendrang sind. Wir fühlen uns als regelrechte Energiebündel. Doch die Energie will aus uns raus, sie will freigesetzt werden, sonst haben wir das Gefühl, irgendwann zu platzen. Also tun wir etwas. Wir werden aktiv, sei es in geistiger oder körperlicher Hinsicht. Energie, so sagen die Physiker, ist die Fähigkeit, Arbeit zu leisten. Was Arbeit ist, wissen wir alle. Vor allem wissen wir, dass sie anstrengend ist. Arbeit kostet Kraft. Mechanische Arbeit, so sagt der Physiker, ist das Produkt aus der Kraft, die einen Körper bewegt, und dem Weg, den er dabei zurücklegt. Das gilt im übertragenen Sinn auch für die geistige Arbeit: Je mehr Gedanken im Kopf bewegt werden, umso größer ist die geleistete Arbeit. Der Masse eines bewegten Körpers würde die Schwere oder Schwierigkeit eines Gedankens entsprechen.

Die physikalische Formel für Arbeit lautet: Arbeit = Kraft x Weg. Das ist die »goldene Regel der Mechanik«. Hebe ich zum Beispiel eine Kugel vom Boden auf eine Mauer, so ist die Arbeit, die ich dafür aufwenden muss, das Produkt aus Kugelgewicht und Mauerhöhe. Nach getaner Arbeit steckt die Energie, die ich dafür aufgewendet habe, in der Kugel, die nun oben auf der Mauer liegt. Zwei vollkommen gleiche Kugeln, von denen eine auf dem Boden und die andere auf der Mauer liegt, sind nicht wirklich gleich. Sie unterscheiden sich in dem, was in ihnen steckt. Die Kugel auf der Mauer hat nämlich die Möglichkeit, selber Arbeit zu leisten, was die auf dem Boden liegende Kugel nicht kann. Die Arbeit, so sagt der Physiker, steckt als potenzielle Energie – als »Möglichkeitsenergie« – in der Kugel auf der Mauer. Diese potenzielle Energie ist nichts anderes als die Möglichkeit, Arbeit zu leisten. Durch Arbeit kam diese Energie in die Kugel, als Arbeit kann sie wieder freigesetzt werden. Die Arbeit kann zum Beispiel darin bestehen, dass die Kugel von der Mauer rollt und mir auf den Kopf fällt. Das wäre dann buchstäblich eine »Kopfarbeit« der Kugel mit dem Arbeitsergebnis einer Beule an meinem Kopf.

Die Kugel auf dem Boden vermag diese Arbeit nicht zu leisten, weil keine potenzielle Energie in ihr steckt. Freilich hat die Kugel auf der Mauer letztlich nur deshalb Energie, weil ein Kraftfeld existiert, das die Kugel beständig nach unten zieht. Und das Hochheben erforderte nur deshalb Energie, weil die Kugel gegen dieses Kraftfeld bewegt werden musste. Dieses Kraftfeld – Gravitation genannt – erzeugt die Erde durch ihre pure Masse.

Wir sagen gewöhnlich: Ein Körper ist schwer, er hat ein Gewicht. Und weil er schwer ist, müssen wir Kraft aufwenden, um ihn hochzuheben oder sonstwie zu bewegen. Hinter der Schwere der Körper steckt aber nichts anderes als ein Kraftfeld, nämlich das Schwerkraftfeld der Erde. Es hat das Bestreben, alles, was sich auf der Erde oder in ihrer Umgebung befindet, zum Erdmittelpunkt zu ziehen. Diese Schwerkraft oder Gravitationskraft ist eine Elementarkraft. Sie ist einfach da und tritt überall dort auf, wo Materie vorhanden ist, so wie die elektrische Kraft überall dort auftritt, wo elektrische Ladungen vorhanden sind.

Weil aber das Schwerkraftfeld der Erde von ihrem Mittelpunkt ausgeht, hat im Prinzip auch die auf dem Boden liegende Kugel eine potenzielle Energie. Sie würde zum Beispiel dann freigesetzt werden, wenn sich unter der Kugel eine Erdspalte – in Folge eines Erdbebens – auftäte, in die die Kugel fallen würde. Im Fallen wandelte sich die potenzielle Energie der Kugel in Bewegungsenergie um. Man spricht auch von kinetischer Energie (von Griechisch »kinema«: Bewegung).

Die Bewegungsenergie einer fallenden oder rollenden oder fliegenden Kugel ist umso größer, je größer ihre Masse ist und je größer ihre Geschwindigkeit. Rollt eine Kugel auf einer waagrechten Fläche, so verliert sie nach und nach ihre Bewegungsenergie, bis sie irgendwann zur Ruhe kommt, also keine Bewegungsenergie mehr hat. Doch wo ist die Energie hin? Sie kann ja, wie wir wissen, nicht spurlos verschwinden. Sie hat sich in Wärmeenergie umgewandelt. Denn das Rollen der Kugel ist mit Reibung verbunden – und Reibung erzeugt Wärme. Aber wieso erzeugt Reibung eigentlich Wärme? Nun, weil alles, was sich aneinander reibt, aus Atomen besteht. Aus diesem Grund lassen sich alle Reibungsvorgänge letztlich auf das Wechselspiel der Atome zurückführen, die sich an den Oberflächen der aneinander reibenden Stoffe befinden. Einige von ihnen, nämlich die, die am höchsten aus den reibenden Flächen herausragen, verhaken sich kurzzeitig ineinander, lösen sich wieder, um an anderen Atomen hängen zu bleiben. Reibung ist also ein abwechselndes Klebenbleiben und Weiterspringen der Oberflächenatome von Stoffen. Je mehr solche Kontakte zwischen Atomen stattfinden, umso stärker ist die Reibung. Das ist der Grund, wieso glatte Oberflächen weniger Reibung erzeugen als raue. Die dabei entstehende Wärme entspringt den Atomen, die beim Verhaken und ruckartigen Weiterschnellen in Schwingung versetzt werden. Wärme ist nichts anderes als die elektromagnetische Strahlung, die von schwingenden Atomen ausgesandt wird.

Die Kugel hat sich beim Rollen ein wenig erwärmt, ebenso die Unterlage, über die sie gerollt ist. Diese Wärme wurde an die Umgebung abgegeben, also letztlich ins Universum abgestrahlt. Diese Wärme ist für keinerlei zukünftige Arbeit, wo auch immer im Universum, nutzbar. Sie wird bis in alle Ewigkeit durchs Universum geistern.

Das bedeutet für das Universum als Ganzes, dass der Anteil von nicht mehr für Arbeit nutzbarer Wärmeenergie zunehmen wird. Das ist, wenn man so will, das Endziel des Weltenlaufs. Es wird am Ende aller Zeit nur mehr gleichmäßig im Universum verteilte Wärmeenergie geben und sonst keine weiteren Energieformen. Deshalb hat die Zeit eine Richtung; sie ist stets in die Zukunft, niemals in die Vergangenheit gerichtet. Oder anders gesagt: Die Zeit ist vom Geordneten zum Ungeordneten gerichtet. Was war, kehrt niemals wieder. Das ist auch der Grund, wieso zum Beispiel eine Tasse (etwas Geordnetes) in Scherben (Ungeordnetes) zersplittern kann, aber die Scherben sich niemals wieder zur ursprünglichen Tasse zusammenfügen werden. Mit dem Zerbrechen der Tasse und der dabei freigesetzten Wärmeenergie wurde die allgemeine Unordnung im Universum ein klein wenig vermehrt. Nun kann man einwenden, man müsse die Tassenscherben nur zusammenkleben, um die alte Ordnung wiederherzustellen. Doch ganz davon abgesehen, dass die geklebte Tasse nicht mehr dieselbe ist wie die ursprüngliche, würde der Klebevorgang selbst wieder Wärme erzeugen, die das Gesamtchaos des Universums weiter vermehrte, indem ich nämlich Arbeit leisten muss, die mit Wärmeabstrahlung verbunden ist.

Das Prinzip der wachsenden Unordnung durch Arbeit lässt sich auch sehr schön an folgendem einfachen Experiment zeigen: Auf einem Tablett liegen, ordentlich getrennt, 50 weiße und 50 schwarze Kugeln gleichen Umfangs und Gewichts. Sobald wir das Tablett kräftig schütteln, rollen die Kugeln durcheinander und weiße und schwarze vermischen sich immer mehr. Wir können nun weiterschütteln, solange wir wollen, es wird uns niemals gelingen, durch Schütteln den ursprünglichen Zustand wiederherzustellen und die Kugeln zu entmischen. Der Vorgang ist unumkehrbar. Und diese Unumkehrbarkeit physikalischer Vorgänge gilt fast für alle Ereignisse, die in der Natur von selbst ablaufen, egal, ob ein Apfel vom Baum fällt, ein Gebirgsbach ins Tal stürzt oder ein heißer Lavastrom langsam erkaltet. Die Zeit weist stets in eine Richtung: in die Zukunft.

Energie ist also niemals auslöschbar, sie kann jedoch im Prozess der Arbeit ihre Form ändern. Doch jede Arbeit, bei der eine Energieform in eine andere umgewandelt wird, erzeugt stets auch einen Anteil von Wärmeenergie, der niemals mehr für weitere Arbeit genutzt werden kann. Er ist bestenfalls noch zum Heizen tauglich. Das heißt, die Qualität der Energie verfällt von einer Stufe der Umwandlung zur nächsten. Sie fällt wie auf einer Energietreppe Stufe um Stufe nach unten, bis sie in »lauwarmer Wärme« endet. Die hat dann zu ihrer Umgebung kein Gefälle mehr, kann deshalb keine Arbeit mehr leisten, nicht mal mehr heizen. Denn heizen bedeutet ja nichts anderes als einen Wärmeaustausch zwischen Heizkörper und Umgebung herzustellen. Eine weitere naturgesetzliche Eigenschaft der Wärme ist nämlich, dass sie stets vom Heißen zum Kalten fließt, niemals umgekehrt. Alle Materie hat das Bestreben, den ihr möglichen niedrigsten Energiezustand einzunehmen. Habe ich zum Beispiel zwei Körper mit unterschiedlicher Temperatur – sagen wir, einen von 30 Grad Celsius und einen von 0 Grad Celsius – und lasse nun beide einander berühren, so wird sich der wärmere abkühlen, bis beide die gleiche Temperatur haben. So banal das ist, es ist ein wichtiges Grundgesetz der Natur.

Wärme und Licht sind miteinander verwandt

Gegenüber allen anderen Energieformen nimmt die Wärmeenergie eine Sonderstellung ein. Man kann jede der verschiedenen Energieformen vollständig in Wärmeenergie umwandeln, aber das Umgekehrte ist überraschenderweise nicht möglich. Denn Wärme fließt immer »bergab« von höherer zu tieferer Temperatur; allein auf diesem Weg kann sie nutzbare Arbeit leisten, indem sie zum Beispiel Wasser zum Verdampfen bringt und mit dem Dampf der Kolben einer Dampfmaschine bewegt wird, der wiederum einen Dynamo in Bewegung setzt und ihn elektrischen Strom erzeugen lässt. Mit dem elektrischen Strom kann ich über einen Heizkörper wiederum Wärme erzeugen. Doch die Wärme, die am Ende dieser Energieumwandlungsreihe herauskommt, wird viel geringer sein als die, die ich am Anfang zum Verdampfen des Wassers eingesetzt habe.

Und noch etwas zeigt sich an diesem Beispiel: Alle Materie, die an diesem Energieumwandlungsprozess beteiligt war, will die ihr zugeführte Energie so schnell wie möglich wieder loswerden. Im Grunde will Materie in Ruhe gelassen werden. Der Dampf gibt seine Energie an den Kolben weiter, heizt ihn auf und setzt ihn in

Bewegung. Der Kolben strampelt sich seine Energie buchstäblich ab, indem er einen Dynamo ankurbelt. Die dabei entstehende elektrische Energie erhitzt das Metall einer Heizplatte, die die Wärme sofort an die Umgebung weitergibt. Alle Materie scheint zu sagen: Bloß weg mit der Energie! Jede sich bietende Chance, Energie loszuwerden, wird sofort wahrgenommen.

Sowohl potenzielle und Bewegungsenergie als auch chemische und elektrische Energie lassen sich über Arbeit in andere Energieformen umwandeln, wobei stets auch Wärme entsteht. Die Wärme selbst lässt sich jedoch nur zum Teil wieder in andere Energieformen umwandeln – ein Rest wird für immer Wärme bleiben. Nehmen wir zum Beispiel ein Auto. Damit es fahren kann, braucht es Treibstoff, zum Beispiel Benzin. Die im Benzin schlummernde chemische Energie – sie steckt in den Kohlenstoff- und Wasserstoffatomen der Benzin-Moleküle – wird durch Zündfunken freigesetzt, also durch Verbrennung in Wärmeenergie umgewandelt. Im Motor, wo diese Verbrennung stattfindet, wird ein Teil der Wärmeenergie über Kolben und Pleuelstange in mechanische Bewegungsenergie umgewandelt, die auf die Räder des Autos übertragen wird. Ein Großteil der Wärme wird aber vom Motor einfach abgestrahlt, weshalb die Motorhauben von Autos nach längerer Fahrt ziemlich heiß sind. Diese Wärme ist für jede weitere Nutzung verloren, es sei denn, man brät sich schnell noch ein Spiegelei auf der heißen Motorhaube. Zudem wird ein Teil der Bewegungsenergie des Kolbens nicht auf die Räder übertragen, sondern in der Lichtmaschine, die nichts anderes als ein großer Fahrraddynamo ist, in elektrische Energie umgewandelt, und diese Energie wird beim Aufladen der Autobatterie wieder zu chemischer Energie. Die Bewegungsenergie des Fahrzeugs geht ebenfalls zum Teil in Wärmeenergie über, indem die Räder auf der Fahrbahn und die Karosserie mit der Luft Reibung erzeugen. Am Ende einer Fahrt ist fast alle Energie des verbrauchten Benzins in Bewegungs- und Wärmeenergie – und ein bisschen chemische Energie – umgewandelt worden. Die Bewegungsenergie hat den Ortswechsel möglich gemacht, die Wärmeenergie hat die Gesamtunordnung im Kosmos vergrößert.

Eigentlich wollten wir ja verstehen, wie Lichtwellen zu Stande kommen – und nun sind wir bei der Wärme gelandet. Aber das ist nicht weiter schlimm, weil Wärme ihrem innersten, das heißt atomaren Wesen nach nichts grundlegend anderes ist als Licht: eine Störung des elektromagnetischen Felds. Wärme und Licht sind beide elektromagnetische Wellen. Der Unterschied liegt allein in der Wellenlänge. Wärmestrahlung ist langwelliger als Lichtstrahlung; sie ist also von niederer Frequenz. Wärmewellen können wir nur deshalb nicht sehen, weil die Nervenzellen unserer Augen auf sie nicht reagieren. Sie reagieren nur auf einen ganz bestimmten, sehr engen Wellenlängenbereich, eben den des sichtbaren Lichts. Dafür können die Nervenzellen unserer Haut die Wärmestrahlung wahrnehmen, was angenehm, aber auch schmerzhaft sein kann, je nach Intensität der Wärme.

Das sichtbare Licht hat Wellenlängen zwischen 4×10^{-5} und 8×10^{-5} Zentimetern, liegt also im Bereich von hunderttausendstel Zentimetern. Das heißt, beim sichtbaren Licht treffen etwa 10^{15} Wellenberge beziehungsweise -täler (Schwingungen genannt) pro Sekunde im Auge ein. (10^{15} ist eine 1 mit 15 Nullen.) Das lässt sich ganz einfach errechnen: Die Geschwindigkeit des Lichts ist immer gleich, nämlich 300 000 Kilometer pro Sekunde oder 30 000 000 000 Zentimeter pro Sekunde (= 3×10^{10} cm/sec). Bei einer Wellenlänge von 1 Zentimeter würden also 3×10^{10} Schwingungen pro Sekunde eintreffen. Bei einer Wellenlänge von nur 4×10^{-5} Zentimeter (= 0,00004 cm) sind es knapp 10^{15} Schwingungen. Man sagt: Sichtbares Licht liegt im Frequenzbereich von 10^{15} Hertz. (1 Hertz ist 1 Schwingung pro Sekunde.)

Den langwelligen Bereich des sichtbaren Lichts nimmt unser Auge beziehungsweise unser Gehirn als rote Farbe, den kurzwelligen Bereich als blaue bis violette Farbe wahr. Die übrigen Farben reihen sich dazwischen ein, wie wir es vom Regenbogen her kennen, also von Rot über Orange, Gelb und Grün bis Blau und Violett. Farben sind physikalisch also nichts anderes als feinste Frequenzunterschiede im Bereich des sichtbaren Lichts. Weißes Licht ist die Mischung aus allen sichtbaren Wellenlängen. Das sagt freilich nichts darüber, wie die einzelnen Farben auf uns wirken, dass also zum Beispiel Rot in uns das Gefühl von Wärme und Blau ein Gefühl von Kälte erzeugt, dass wir Grün als beruhigend und Orange als aggressiv empfinden.

Sind die elektromagnetischen Strahlen langwelliger als das rote Licht, so bezeichnet man sie als Infrarot- oder Wärmestrahlung. Sie hat Wellenlängen von etwa einem zehntausendstel Zentimeter bis zu einem Zentimeter. Noch längere Wellen – von etwa einem Zentimeter bis zu zehn Metern – bezeichnet man als Radiowellen. Mit ihnen werden alle möglichen Funksignale übertragen.

Geht man in die andere Richtung, also vom kurzwelligen Blau und Violett nach oben zu immer noch kürzeren Wellenlängen, so haben wir zuerst das Ultraviolett. Diese Strahlung ist bereits so energiereich, dass sie in der Lage ist, unsere Haut zu verbrennen, wenn wir sie zu lange in die Strahlung halten. Noch intensiver, also kurzwelliger, sind die so genannten Röntgenstrahlen. Die elektromagnetische Strahlung mit der höchsten Frequenz sind die Gammastrahlen. Sie haben unvorstellbar winzige Wellenlängen von milliardstel und billionstel Zentimetern. Doch im Prinzip gibt es nach oben keine Grenze, denn jede noch so kleine Wellenlänge kann zumindest theoretisch weiter halbiert werden. Das gilt umgekehrt natürlich auch für die langen Radiowellen. Bei Wellenlängen von zehn Metern ist nicht Schluss. Es gibt auch Sender, die mit kilometerlangen Wellen, den so genannten Langwellen, senden. Ein Wellensender, der in besonders großen Zeitabständen für Unruhe im elektromagnetischen Raumfeld sorgt, ist der Wechselstromgenerator. Er liefert Frequenzen von etwa 50 Hertz, was einer Wellenlänge von 5000 Kilometern entspricht.

Wenn wir also von »Licht« sprechen, sollten wir immer bedenken, dass der Physiker damit die gesamte Breite der elektromagnetischen Wellen meint: von den energiearmen langwelligen Radiostrahlen bis zu den energiereichen, extrem kurzwelligen Röntgen- und Gammastrahlen. Das sichtbare Licht ist nur ein winziger Ausschnitt dieser gesamten Breite, der irgendwo in der Mitte liegt. Doch alle diese Wellenarten haben eines gemeinsam: Sie pflanzen sich mit der gleichen Geschwindigkeit fort, eben mit Lichtgeschwindigkeit, also 300 000 Kilometern pro Sekunde.

Nun wissen wir, dass die Atome, aus denen sich alle Materie zusammensetzt, für die verschiedenen Arten von elektromagnetischer Strahlung verantwortlich sind. Die Atome erzeugen Wärme, sichtbares Licht oder sonst eine Art von elektromagnetischer Strahlung, jedoch nur, wenn man ihnen von außen Energie zuführt. Wärmestrahlung entsteht überall dort, wo Atome als Ganze beziehungsweise Atomverbände (Moleküle) in Unruhe versetzt werden. Wärme ist im Grunde nichts anderes als die Bewegungsenergie der Atome oder Moleküle. Der Wärmeinhalt eines Stoffes ist einfach die gesamte Bewegungsenergie aller seiner Atome. In festen Körpern ist es die Bewegungsenergie der Atome innerhalb des Atomgitters – ihr Schwingen im Atomgitter. In Gasen ist es die Bewegungsenergie der sich frei bewegenden Atome oder Moleküle. Wenn wir zum Beispiel von Zimmertemperatur sprechen, also einer Lufttemperatur im Raum von 20 Grad Celsius, so bedeutet das auf der Ebene der Luftmoleküle, dass sie sich mit etwa 500 Kilometern pro Sekunde durch den Raum bewegen. Dabei stoßen sie beständig aneinander, was ihre Atome in Schwingung versetzt, das heißt Wärme abstrahlen lässt. Die Atome schwingen dabei im Prinzip nicht anders als die Saiten eines Musikinstruments. Auch in der Welt der Atome herrscht eine Art von Musik.

Flögen die Luftmoleküle mit doppelter Geschwindigkeit, also mit 1000 Kilometer pro Sekunde, so stiege die Temperatur im Raum nicht nur um das Doppelte an, sondern das Thermometer würde bereits 890 Grad Celsius anzeigen. Bei einer Geschwindigkeit der Luftmoleküle von 100 000 Kilometern pro Sekunde, also einem Drittel der Lichtgeschwindigkeit, würde die Temperatur auf 20 Millionen Grad steigen. Allerdings gäbe es dann längst kein Zimmer und auch keine Moleküle der Luft mehr, ebenso wenig ein Thermometer. Alle Moleküle wären in ihre Atome zerrissen, ja, es würden die Atome so heftig aufeinander stoßen, dass sie ihre Elektronenhülle nicht mehr aufrechterhalten könnten. Es prallten nur noch die »nackten« Atomkerne aufeinander. Die Temperatur wäre höher als die im Zentrum der Sonne. Dort herrschen etwa 15 Millionen Grad.

Atome oder Moleküle in Unruhe zu versetzen und dadurch Wärme zu erzeugen ist ganz einfach. Man braucht zum Beispiel nur einen Hammer zu nehmen und mit ihm einen Nagel in die Wand zu schlagen. Der Nagel wird vom Schlagen heiß und auch der Hammer erwärmt sich. Die Bewegung des Hammers wird vom Nagelkopf aufgehalten und pflanzt sich in den Molekülen des Nagels und des Hammers fort. Die so zum Zittern gebrachten Nagel- und Hammeratome geben die Energie als Wärme wieder an die Umgebung ab. In diesem Fall wurde die Wärmestrahlung mechanisch erzeugt. Die große Bewegung des Hammers, also die kinetische Energie, die bei jedem Schlag in ihm steckt, wurde in die winzigen Bewegungen unzähliger Atome umgesetzt. Hören wir mit dem Hämmern auf, so wird sich der Nagel langsam wieder abkühlen. Seine Wärme wird in die kühlere Umgebung abfließen, bis Nagel und Umgebung die gleiche Temperatur haben.

Nun hatte unser Nagel selbstverständlich auch schon eine bestimmte Wärme, bevor wir ihn durch das Einschlagen erhitzten. Er hatte die Temperatur des Raumes, in dem er sich bis dahin befand. Wärmeenergie steckt in jeder Art von Materie, egal wo sie sich im Universum befindet. Auch Stoffe, von denen wir sagen, sie seien kalt, besitzen Wärmeenergie. Ein Stück Eis zum Beispiel hat eine Temperatur von 0 Grad Celsius. Die Null besagt jedoch nicht, dass Eis überhaupt keine Wärme besäße. Auch die Atome in einem Eiskristall schwingen noch, sind also in Bewegung, freilich weit weniger stark als die im flüssigen Wasser oder gar im Wasserdampf. Je weiter die Bewegungsenergie der Atome oder Moleküle abnimmt, umso kälter wird ein Stoff. Daraus ergibt sich, zumindest als Gedanke, dass bei fortwährender Abkühlung irgendwann ein Punkt erreicht ist, an dem ein Stoff keinerlei Atombewegung mehr aufweist und somit auch keine Wärmestrahlung mehr aussendet. Bei der tiefsten aller möglichen Temperaturen – dem absoluten Nullpunkt – wäre der Wärmeinhalt eines Stoffes gleich null. Das heißt, die Geschwindigkeit aller seiner Atome wäre null und damit auch ihre Bewegungsenergie.

Natürlich haben sich die Physiker gefragt, bei welcher Temperatur jede Atombewegung erlischt und alle Atome sich in absoluter Ruhe befinden. Der Engländer William Thomson (1824–1907), der spätere Lord Kelvin (s. S. 21), fand die Antwort auf diese Frage. Er bewies durch exakte Experimente, dass sich alle Gase – etwa Sauerstoff, Stickstoff, Wasserstoff oder Helium – bei Erwärmung beziehungsweise Abkühlung von 0 Grad Celsius auf +1 Grad Celsius beziehungsweise -1 Grad Celsius exakt um den 273,2-ten Teil ihres Volumens ausdehnen beziehungsweise zusammenziehen. Daraus folgerte Thomson: Gäbe es ein wirklich ideales Gas, so könnte dieses auf den absoluten Temperatur-Nullpunkt abgekühlt werden: Bei -273,2 Grad Celsius oder 0 Kelvin hätte dieses ideale Gas den Rauminhalt null. Also muss diese Temperatur die tiefste im Universum mögliche Temperatur sein. Noch weniger Bewegung als überhaupt keine gibt es nicht. Der absolute Temperatur-Nullpunkt ist eine absolute Grenztemperatur, die nicht vollkommen erreicht werden kann. Ein Atom in absoluter Ruhe erlaubt das Universum nicht.

Materie kann nicht unendlich kalt, nur unendlich heiß werden

Lord Kelvin zu Ehren wurde in der Physik eine neue Temperaturskala eingeführt, die seitdem von den Naturwissenschaftlern verwendet wird: die Kelvin-Skala. Die Celsius-Grade kann man ganz leicht in Kelvin umrechnen: Man zählt einfach zu den Celsius-Graden den Wert 273,2 hinzu. Der Gefrierpunkt des Wassers (0 Grad Celsius) entspricht somit +273,2 Kelvin.

Der Wärmegehalt eines Stoffes ist also nach unten relativ eng begrenzt. Schon bei -273,2 Grad Celsius (0 Kelvin) ist er gleich null. Hingegen ist der Wärme nach oben keine Grenze gesetzt. Zwar gibt die Lichtgeschwindigkeit eine Grenze für die Bewegung von Materie vor, doch gibt es die Möglichkeit der immer größeren Annäherung an diese absolute Grenzgeschwindigkeit, was im Prinzip einer endlosen Steigerung der Bewegungsenergie und damit der Temperatur entspricht. So kann man zum Beispiel sagen, dass im Urknall, durch den das Universum höchstwahrscheinlich entstand, eine unendlich hohe Temperatur geherrscht haben muss, und zwar deshalb, weil alle Masse und Energie des Universums in einem Punkt konzentriert war. Die Dichte dieses Masse-Energie-Punkts muss deshalb unendlich groß gewesen sein. Wenn aber die Dichte gegen unendlich geht, muss auch die Temperatur der unendlich dichten Materie gegen unendlich gehen.

Die erste konkrete Temperaturangabe für das Universum kann man für den Zeitpunkt 10^{-43} Sekunden nach dem Urknall machen: Es muss eine Temperatur von 10^{33} Kelvin geherrscht haben (eine

1 mit 33 Nullen). Damit ist natürlich auch so etwas wie eine Obergrenze für die Temperatur im Universum gegeben. Doch die ist so unvorstellbar hoch, dass man sie getrost als »unendlich« auffassen kann. Dagegen ist die tiefste Temperatur von -273,2 Grad Celsius fast schon alltäglich zu nennen, zumindest, was den Alltag der Niedertemperaturforschung betrifft. Immerhin gelang es in Forschungslabors, ganz nahe an diesen absoluten Nullpunkt heranzukommen, nämlich auf 10^{-7} Kelvin genau (= 0,0000001 Kelvin).

Wärme wird vom Atom als Ganzem erzeugt, Licht nur von den Elektronen im Atom

Nun haben wir einen Bereich der elektromagnetischen Strahlung, die Wärme, ein bisschen genauer kennen gelernt. Sie tritt überall dort auf, wo Atome vorhanden sind, also Materie. Es gibt kein Atom im Universum, das keine Wärme abgibt. Mag diese Wärmestrahlung auch noch so winzig sein, sie ist doch niemals gleich null.

Aber wie entstehen nun all die andern Formen von elektromagnetischer Strahlung, etwa die, die wir sehen können und als Licht bezeichnen? Für das sichtbare Licht ist nicht mehr das Atom als Ganzes verantwortlich, sondern allein die Atomhülle mit den auf verschiedenen Schalen kreisenden Elektronen.

Führe ich einem Stoff, etwa einem Stück Eisen, Energie zu, indem ich es erhitze, so gibt es die zugeführte Wärme wiederum als Wärmestrahlung ab. Setze ich aber meine Energiezufuhr nicht nur unverändert fort, sondern erhitze das Eisenstück immer stärker, dann fängt es irgendwann schwach rötlich an zu glühen. Es sendet von da an nicht mehr nur Wärmestrahlung, sondern auch rötliches (langwelliges) Licht aus. Das hat im Alltag den Vorteil, dass wir sehr heißen Stoffen gewöhnlich ansehen, dass sie sehr heiß sind. Sie glühen. Die Gesamtenergie, die ein glühender Stoff abstrahlt, ist stets die Summe aus Wärme- und Lichtenergie.

Nun wissen wir aber noch immer nicht, wie Licht entsteht. Es entsteht im Prinzip nicht anders als die Wärmestrahlung: indem Ladungen in einem elektromagnetischen Kraftfeld bewegt werden. Bei der Wärme sind es die ganzen (aus positiven und negativen Ladungen aufgebauten) Atome, die sich bewegen; sie schwingen, wobei die Elektronen auf ihren angestammten Schalen verharren. Sendet ein Atom aber Licht aus, so sind es die Elektronen, die bei zunehmender Energiezufuhr von außen plötzlich ihre Energiezustände ändern. Das heißt, sie verlassen die Schale, auf der sie sich von Haus aus befinden, und springen auf eine höhere, weiter außen gelegene Schale. Oder anders gesagt: Bei steigender Temperatur wechseln immer mehr Elektronen von einem niederen Energiezustand in einen höheren, indem sie dabei eine ganz bestimmte Menge der von außen zugeführten Energie aufnehmen. Sie würden zwar viel lieber auf ihrer angestammten Schale bleiben, doch die Energie, die von außen kommt, zwingt sie auf eine höhere Schale mit höherem Energiezustand. Der Energieunterschied zwischen den beiden Schalen entspricht exakt der Energie, die dem Elektron von außen zugeführt wurde.

Doch das Elektron will in seinen Grundzustand, also auf seine ursprüngliche Schale zurück, wobei es die aufgenommene Energie als Lichtwelle mit ganz bestimmter Frequenz wieder abgibt. Das Elektron wirft das Energiepaket, das ihm von außen aufgepackt wurde, möglichst bald wieder ab. Dieses Zurückfallen von der äußeren zur inneren Schale bewirkt die Lichtaussendung. Licht, so könnte man sagen, ist eine Art »Fallenergie« der Elektronen in der Atomhülle.

Wir wissen bereits, dass mit der Entfernung vom Atomkern dessen Anziehungskraft auf die Elektronen abnimmt, und zwar im Quadrat der Entfernung. Bei äußerer Energiezufuhr werden deshalb zuerst die äußeren Elektronen Schalensprünge ausführen, denn ihre Bindung an den Kern ist am schwächsten. Dabei kann es auch passieren, dass Elektronen so stark angeregt werden, dass sie aus der Atomhülle herausspringen und als freie Elektronen davonfliegen. Diesen Vorgang des Elektronenverlusts kennen wir bereits: Es ist die Ionisation. Ein Atom, das ein Elektron – oder mehrere – verloren hat, bezeichnet man als ionisiertes Atom oder Ion. Bei steigender Temperatur verlassen immer mehr Elektronen das Atom. Die einzelnen Atomarten halten verschieden stark an ihren Elektronen fest.

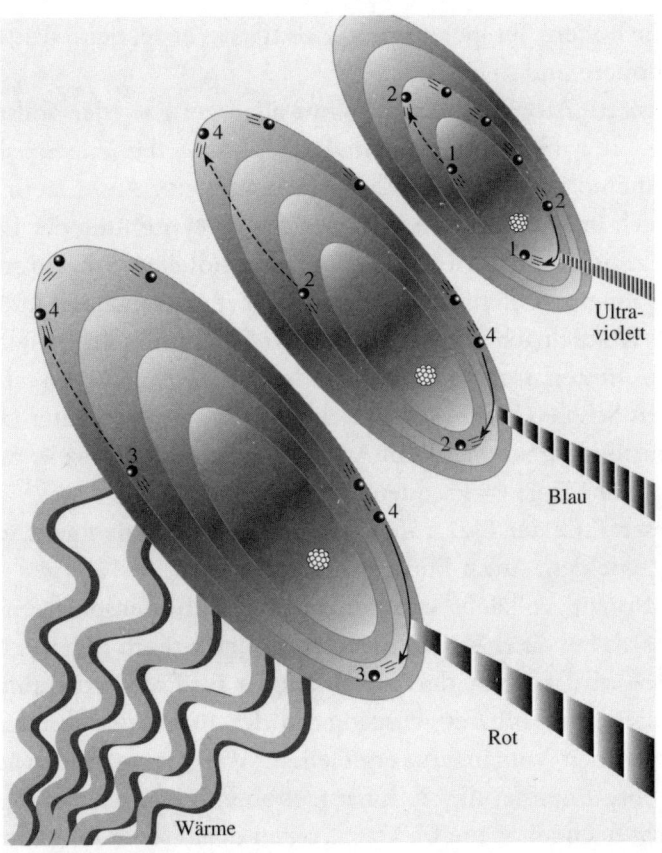

Materie sendet elektromagnetische Strahlung (Licht) aus, wenn ihr genügend Wärme zugeführt wird (links unten). Es werden dann die Elektronen in den Atomen von den tieferen Schalen auf höhere hinaufgehoben (gestrichelte Linien) und springen anschließend wieder auf ihre alten Schalen zurück (durchgehende Linien). Dabei geben sie die ihnen zugeführte Energie als Licht wieder ab. Im unteren Atom wird ein Elektron von der 3. auf die 4. Schale gehoben und gibt beim Rücksprung schwaches, langwelliges Licht ab: Rot. Im mittleren Atom geht der Elektronensprung von der 2. auf die 4. Schale und wieder zurück. Dabei gibt es energiereiches, kurzwelliges Licht ab: Blau. Durch sehr starke Energiezufuhr kann man die Elektronen der ersten Schale zum Sprung auf die zweite zwingen. Beim Zurückspringen erzeugen sie sehr kurze, für unser Auge nicht mehr sichtbare Schwingungen: Ultraviolett.

Die Temperatur, die zum Beispiel zur Ionisierung eines Natriumatoms ausreicht, genügt bei weitem nicht zur Ionisierung eines Sauerstoffatoms. Um ein zweites Elektron zu verlieren, ist wiederum eine höhere Temperatur nötig als für das erste, beim dritten eine noch höhere und so fort.

Ionisierte Atome wären aber nur allzu gern wieder vollständige Atome. Sie haben so lange keine Ruhe, bis wieder jede Schale ihrer Hülle die normale Zahl an Elektronen aufweist. Aus diesem Grund spielt sich im ionisierten Atom eine Art Rückordnung der Elektronen ab: Die Elektronen von den äußeren höheren Schalen springen auf die inneren tieferen herab, um die dort entstandenen Lücken zu füllen. Wo die nach innen springenden Elektronen ihrerseits wieder Lücken hinterlassen, springen andere Elektronen von abermals höheren Schalen herab. Jeder Elektronensprung von einer höheren auf eine niedere Schale ist mit Aussendung einer Lichtwelle mit ganz bestimmter Länge (= Frequenz) verbunden.

Dieser Tanz der Elektronen zwischen den Schalen geht so lange weiter, wie dem Atom Energie zugeführt wird.

Im Prinzip vollzieht sich bei diesen Elektronensprüngen nichts anderes als bei einer Kugel, die vom Boden auf ein höheres Niveau gehoben wird und von dort gleich wieder zur Erde zurückfällt. Man kann diese unsichtbaren Vorgänge in der Atomhülle durchaus mit mechanischen Vorgängen vergleichen. Wie die zu Boden fallende Kugel ihre Energie, die sie hinaufgehoben hatte, wieder abgibt, so auch das hochgehobene Elektron, wenn es auf seine Ausgangsschale zurückspringt. Die Bewegung der Kugel wird beim Fall vom Boden abgebremst und als Wärme freigesetzt. Der Rückfall des Elektrons wird gewissermaßen von der Schale abgebremst und als Licht abgegeben.

Im Gegensatz zur Wärmestrahlung, die vom ganzen erschütterten Atom abgegeben wird, ist das Licht, das von den zurückspringenden Elektronen ausgesandt wird, kurzwelliger, das heißt energiereicher. Das rührt daher, dass die Elektronenbewegungen sich in entsprechend kleineren Dimensionen des Raums abspielen. Die Wellen des sichtbaren Lichts sind – um eine grobe Zahl zu nennen – etwa tausendmal kürzer als Wärmewellen. Um wenigstens eine Ahnung von der Wellenlänge des sichtbaren Lichts zu haben: Sie beträgt rund ein Tausendstel vom Durchmesser eines i-Punkts.

Die Schalen der äußeren Elektronen sind wie die Bahnen der äußeren Planeten in unserem Sonnensystem relativ weit voneinander entfernt. Dagegen sind die Abstände der inneren Schalen geringer. Wenn das Elektron einer äußeren Schale auf eine noch weiter außen liegende Schale springt, legt es einen verhältnismäßig langen Weg zurück, für den es eine entsprechend längere Zeit benötigt. So erscheint beim Rücksprung Licht mit einer längeren Wellenlänge. Je weiter innen in der Atomhülle und somit näher am Kern die Elektronensprünge erfolgen, umso kürzer werden die ausgesandten Lichtwellen.

Das kann man an einem Stück Eisen, das immer stärker erhitzt wird, sehr schön beobachten. Als Erstes erscheinen die langen Schwingungen der Wärme, die man spürt, wenn man die Hand in die Nähe des Eisenstücks bringt. Nach einer gewissen Zeit ist die zugeführte Energie so groß, dass die ersten äußeren Elektronen zu Sprüngen angeregt werden. Es treten die längsten aller sichtbaren Lichtwellen auf: das Dunkelrot des ersten Glühens. Wird die zugeführte Energie weiter gesteigert, umso mehr dem Kern nähere und daher fester mit ihm verbundene Elektronen springen aus ihren Schalen. Die Sprünge sind kürzer, aber energiereicher, weil eine größere Anziehungskraft des Kerns überwunden werden muss. Entsprechend sind auch die ausgesandten Lichtwellen beim Rücksprung kurzwelliger und damit energiereicher. Bis das Eisenstück schließlich zur Weißglut gebracht ist.

Die kurzen Lichtwellen des Violetts und die noch kürzeren, nicht mehr sichtbaren des Ultravioletts (UV-Strahlen) erscheinen erst, wenn der allgemeine Tanz der Elektronen, der von den äußeren Schalen ausging, die innerste Schale, die K-Schale, erreicht hat.

Da nun jede Elementart einen einmaligen Atomaufbau hat, der sie von allen anderen Elementen unterscheidet, zeigen die Elemente beim Erhitzen eine für sie typische Art der Lichtaussendung. Grob gesagt: Die Elemente verbrennen in für sie charakteristischen Farben. Diese rühren von den ganz speziellen Tänzen ihrer Elektronen auf den Schalen her. Dieser Umstand ermöglicht den Wissenschaftlern die genaue Bestimmung der Zusammensetzung eines Stoffes. Man muss den entsprechenden Stoff durch Erhitzen nur in den Gaszustand bringen, wobei jedes im Stoff enthaltene Element ein ganz bestimmtes Farbspektrum zeigt. Dieses kann mit einem besonderen Gerät, dem Spektrographen, aufgezeichnet werden. Jedes Element sendet also beim Verdampfen eine bestimmte Anzahl verschiedener Wellenlängen aus und bringt so ein immer gleiches Muster von Spektrallinien hervor, das kein anderes Element mit ihm teilt.

Typische Spektren unterschiedlicher Atome: das fortlaufende Spektrum eines heißen Festkörpers (a), das Bandenspektrum eines Molekülgases (b) und das Linienspektrum eines Atomgases (c).

Das Wasserstoffatom enthält nur ein einziges Elektron, weshalb sein Spektrallinienmuster auch relativ einfach ist. Wenn man zu komplizierteren Atomen mit mehreren Elektronen übergeht, werden auch die Muster komplizierter. Das Eisenatom zum Beispiel enthält 26 Elektronen und erzeugt tausende von sichtbaren Linien.

Unser Auge ist freilich kein Spektrograph; wir sehen nur die typische Gesamtfarbe eines verdampften Elements. Aber das reicht aus, um uns zum Beispiel den Farbenzauber eines Feuerwerks erleben zu lassen. Ein Feuerwerk ist im Prinzip nichts anderes als ein Verbrennen verschiedener Elemente, die dabei in typischen Farben aufleuchten. Natrium ist dabei das Element mit der stärksten Lichtausstrahlung. Oberhalb 1800 Grad Celsius leuchten Natriumatome in gelborangem Licht. Magnesium hingegen verbrennt mit intensivem weißen Licht, Strontium bringt rote Farben hervor, Barium färbt eine Flamme grün, Kupfer blau.

Wenn ein Atom als Ganzes schon unvorstellbar klein ist, so gilt das erst recht für die Abstände zwischen den Elektronenschalen; sie betragen Millionstel eines Millimeters. Die Sprünge der angeregten Elektronen zwischen den Schalen geschehen entsprechend in unvorstellbar kurzer Zeit. Sie dauern nicht länger als einen Bruchteil einer milliardstel Sekunde. Das Erstaunliche ist, dass unsere Augen in der Lage sind, diese klitzekleinen Schwingungen nicht nur irgendwie wahrzunehmen, sondern winzigste Unterschiede in der Wellenlänge als Farben zu registrieren. Sie sind zum Beispiel in der Lage, 620 Billionen Schwingungen pro Sekunde von 640 Billionen Schwingungen pro Sekunde klar zu unterscheiden und als zwei unterschiedliche Farben zu deuten. Die Deutung wird freilich nicht von den Augen, sondern vom Gehirn geleistet.

Wie entstehen Röntgenstrahlen?

Je größer ein Atom ist, umso größer ist auch sein Kern, wie wir bereits wissen. Mit der Größe des Kerns wächst seine Anziehungskraft, und zwar ungefähr im selben Maß, wie die Zahl seiner Protonen zunimmt. Im Aluminium zum Beispiel mit seinen 13 Protonen und 13 Elektronen sind die Elektronen der innersten Schale ungefähr dreizehnmal stärker an den Kern gebunden als das einsame Elektron des Wasserstoffs. Im Eisen mit seinen 26 Protonen sind die Bindungskräfte doppelt so stark wie im Aluminium und so weiter.

Es fällt aus diesem Grund auch nicht schwer, die Elektronen in den leichteren Elementen zu Sprüngen aus ihren Schalen zu veranlassen. Beim Wasserstoff bedarf es nur geringer Energiezufuhr, um ihn zum Leuchten zu bringen. Aber je größer die Atome werden, umso mehr Energie ist dazu nötig. Mit der Energie, die nötig ist, um Elektronen auf höhere Schalen zu heben, steigt natürlich auch die Energie, mit der sie anschließend in ihre Ausgangsschalen zurückspringen. Damit steigt auch die Energie der Strahlung, die sie beim Rücksprung aussenden.

Um besonders energiereiche Strahlung, also solche mit extrem kurzen Wellenlängen zu erhalten, muss man die inneren Elektronen großer Atome aus ihren Schalen hochheben. Das gelingt zum Beispiel dadurch, dass man schwere Atome auf so hohe Temperatur bringt, dass sogar die Elektronen ihrer innersten Schalen zu Sprüngen angeregt werden. Im Kosmos geschieht das überall dort, wo sehr hohe Temperaturen vorkommen, also etwa im Innern von Sternen und erst recht bei der Explosion von alten Sternen, wenn diese ihr »Lebensende« erreicht haben. Auch wenn Materie von Schwarzen

Löchern angesaugt wird und sich dabei erhitzt, entsteht elektromagnetische Strahlung mit sehr hoher Energie, vorausgesetzt, es befinden sich in dieser Materie auch schwere Elemente.

Aber der Mensch ist selber ebenfalls in der Lage, solche extrem kurzwellige Strahlung in Atomen zu erzeugen. Der klassische Apparat hierzu ist die Röntgenröhre. Sie hat den Namen von ihrem Erfinder Wilhelm Conrad Röntgen. Er entdeckte die Strahlung 1895 zufällig. Röntgen hatte mit einer speziellen Entladungsröhre experimentiert, die er mit schwarzem Papier umwickelte, um dessen Lichtdurchlässigkeit zu untersuchen. Als er eine elektrische Spannung von einigen tausend Volt zwischen Kathode und Anode der Röhre anlegte, sah er im verdunkelten Raum auf einem entfernten Arbeitstisch plötzlich ein paar zufällig dort liegende Kristalle grünlich aufleuchten. Der Zufall, das hat sich oft in der Geschichte der Wissenschaft erwiesen, ist der beste Assistent des Forschers.

Eine unsichtbare Strahlung, die durch das schwarze Papier gedrungen sein musste, hatte offensichtlich die Kristalle zum Leuchten gebracht. Die Strahlung musste aus der Entladungsröhre stammen. Davonfliegende Elektronen konnten es nicht sein, denn die würden nur wenige Zentimeter Luft durchqueren können, weil sie spätestens dann von Atomen der Luftmoleküle eingefangen würden.

Röntgen fand sehr bald die Lösung des Rätsels. In der Röhre werden Elektronen aufgrund der hohen elektrischen Spannung, die angelegt wird, mit sehr großer Geschwindigkeit gegen eine Platte aus Wolfram (W) oder Platin (Pt) gelenkt, also gegen große Atome (Wolfram hat das Atomgewicht 74, Platin das Atomgewicht 78). Durch den heftigen Aufprall der anfliegenden Elektronen geraten die Elektronen der großen Atome in derart starke Anregung, dass sie sogar von den inneren Schalen auf äußere springen und beim Rücksprung extrem kurzwellige Strahlung abgeben. Sie ist ungefähr 10 000-mal kürzer als die des sichtbaren Lichts.

Diese so genannte Röntgenstrahlung erregte bei ihrer Entdeckung ungeheures Aufsehen, nicht nur bei Wissenschaftlern, sondern ebenso in der Bevölkerung. Der Grund: Sie besaß die »magische« Fähigkeit, viele undurchsichtige Stoffe wie etwa Holz oder Leder, aber auch das Gewebe tierischer oder menschlicher Körper zu durchdringen. Man brauchte nur hinter den durchstrahlten Körper

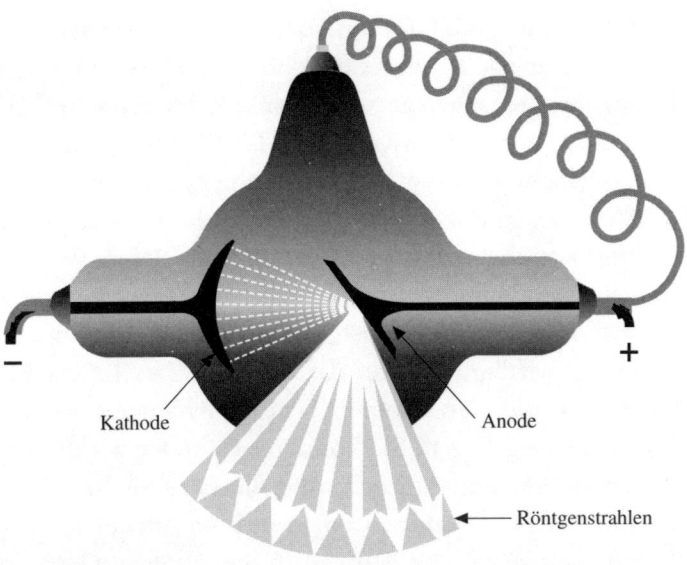

Das Prinzip einer Röntgenröhre.
In einem luftleeren Glaskolben sind zwei Metallelektroden einander gegenüberliegend eingeschmolzen. Zwischen beide wird eine sehr hohe elektrische Spannung gelegt. Die negative, hohlspiegelartig gewölbte Kathode sendet schnelle Elektronen zur positiven Anode aus Wolfram oder Platin. Die Elektronen werden durch den aussendenden Hohlspiegel so gebündelt, dass der Elektronenstrahl-Brennpunkt exakt auf der Oberfläche der Anode liegt.

eine Fotoplatte zu stellen, um ein »Schattenbild« der Knochen oder bestimmter verschluckter Gegenstände zu erhalten. Das weiche Gewebe unseres Körpers, also Haut, Muskeln, Eingeweide, aber ebenso das Blut bestehen aus Molekülen, die sich hauptsächlich aus kleinen und somit leichten Atomen zusammensetzen: Wasserstoff (Atomgewicht 1), Kohlenstoff (Atomgewicht 6), Stickstoff (Atomgewicht 7) oder Sauerstoff (Atomgewicht 8). Diese leichten Atome schwingen in Resonanz mit den eintreffenden Röntgenstrahlen mit, sodass diese ungehindert durch die Moleküle hindurchkommen. Die Knochen hingegen enthalten einen hohen Anteil schwererer Atome, etwa Phosphor (Atomgewicht 15) oder Calcium (Atomgewicht 20). Diese größeren Atome schwingen nicht mit den eintreffenden Röntgenwellen mit, sondern werfen sie zurück. So entsteht auf der Fotoplatte ihr Schattenbild.

Freilich haben Röntgenstrahlen nicht nur eine einzige eng begrenzte Schwingungszahl (Frequenz), sondern, wie das sichtbare Licht auch, eine ganze Bandbreite. Je höher die Spannung ist, die an eine Röntgenröhre angelegt wird, umso energiereicher sind die Elektronen, die gegen die Wolfram- oder Platinplatte fliegen, und umso kurzwelliger sind die Röntgenstrahlen, die von dort ausgesandt werden. Bei besonders energiereicher, also kurzwelliger Röntgenstrahlung kommt es immer öfter vor, dass deren Wellen nicht mehr ungehindert durch das menschliche Gewebe hindurchgehen, sondern auf Atome treffen und ihre Energie auf diese übertragen. Diese Energieübertragung kann dazu führen, dass äußere Elektronen aus den getroffenen Atomen herausgeschleudert werden und vom Trefferort wegfliegen. Sie können sich anderswo im Organismus wieder an ein Atom anlagern und dieses zu einem negativ geladenen Ion machen, während ein positiv geladenes Ion zurückbleibt. Diese Ionisation von Atomen in organischem Gewebe kann zu Veränderungen der Moleküle führen und damit die Zellen schädigen, indem die reaktionsfreudigen Ionen chemische Prozesse auslösen, die in der Zelle eigentlich nicht stattfinden sollen. Die Zelle hat eine Strahlenschädigung erlitten. Trifft dies für sehr viele Organzellen zu, so können die Zellveränderungen zu schwer wiegenden Krankheiten, etwa Krebs, führen. Hierin liegt die eigentliche Gefährlichkeit energiereicher Strahlung. Sie beginnt für den Menschen aber nicht erst bei den Röntgenstrahlen, sondern auch die UV-Strahlung der Sonne kann an der Oberfläche liegende Zellen, zum Beispiel die der Haut oder der Augen, schädigen.

Mit den Röntgenstrahlen haben wir die kürzesten und damit energiereichsten Schwingungen erreicht, die von Elektronen der Atomhülle ausgesandt werden können. Allerdings gibt es noch kürzere elektromagnetische Wellen, die so genannte Gammastrahlung. Diese geht aber nicht vom Atom als Ganzem (wie bei der Wärmestrahlung), ebenso wenig von den Elektronen der Atomhülle (wie beim Licht) aus, sondern allein vom Atomkern. Der sendet Gammastrahlung aus, wenn er, aus welchen Gründen auch immer, zerfällt. Das geschieht in der Natur bei den so genannten radioaktiven Elementen. Gammastrahlung tritt aber auch dann auf, wenn Atomkerne vom Menschen gespalten werden. Diesen Vorgang werden wir später noch genauer kennen lernen.

Beim natürlichen radioaktiven Zerfall oder bei der künstlichen Zertrümmerung von Atomkernen werden gewissermaßen die Atomkerne selbst angeregt, das heißt in Schwingung versetzt. Entsprechend der Winzigkeit von Atomkernen sind die dabei entstehenden elektromagnetischen Wellen noch kurzwelliger als die Röntgenstrahlen. Diese extrem kurze vom Kern ausgesandte Gammastrahlung besitzt eine tausendfach höhere Energie als selbst die kürzesten Röntgenwellen. Damit ist auch die ionisierende lebensgefährliche Wirkung der Strahlung noch wesentlich größer. Wo immer sie entsteht, etwa in Kernkraftwerken, muss sie vom Menschen durch geeignete Schutzvorrichtungen fern gehalten werden.

Wie entstehen Radiowellen?

Nun müssen wir von den kurzwelligen energiereichen Gamma- und Röntgenstrahlen noch einmal zurück zu den energiearmen langwelligen Radiostrahlen. Denn von ihnen wissen wir noch nicht, wie sie in den Atomen entstehen. Wir erinnern uns, dass wir bei der Schilderung des Schalenaufbaus der Atomhülle so genannte Nebenschalen erwähnt haben, die mit den Kleinbuchstaben s, p, d und f bezeichnet werden (s. S. 54f.). Die Elektronen können durch Energiezufuhr nicht nur zu Sprüngen zwischen den Hauptschalen veranlasst werden, sondern auch von einer Hauptschale auf die dazugehörenden Nebenschalen wechseln. Das sind jedoch im Vergleich zu den Sprüngen zwischen den Hauptschalen nur kleine schwache Hopser. Sie bewirken wegen der geringen Energieunterschiede zwischen Haupt- und Nebenschale nur Schwingungen von geringer Energie. Es entstehen sehr lange Wellen im elektromagnetischen Raumfeld.

Das einsame Wasserstoff-Elektron zum Beispiel sendet, wenn es von der Hauptschale K auf die benachbarte Nebenschale s und wieder zurück springt, eine Welle von 21,1049 Zentimetern Länge aus. Diese Welle mit der Frequenz 1420 Megahertz (Mega bedeutet »Million«) wird von den großen Radioteleskopen beständig aus dem Weltraum empfangen. Sie wird von den leicht angeregten Atomen der riesigen dunklen Wasserstoffwolken ausgesandt, die überall in der Milchstraße verteilt sind. Die Spuren von Licht und Wärme, die diese Gaswolken von fernen Sternen empfangen, reichen aus, um Elektronen von der Hauptschale auf eine benachbarte Nebenschale zu schicken und beim Rücksprung eine Welle von 21 Zentimetern aussenden zu lassen. Gaswolken können freilich durch nahe gelegene Sterne oder Sternreste so stark aufgeheizt werden, dass sie im sichtbaren Licht als so genannte kosmische Nebel erstrahlen. Denn wie stark Atome strahlen, hängt, wie wir schon wissen, immer von der Energie ab, die ihnen zugeführt wird. Es gibt nicht *die* eine Wasserstoffstrahlung, sondern einen breiten Frequenzbereich, in dem eine Atomart strahlen kann.

Das Licht führt ein Doppelleben

Wir haben mittlerweile einen recht guten Überblick über das Wesen der Materie gewonnen, über ihren Aufbau aus Atomen und Molekülen, über den Aufbau der Atome selbst und über energetische Ereignisse, die im Bereich von Atom und Molekül stattfinden. Mit dem Begriff des elektromagnetischen Feldes, von dem jedes geladene Teilchen gleichförmig in alle Richtungen des Raumes umgeben ist, konnten wir das Licht als Störung dieses elektromagnetischen Feldes deuten. Jede Bewegung einer Ladung in einem elektrischen Feld erzeugt eine elektromagnetische Strahlung: entweder Radiowellen, Wärmestrahlung, sichtbares Licht, UV-Licht, Röntgenstrahlung oder Gammastrahlung. Daraus ergibt sich eine Grundeigenschaft der naturwissenschaftlich beschreibbaren Welt: Es gibt auf der einen Seite die aus Atomen aufgebaute Materie und auf der anderen Seite die Energie, diese irgendwie geisterhafte Fähigkeit, Arbeit zu leisten. Die Energie zeigt sich in unterschiedlichen, austauschbaren Formen.

Das ganze Universum scheint demnach auf zwei Grundpfeilern zu ruhen: Materie und Energie. Man könnte auch sagen, es beruht auf Masse und Energie, wobei beides unlösbar miteinander verbunden ist. Wo Masse ist, ist immer auch Energie, und wo Energie ist, muss auch Masse sein, die diese Energie in sich trägt beziehungsweise abgibt. Als Maßeinheit für die Masse dient das Kilogramm (abgekürzt: kg). Als Maßeinheit für die Energie dient das Elektronenvolt (abgekürzt: eV). Es handelt sich dabei um eine sehr kleine Energieeinheit, die sich aber gerade deshalb bei der Messung von energetischen Vorgängen im Atombereich bestens eignet. 1 Elektronenvolt (eV) ist die Energie, die einem Elektron beim Durchlaufen einer elektrischen Spannung von 1 Volt zugeführt wird. Es handelt sich also streng genommen um Bewegungsenergie (kinetische Energie), die ein einzelnes Elektron hat, nachdem es durch ein elektrisches Feld mit 1 Volt Spannung beschleunigt wurde.

Genaue Messungen zeigen, dass ein Elektron mit der Energie 1 eV eine Geschwindigkeit von ca. 600 Kilometer pro Sekunde hat. Fliegt ein Elektron zehnmal schneller, also mit 6000 Kilometer pro Sekunde, dann steigt seine Energie auf das Hundertfache: 100 eV. Fliegt es mit 28 000 Kilometer pro Sekunde, hat es bereits eine Energie von 1 Million eV (1 Mega-Elektronenvolt = 1 MeV). Erreicht es bei noch höheren Geschwindigkeiten sogar Milliarden Elektronenvolt, so spricht man von Giga-Elektronenvolt (GeV). Mit der winzigen Energieeinheit von 1 eV sind wir bestens ausgerüstet, um uns jetzt noch genauer mit den Atomen, nämlich ihren Bestandteilen und den Wirkungsweisen zwischen ihnen zu befassen.

Wir haben bisher das Licht als eine elektromagnetische Welle beschrieben, die sich ähnlich wie eine Wasserwelle ausbreitet, freilich nicht nur flächig, sondern in alle Richtungen des Raums. Das Licht hat von jeher den Physikern Probleme bereitet, weshalb man es lange Zeit als Forschungsobjekt ausgeblendet, man könnte auch sagen: verdrängt hat. So hatte das Licht auch in der Mechanik Newtons von Anfang an eine Sonderrolle gespielt. Damit es sich in die Mechanik fester Körper irgendwie einfügen ließ, hatte Newton vorgeschlagen, auch das Licht als einen unablässigen Strom von Teilchen aufzufassen. Es gab zwar vereinzelt auch andere Ansichten von Physikern, doch Newtons Einfluss war zu groß, als dass diese Physiker sich hätten durchsetzen können. So blieb seine Teilchenvorstellung bis zum Anfang des 19. Jahrhunderts unangetastet.

Dann aber konnte der Engländer Thomas Young (1773–1829) überzeugend nachweisen, dass die Vorstellung vom Licht als Teilchenschauer falsch war. Young schlug vor, das Licht als eine Art Wellenbewegung aufzufassen. Und er lieferte auch einen klaren experimentellen Beweis für die Richtigkeit seiner These: den berühmten Doppelspalt-Versuch. Der funktioniert so: Schickt man Licht durch zwei winzige, dicht nebeneinander liegende Öffnungen in einem Wandschirm, so wird man auf einer dahinter stehenden Projektionsfläche nicht zwei entsprechend scharfe Lichtpunkte vorfinden, sondern ein einheitliches Muster von konzentrischen Ringen, ähnlich dem, das von zwei Wasserwellen gebildet wird, die sich auf der Wasseroberfläche treffen. Lichtwellen überlagern sich genauso wie Wasserwellen.

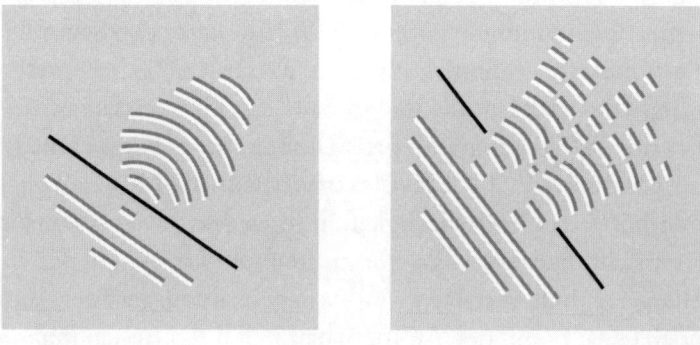

Hier sind typische Ausbreitungsmuster von Wasserwellen zu sehen. Links eine Wasserwelle, die sich von einem Spalt in einer Barriere ausbreitet, rechts das Überlagerungsmuster (Interferenzmuster) zweier Wasserwellen, die von zwei nebeneinander liegenden Spalten ausgehen.

Die Physiker sprechen von Wellen-Interferenz (= Überlagerung von Wellen). Laufen zwei Wellenberge aufeinander zu, so entsteht im Moment der Begegnung ein doppelt so hoher Wellenberg. Treffen ein Wellenberg und ein Wellental aufeinander, so heben sie sich gegenseitig im Moment der Begegnung auf. Im Lichtmuster auf der Projektionsfläche erscheinen helle Ringe dort, wo die beiden Lichtwellen einander verstärken, und die dunklen Ringe, wo sie sich gegenseitig aufheben.

Der Wellencharakter des Lichts ist auch noch durch einen anderen einfachen Versuch zu beweisen: Ein Haar, das man zwischen eine Lichtquelle und eine Projektionsfläche hält, bildet auf der Fläche keinen scharfen, dem Haar entsprechenden Schatten ab.

Vielmehr ist nur ein verschwommener Schatten wahrzunehmen. Diese Tatsache verweist darauf, dass die Lichtstrahlen gebeugt wurden, und zwar auf die gleiche Weise, wie Wasserwellen ein Hindernis umspülen. Die Lichtwellen »umspülen« das Haar.

Mit Schallwellen verhält es sich nicht anders. Deshalb wundern wir uns auch nicht, dass wir, hinter einem dicken Baumstamm stehend, die Menschen auf der anderen Seite zwar hören, aber nicht sehen können. Wellen gehen leicht um ein Hindernis herum, wenn sie wesentlich länger sind als das Hindernis selbst. Im Gegensatz zu den langen Schallwellen werden die extrem kurzen Lichtwellen an einem Baumstamm aber nicht in dessen Schattenraum hinein gebeugt. Um genau zu sein: Ein ganz klein wenig dringen auch Lichtwellen in den Schattenraum hinter einem Baumstamm ein, und zwar bei einem ein Meter dicken Stamm um weniger als einen Millimeter. Um diesen knappen Millimeter können wir also »um die Ecke« sehen.

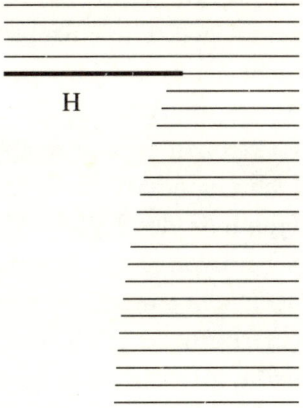

Die Beugung von Wellen an einem Hindernis (H). Die von oben kommenden Wellen werden in den Schattenraum des Hindernisses hinein gebeugt. Je länger die Wellen, umso tiefer dringen sie in den Schattenbereich ein.

So weit, so gut. Dass Licht Welleneigenschaften hat, ist also hinlänglich bewiesen. Das Problem ist nur: Licht hat auch noch andere Eigenschaften, die sich mit der Wellenvorstellung nicht vereinbaren lassen. Das wurde den Physikern zum ersten Mal deutlich vor Augen geführt, als am Ende des 19. Jahrhunderts die Fotografie erfunden wurde. Sie beruht physikalisch auf dem so genannten »fotoelektrischen Effekt«. Richtet man ultraviolettes, also besonders energiereiches Licht auf eine negativ geladene Metallplatte, dann entlädt sich die Platte mit der Zeit. Dagegen zeigt sichtbares, also weniger energiereiches Licht keinerlei Wirkung.

Es bedurfte des Genies eines Albert Einstein (1879–1955), um dieses physikalische Rätsel zu lösen. Seine Erklärung erweckte Newtons alte Lichtteilchen-Theorie wieder zum Leben: Die geladene Metallplatte mit ihrem Elektronenüberschuss entlud sich nach und nach, weil ihre Elektronen durch einzelne winzige Energiepakete des eintreffenden UV-Lichts aus der Platte herausgeschlagen werden. Licht, so Einstein, kann man sich auch als einen Schauer von Energiepaketen vorstellen – Pakete, die freilich keine Masse haben, sondern aus purer Energie bestehen. Man nennt diese Lichtpakete Photonen (von Griechisch »photos«: Licht).

Einstein zufolge sind die Photonen des sichtbaren Lichts energieärmer, also weniger durchschlagskräftig als die des ultravioletten Lichts. Das bedeutet, dass man so viel sichtbares Licht auf die geladene Metallplatte richten kann, wie man will – es wird niemals gelingen, damit die Platte zu entladen, also Elektronen aus ihr herauszuschlagen. Die einzelnen Photonen des sichtbaren Lichts besitzen nicht genügend Energie, um ein Elektron derart heftig zu treffen, dass es das Atom verlässt, auf dem es sitzt. Das Herausschlagen von Elektronen ist also unabhängig von der Intensität des einfallenden Lichts, sondern allein abhängig von seiner Farbe, genauer: von der Frequenz des Lichts. Man könnte das sichtbare Licht unzähliger Scheinwerfer auf die geladene Metallplatte lenken und würde dennoch kein einziges Elektron aus ihr herausschlagen. Dagegen reichte eine normale UV-Lampe, um die Platte langsam zu entladen, das heißt, sie ihrer überschüssigen Elektronen zu berauben.

Allerdings war diese von Einstein gewonnene Erkenntnis nur möglich gewesen, weil vor ihm ein anderer genialer Physiker, Max Planck (1858–1947), entscheidende gedankliche Vorarbeiten geleistet hatte. Im Jahr 1900 hatte er die allseits bekannte Tatsache untersucht, dass ein beliebiges Stück Materie, das erhitzt wird, irgendwann zu glühen beginnt, zuerst dunkelrot, bis es dann schließlich weiß glühend wird. Für einen schwarzen Körper hängt die Farbe, also die Frequenz der ausgesandten Strahlung, allein von der Temperatur des Körpers ab und so eignet er sich besonders gut für die physikalische Untersuchung dieser Erscheinung.

So einfach sie ist, so schwierig war es für die Physiker des 19. Jahrhunderts, sie zu erklären. Die Anwendung der damals bekannten Naturgesetze wollte einfach zu keinen brauchbaren Ergebnissen führen. Plancks originelle Idee bestand darin, das ganze Problem von der Strahlung weg auf das strahlende Atom zu verlagern. Planck fand eine mathematische Formel, mit der sich Messungen an strahlenden Körpern genau deuten ließen. Diese Formel beruht auf der Annahme, dass strahlende Atome ihre Strahlungsenergie immer nur in winzigen unteilbaren Einheiten, in elementaren »Energieportionen« oder »Energiepaketen« abgeben können. Das Gleiche gilt für die Aufnahme von Energie durch Atome. Planck nannte diese Energiepakete Quanten (von Lateinisch »quantum«: eine bestimmte Menge).

Ein Photon wäre demnach ein Lichtquant: Die kleinstmögliche Portion Licht, ein elementares Lichtteilchen, so könnte man auch sagen. Energie kann im atomaren Bereich nur in endlichen und voneinander getrennten Energiequanten aufgenommen und abgegeben werden. Das widersprach natürlich der klassischen Auffassung, wonach Strahlung etwas lückenlos Zusammenhängendes, Fließendes ist – eine Welle eben.

Photonen bewegen sich also wie Teilchen durch den Raum. Die Energie des einzelnen Lichtquants, fand Einstein heraus, musste gleich dem Produkt aus der Frequenz des Lichts (f) und einer Naturkonstante sein, die Planck gefunden hatte und die deshalb Planck'sches Wirkungsquantum genannt und mit dem Kleinbuchstaben h bezeichnet wird. Als Formel: $E = f \times h$.

Die Planck'sche Konstante h ist eine universelle Naturkonstante, ähnlich wie die Gravitationskonstante G oder die Vakuum-Lichtgeschwindigkeit c. Im selben Maß wie die Gravitationskonstante die Himmelsmechanik beherrscht, das heißt die Kräfte festlegt, mit der große Massen einander anziehen, beherrscht h die Welt des ganz Kleinen, die »Atommechanik« oder besser, die Quantenmechanik.

Die Planck'sche Konstante h wird als Planck'sches Wirkungsquantum bezeichnet, weil sie die Dimension einer Wirkung hat. Als Wirkung versteht man in der Physik das Produkt aus Energie und Zeit ($E \times t$). Die Planck'sche Konstante h wird in den Einheiten »Elektronenvolt mal Sekunde« (eVs) oder »Joule mal Sekunde« (Js) angegeben. Der Wert von h beträgt $4{,}2 \times 10^{-15}$ eVs beziehungsweise $6{,}6 \times 10^{-34}$ Js. Das sind 4,2 billiardstel Elektronenvoltsekunden; in Joulesekunden kann man den Wert gar nicht mehr in Worte fassen, so winzig ist er.

Wollen wir die Energie eines einzelnen Lichtquants berechnen, müssen wir nur seine Frequenz messen und diese mit dem Wert von h multiplizieren. Haben wir zum Beispiel sichtbares Licht mit der Frequenz 10^{15} Hertz (1 Hertz (Hz) = 1 Schwingung pro Sekunde oder 1 s^{-1}), so hätte ein einzelner Lichtquant dieses Lichts eine Energie von 10^{15} Hz x $4{,}2 \times 10^{-15}$ eVs = $4{,}2$ eV. So schnell wird man zum Quantenphysiker! Denn immerhin sind wir jetzt in der Lage, die Energie eines Lichtquants mit bestimmter Frequenz zu berechnen – und das kann schließlich nicht jeder. Anders arbeiten die professionellen Teilchenphysiker auch nicht, ja, sie haben es sogar noch einfacher als wir, weil sie nicht mehr selber rechnen müssen, sondern diese Arbeit ihren superschnellen Computern überlassen. Und die Daten liefern ihnen ihre hoch empfindlichen Messgeräte.

In dem wohltuenden Bewusstsein, fortan kein unbescholtener Laie mehr zu sein, wollen wir uns mutig noch tiefer in dieses rätselhafte Quantenuniversum stürzen. Freilich sehen wir uns an dieser Stelle vor ein kniffliges Problem gestellt: Licht scheint zwei Eigenschaften auf einmal in sich zu vereinen. Man kann es als eine stetig durchlaufende Welle im elektromagnetischen Raumfeld deuten, aber mit gleichem Recht als Schauer einzelner Lichtquanten, die gleichsam als Lichtgeschosse den Raum durchqueren, als konzentrierte Pakete aus elektromagnetischer Energie. Beide Deutungen des Lichts sind offenbar richtig. Auf die Frage »Was ist Licht?« muss man die für einen Naturwissenschaftler ungewöhnliche Antwort geben: Mal ist es Welle, mal ist es Teilchen, je nachdem, welches Experiment man gerade ausführt. Das Licht ist im wahrsten Sinne des Wortes eine zwielichtige Sache. Bis heute muss die Physik mit diesem Doppelwesen des Lichts leben, einem offensichtlichen Widerspruch, der vielleicht irgendwann einmal durch ganz neue vereinheitlichende Gedanken aufgelöst werden kann.

Computergrafik eines Neonatoms

Wasser-(H_2O)-Moleküle (Modell)

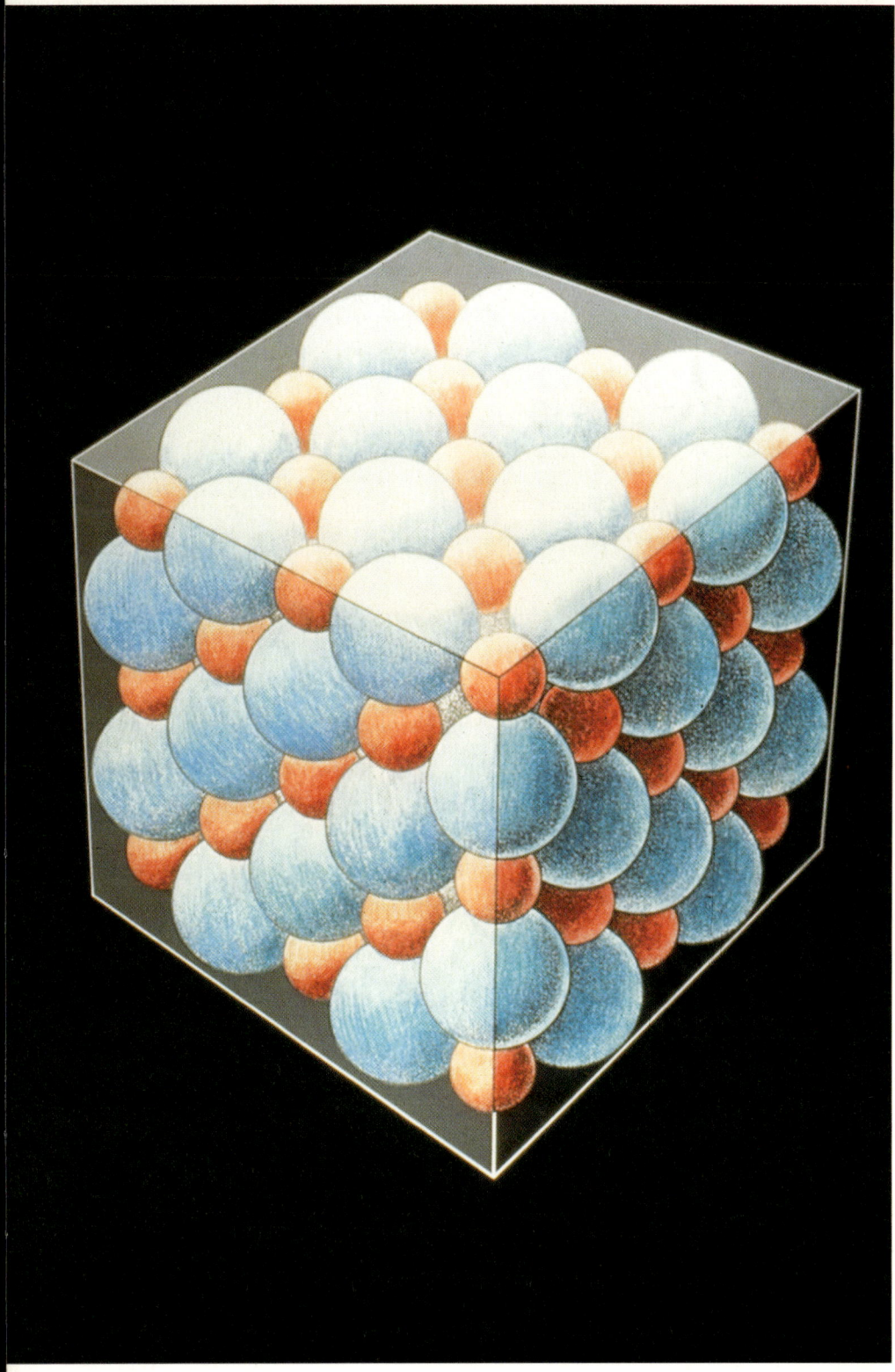

Molekülstruktur von Kochsalz (NaCl, Natriumatom rot, Chloratom blau)

Kochsalzkristalle (NaCl) in wässriger Lösung

Kochsalzkristalle (NaCl), kristallisiert aus wässriger Lösung

Kristalle der Zitronensäure

Kristalle des Zinksulfats

Kohlenstoff in Form von Grafit

Uran-Brennstäbe in einem Kernreaktor

...eschleunigeranlage von Cockroft und Walton aus dem Jahr 1932

...iner der Versuchsbereiche des LEP-Beschleunigers (Large Electron-Positron-Collider) am CERN

Geöffnetes Myonen-Spektrometer im L3-Detektor des CERN

Der OPAL-Detektor des CERN zur Messung elektromagnetischer Wärmestrahlung

Computergrafik des LHC-Beschleunigers (Large Hadron Collider), der frühestens 2006 am CERN in Betrieb gehen soll

Modell eines supraleitenden Dipolmagneten für den LHC-Beschleuniger

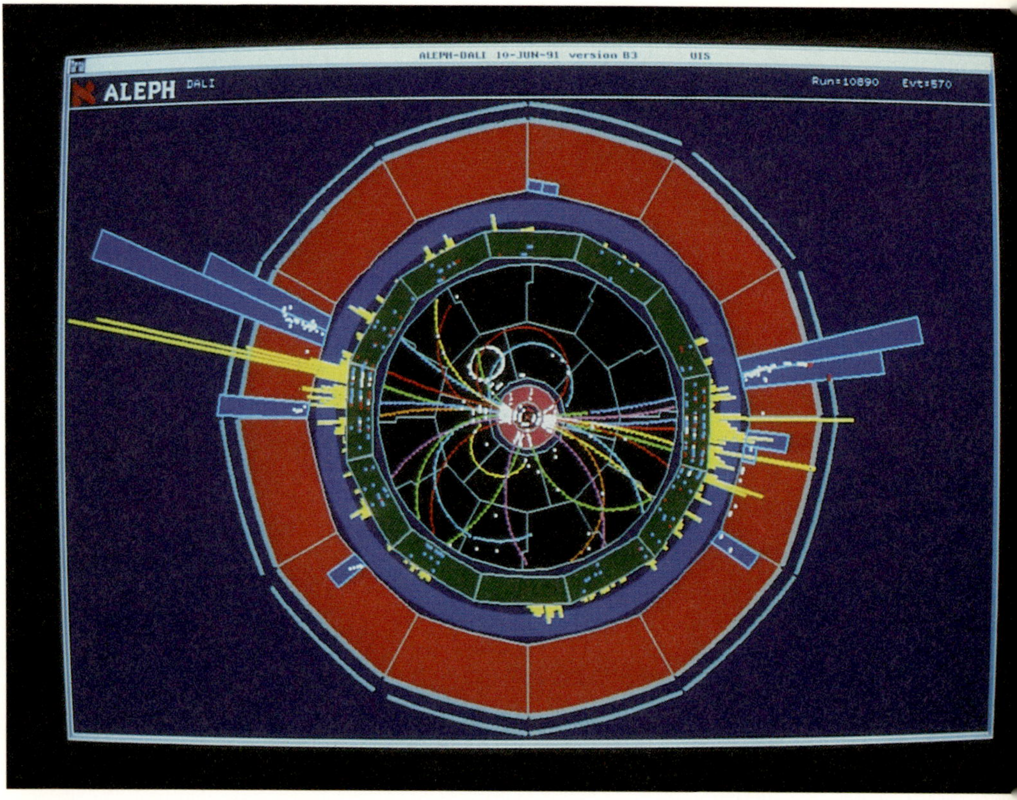

Computersimulation des Zerfalls eines Z°-Teilchens in zahlreiche andere Teilchen

Der DELPHI-Detektor am CERN

Der ALEPH-Detektor am CERN

Ansicht einer Testanlage für den im Bau befindlichen LHC-Beschleuniger am CERN

Prototyp eines 15 Meter langen supraleitenden Magneten für den LHC-Beschleuniger am CERN

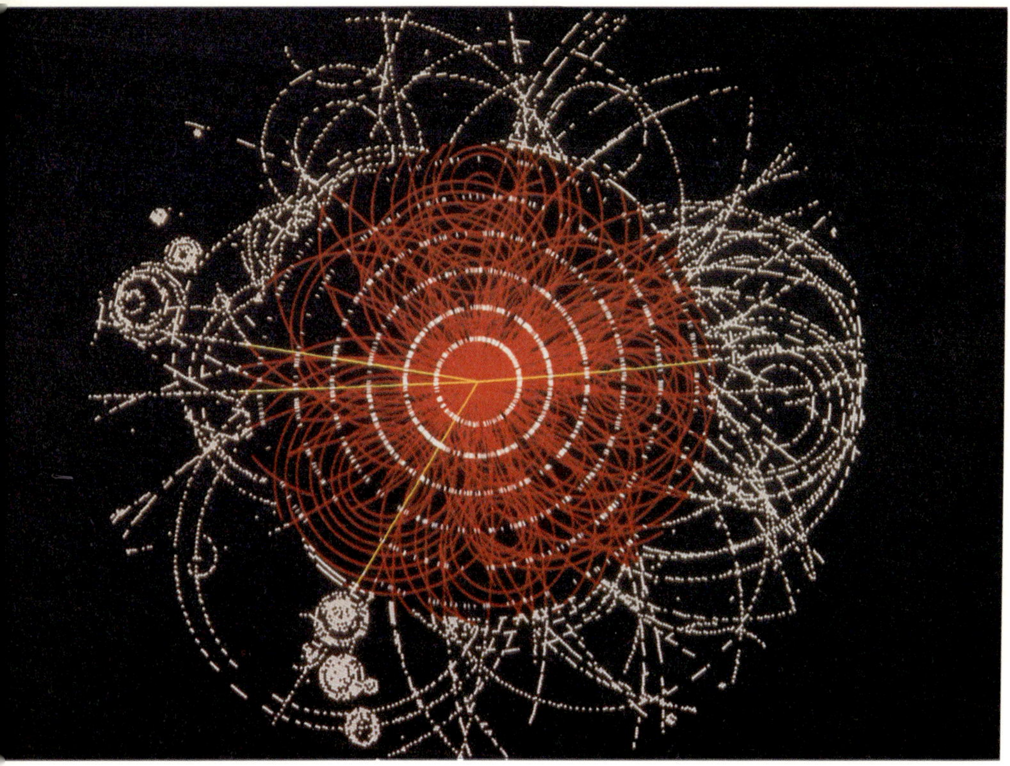

Computersimulation des Zerfalls eines sogenannten Higgs-Teilchens in 4 Myonen (gelbe Teilchenspuren)

Computersimulation eines Teilchenzerfalls, wie er vielleicht im LHC-Beschleuniger zu beobachten sein wi

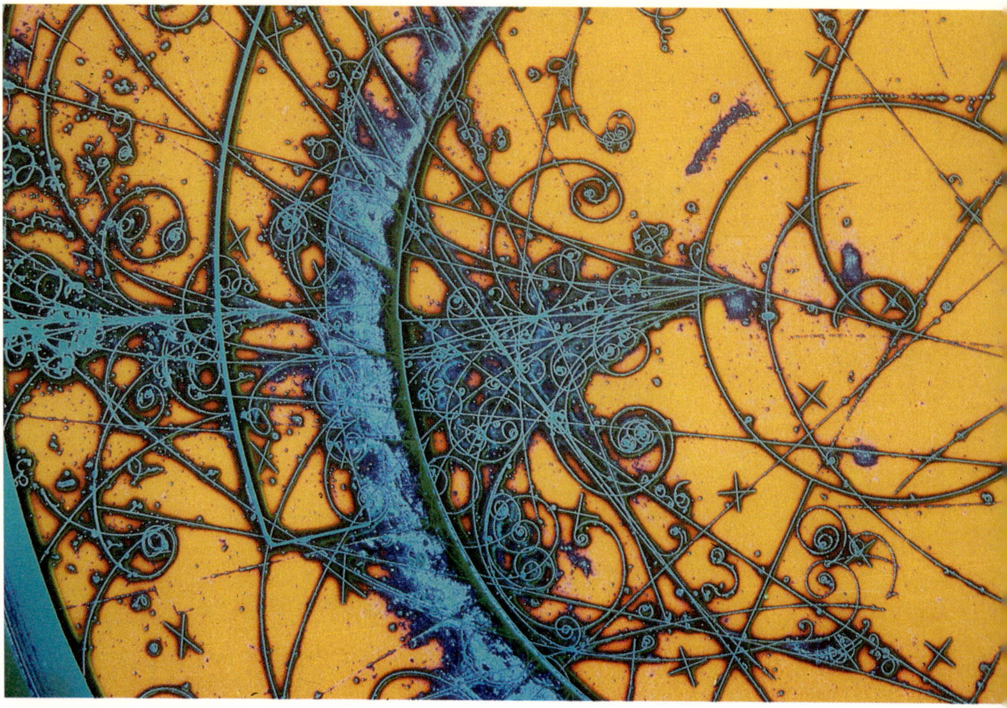

Teilchenspuren in der sogenannten Blasenkammer BEBC (Big European Bubble Chamber) des CERN

Quanten, nichts als Quanten

Dieses Doppelwesen sollte nicht allein auf das Licht beschränkt bleiben. Als man die Quantenmechanik auf das Atommodell anwandte, wurde man sehr bald bei der Deutung der Elektronen auf ihren Schalen vor das gleiche Problem gestellt. Quantenmechanisch ließen sich Elektronen als Teilchen, aber ebenso als Wellen beschreiben, die um den Kern herumlaufen. Die Quantenmechanik kann deshalb genauso gut als eine Wellenmechanik bezeichnet werden – und das Elektron als eine Materiewelle. Je nach Art des Experiments ist es angebracht, ein Elektron mal als Teilchen aufzufassen – nämlich überall dort, wo es sich als freies Elektron durch den Raum bewegt –, und mal als ein Wellensystem – nämlich im Bereich des Atoms. Letztlich kann aber auch das ganze Atom als ein System einander überlagernder Schwingungen und Wellen betrachtet werden, als eine Art von Teilchen-Orchester, das harmonische Quantenmusik macht.

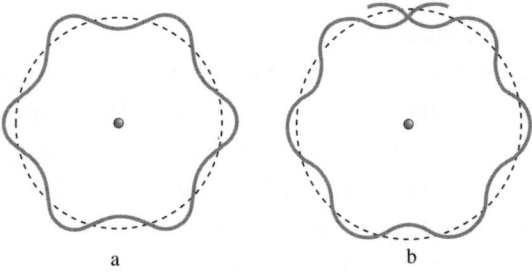

Das Atom als Schwingungskreis.
Das Elektron schwingt auf seiner Bahn um den Atomkern als Welle.
Nur jene Atome sind stabil, in denen harmonische Beziehungen zwischen den Längen der Wellen und den Längen der Kreisbahn bestehen (a).
Bei instabilen Atomen besteht zwischen Elektronenwelle und Kreisbahnumfang eine Disharmonie, ein »Missklang« (b).

Diese Idee, sich das Atom als ein Wellensystem zu denken, hatte als Erster der Franzose Louis de Broglie (1892–1987) vertreten. Einstein hatte die Idee aufgegriffen, doch erst dem österreichischen Physiker Erwin Schrödinger (1887–1961) gelang es, die Richtigkeit der Annahme mathematisch zu beweisen. Danach war das Atom ein harmonisch in sich schwingendes System ähnlich der Saite eines Musikinstruments, für die mathematisch beschreibbare Schwingungsformen existieren, die so genannten Grund- und Obertöne. Diesen Schwingungsformen entsprechen die stabilen Energiezustände eines Atoms. Atome sind in dieser Hinsicht hochmusikalische Systeme.

Den Elektronensprüngen von einer Schale zu einer andern würden fließende Übergänge von einer harmonischen Schwingung zu einer andern entsprechen. Was zuerst wie eine Entwertung der Quantenmechanik aussah, entpuppte sich schließlich als eine mathematisch gleichwertige Deutung der Vorgänge im Atom. Dennoch bedurfte es eines heftigen, Jahre währenden wissenschaftlichen Streits, bis man einsah, dass jede der beiden Theorien richtig war. Der Doppelcharakter des Lichts hatte zu einer Doppeltheorie in der Quantenphysik geführt: Auch das Elektron kann als Teilchen *und* Welle aufgefasst werden. Wellen- und Teilchenbild schließen einander zwar aus, dennoch beschreiben sie nur zusammen die atomaren Verhältnisse wirklich vollständig. Der Forscher muss sich bei seinem Experiment entweder für das Wellen- oder das Teilchenbild entscheiden, um sein Experiment analysieren zu können. Für die Bevorzugung eines Bildes hat er allerdings den Preis einer unscharfen Beobachtung zu bezahlen. Jedes Objekt im atomaren Bereich hat also stets Wellen- und Teilcheneigenschaften gleichermaßen. Beide Eigenschaften lassen sich aber niemals gleichzeitig beobachten. Wieso das so sein muss, werden wir später sehen (s. S. 134–137).

Man kann also mit gutem Recht sagen, dass alle Materie im Kosmos aus Wellen besteht, dass wir in einem Wellen-Kosmos leben. Doch ebenso richtig ist, dass wir in einem Teilchen- oder Quanten-Kosmos leben. Wenn man so will, ist Materie kondensierte Energie und Energie ist verdünnte Materie. Energie und Materie, die in der klassischen Physik noch Gegensätze waren, sind in der Quantenphysik nur noch zwei Seiten derselben Medaille.

Als Max Planck im Jahr 1900 seine Naturkonstante h entdeckte, wusste er selber noch nicht, was sie eigentlich bedeuten sollte. Erst 13 Jahre später sah man klarer. Der junge dänische Physiker Niels Bohr, den wir weiter vorn schon kennen gelernt haben (s. S. 50f.), formulierte 1913 seine Theorie der Elektronensprünge. Wir kennen sie längst, aber es schadet gewiss nicht, sie nochmals kurz zusammenzufassen: Der Energieinhalt eines Atoms ist nur durch genau festgelegte Sprünge der Elektronen von einer Schale zu einer anderen möglich. Ein von außen ankommender Lichtquant (Photon) kann ein Elektron erst dann zu einem Sprung von einer inneren auf eine äußere Schale veranlassen, wenn seine Energie exakt dem Energieunterschied zwischen den beiden Schalen entspricht. Der Sprung eines Elektrons auf eine vom Kern entferntere Schale erfordert die Aufnahme von Energie in Form eines Lichtquants mit ganz bestimmter Frequenz. Lichtquanten sind also in der Lage, beim Zusammenstoß mit einem Elektron ihre Energie vollständig auf dieses Elektron zu übertragen – und sich dabei selbst zu vernichten. Springt anschließend das Elektron von der entfernteren Schale wieder zurück auf die näher am Kern liegende, so wird die vom Lichtquant stammende Energie wieder frei. Das zurückspringende Elektron gibt sie in Form eines Lichtquants wieder ab. Das Atom sendet Licht aus.

Ein Lichtquant kann also sowohl einen Elektronensprung bewirken als auch aus dem Rücksprung des Elektrons hervorgehen. Plancks Konstante h stellt den Zusammenhang her zwischen der Sprungweite des Elektrons und der Energie des eingefangenen oder ausgesandten Lichtquants. Die Quanten verhalten sich also im Grunde nicht anders als Billardkugeln, die aufeinander prallen und dabei ihre Bewegungsenergien austauschen. Wie die klassische Mechanik Newtons das energetische Geschehen zwischen großen Körpern beschreibt, so die Quantenmechanik das zwischen Elementarteilchen, wobei auch das Licht so aufgefasst wird, auch wenn es eine Sonderrolle im Konzert der Elementarteilchen spielt. In beiden Bereichen der Physik muss aber der Energieerhaltungssatz gleichermaßen gültig sein. Auch die winzige Energie eines einzelnen Lichtquants geht niemals im Universum verloren. Dabei kann ein Atom stets nur so viel Energie aussenden, wie ihm zuvor von außen zugeführt wurde.

Die Quantenwelt – eine Welt im Nebel

Dummerweise hat unser Vergleich der Quanten mit Billardkugeln einen Haken: Billardkugeln sieht man, von ihren Zusammenstößen hat man eine genaue Vorstellung. Man kann sich ein Bild davon machen, wie es auf einem Billardtisch zugeht, hat vielleicht selbst schon mal Billard gespielt. Den Quantenbillardtisch, also das Innere eines Atoms, können wir uns beim besten Willen nicht vorstellen, schon gar nicht die Bewegungen der Quanten auf diesem unsichtbaren Tisch. Ein Photon oder Elektron verhält sich einfach grundlegend anders als alles, was uns in der Alltagsphysik begegnet.

Wenn zwei Billardkugeln zusammenstoßen, löst sich nicht eine von beiden in nichts auf und schlüpft in die andere hinein. Prallt ein Photon mit genügend hoher Energie auf ein Elektron, so passiert aber genau das: Das Photon löscht sich selber aus und sitzt als reine Bewegungsenergie im Elektron, das damit in der Lage ist, einen Quantensprung zu machen. Das klingt zwar irgendwie anschaulich, doch der wirkliche Vorgang ist mit diesen Worten nur ansatzweise erfasst. Er bleibt uns unzugänglich. Die Unvorstellbarkeit der Quantenvorgänge hat aber nichts damit zu tun, dass die Quantenmechanik selbst eine ungenaue oder unvollkommene Theorie wäre. Im Gegenteil! Die Quantenmechanik ist die einzige Theorie, die exakte, mathematisch einwandfreie Aussagen über Vorgänge im atomaren Bereich machen kann.

Dass wir Laien Schwierigkeiten beim Verstehen der Quantenmechanik haben, darf uns nicht wundern und erst recht nicht mutlos machen. Der Physiker Richard Feynman meinte einmal, »dass niemand die Quantenmechanik versteht«. Das war natürlich übertrieben, denn zumindest Feynman war jemand, der sie verstanden hat. Aber immerhin war auch Niels Bohr der Ansicht, dass nur der die Quantenmechanik verstanden hat, der darüber ganz wirr im Kopf wird. Und da wir nun in der Tat schon ein bisschen wirr sind von diesem Teilchen- und Wellendurcheinander, sollten wir es als positives Zeichen werten: Wir sind auf dem besten Weg, die Quantenmechanik zu verstehen. Selbst Physikergenies wie Einstein oder Rutherford zweifelten, ob die Quantenmechanik die Welt des Atoms wirklich richtig beschreibt. So fragte Ernest Rutherford, woher ein Elektron denn wisse, wohin es springen muss. Schließlich seien die Bahnen der Schalen nicht wirklich im Raum vorhanden, sie seien ja nur geistiger Natur.

Tatsächlich hatten sich die Quantenphysiker in den Zwanziger- und Dreißigerjahren, als sie ihre Theorie Schritt für Schritt vollendeten, immer wieder in gedanklichen Sackgassen verrannt, sodass der Physiker Max Born einmal schrieb: »Die Quanten sind doch eine hoffnungslose Schweinerei.«

Unser Denken wird in der Tat arg strapaziert, wenn wir begreifen sollen, dass Licht, je nach Art des Experiments, mal als Welle, mal als Teilchen erscheinen kann. So etwas widerstrebt dem gesunden Menschenverstand. Allerdings hat Einstein geäußert, der so genannte gesunde Menschenverstand sei nichts weiter als eine Ansammlung von Vorurteilen. Aber auch die Naturwissenschaft duldet im Grunde kein Sowohl-als-auch. Sie fordert, weil sie sich als exakte Wissenschaft versteht, ein striktes Entweder-oder. Die Physiker irritierte vor allem, dass es im Bereich des ganz Kleinen nur noch Energieportionen oder Energiepakete geben sollte und keine fließenden Energieübergänge mehr, wie wir sie von der klassischen Mechanik oder der Wärmelehre her kennen. Anfangs hatten noch viele Physiker, unter ihnen auch Einstein, gehofft, dass sich die Widersprüchlichkeiten der Quantenmechanik irgendwann auflösen würden. Doch nach und nach zeichnete sich ab, dass diese scheinbaren Widersprüche nicht von einer mangelhaften Theorie herrührten, sondern eine Wirklichkeit der Natur im atomaren Bereich darstellten, an der es nichts zu rütteln gab: Im Bereich der Atome ist die Natur nicht mehr eindeutig.

So bemühten sich die Physiker verstärkt darum, diese naturgesetzliche Uneindeutigkeit der elementaren Materie wenigstens in ein eindeutiges mathematisches Schema zu bringen. Sie versuchten Gesetze zu formulieren, mit denen die Ungesetzmäßigkeiten der Quanten, also ihre »Schweinereien«, mathematisch zu beschreiben sind.

Quanten sind äußerst schamhafte Teilchen

Das physikalische Grundproblem, um das es im Quantenuniversum geht, ist eigentlich ganz einfach zu benennen: Will man die Welt des ganz Kleinen beschreiben, so muss man zuerst einmal akzeptieren, dass die Mechanik Newtons dort ihre Gültigkeit verliert. Die Welt ist in dieser Hinsicht zweigeteilt. Nach Newtons Mechanik können wir zum Beispiel exakt die Bahn eines Körpers berechnen, wenn wir seine Lage und seine Geschwindigkeit kennen und zudem genau wissen, welche Kräfte von außen auf ihn einwirken. So waren noch die Physiker des 19. Jahrhunderts davon überzeugt, letztlich die ganze Physik aus den mechanischen Gesetzen Newtons ableiten zu können, auch dann, wenn man es mit Atomen zu tun hat, die sich irgendwie im Raum bewegen. Denn sobald man eine Anzahl von Teilchen in einem Raum vor sich hat, zum Beispiel eingeschlossen in einem Gefäß, müsste es im Prinzip möglich sein, ihre Bewegungen für jeden beliebigen zukünftigen oder vergangenen Zeitpunkt bestimmen zu können. Man bräuchte hierzu nur zu einem bestimmten Zeitpunkt den Ort und die Geschwindigkeit jedes Teilchens zu messen. Die Genauigkeit der Vorhersage hinge allein davon ab, wie sorgfältig gemessen wird.

Die Physik lebte in dem festen Glauben, alles in der Natur sei letztlich vorherzubestimmen; es sei alles nur eine Frage der Empfindlichkeit der Messgeräte. Die Messgenauigkeit sei aber zumindest theoretisch unbegrenzt zu verfeinern. Doch genau hierin lag der Trugschluss. Die Quantenmechanik setzt der Genauigkeit der Messungen eine grundsätzliche Schranke, die wir auch mit der empfindlichsten Messanordnung nicht überwinden können. Und es hat ganz den Anschein, als wäre das von der Natur selbst so vorgegeben. Man hat den Eindruck, als lege die Natur – oder der Schöpfer – eine Art Schleier vor die allerletzten Geheimnisse.

Dieser Schleier macht die Ereignisse im atomaren Bereich unscharf und unbestimmt, zumindest für einen Beobachter, der einen Blick auf ein Atom und dessen Bausteine werfen möchte. Dass das so sein muss, leuchtet spätestens dann ein, wenn man sich einfach mal ein entsprechend feines und scharfes Beobachtungsgerät ausdenkt, das in der Lage wäre, einzelne Elektronen in der Atomhülle sichtbar zu machen. Ein solches Supermikroskop hätte das Problem zu lösen, dass Elektronen viel kleiner sind als die Wellenlänge des sichtbaren Lichts. Sie könnten also nur erfasst werden, indem man sie mit Strahlung von wesentlich kürzerer Wellenlänge »beleuchten« würde. Selbst harte Röntgenstrahlen wären dafür noch zu langwellig. Allein mit der extrem kurzwelligen, energiereichen Gammastrahlung könnten Elektronen »sichtbar« gemacht werden. Aber schon der Fotoeffekt zeigt, dass Elektronen bereits von Photonen des UV-Lichts aus der Atomhülle herausgeschlagen werden können.

Das wird verständlicher, wenn wir uns die Strahlung nicht als Welle, sondern als Teilchenschauer vorstellen, was in diesem Fall sogar nötig ist, denn überall, wo elektromagnetische Strahlung mit Materie in Wechselwirkung tritt, zeigt sie ihren Teilchencharakter. Sie trifft als Photonenschauer auf die Materie, in unserem Fall: auf das Elektron. Um ein Elektron sehen zu können, müssten wir also mindestens ein Photon an ihm abprallen lassen. Beobachteten wir eine Billardkugel, so würde dieser einzelne Lichtquant die Bewegung der rollenden Kugel auf dem Tisch nicht beeinflussen. Denn der Energiebetrag der Billardkugel wäre unendlich groß im Vergleich zu dem eines einzelnen Photons. Ein Elektron hingegen ist selbst ein hoch empfindliches Quantenobjekt. Das Photon würde dem Elektron beim Aufprall einen Stoß versetzen, der heftig genug wäre, seine Bewegung erheblich zu beeinflussen.

Wollten wir also die genaue momentane Lage eines Elektrons in einem Atom bestimmen, indem wir es mit Gammastrahlung »beleuchten«, würden wir damit sofort seinen Energiezustand verändern, das heißt seine Geschwindigkeit und damit auch seine Bahn um den Atomkern. Das Elektron würde, ehe wir es beobachten könnten, aus dem Atom herausgeschossen sein. Was wir mit unserem Gamma-Mikroskop »anschauen« wollten, wäre im Moment des »Anschauens« auch schon verschwunden.

Das Beobachten eines Elektrons, also das Beschießen mit Gammaquanten, veränderte sofort den Zustand des Elektrons. Unser Beobachtungsvorgang veränderte vollkommen das Verhalten des Elektrons, sodass es unmöglich wäre zu sagen, was das Elektron objektiv tut, das heißt unabhängig vom Beobachter. Der Beobachtungsvorgang selbst verhinderte das objektive Beobachten.

Die objektive Flugbahn des Elektrons bliebe deshalb auch mit dem schärfsten »Gammastrahlen-Mikroskop« unbestimmbar oder zumindest unscharf und verschleiert. Es gibt keine Möglichkeit, diesen Stoß des Lichtquants auf das zu beobachtende Elektron in irgendeiner Weise messtechnisch in den Griff zu bekommen, was ja nur heißen könnte, den Stoß auf null zu reduzieren.

Der Physiker Werner Heisenberg (1901–1976) hat diese Tatsache der Beobachtungsunschärfe im Quantenbereich als Erster erkannt und als Gesetz formuliert. Dafür bekam er 1932 den Nobelpreis für Physik. Das von ihm formulierte Gesetz wird als »Heisenberg'sche Unschärferelation« bezeichnet. Es besagt in vereinfachter Form, dass es im atomaren Bereich eine grundlegende Begrenzung der Messgenauigkeit von Experimenten gibt. Es tritt eine Wechselwirkung zwischen Messapparatur und Messobjekt auf, die nicht mehr zu vernachlässigen ist. Denn schließlich besteht ja der Messapparat selbst aus nichts anderem als Atomen, die allein schon wegen ihrer elektromagnetischen Felder das zu beobachtende Teilchen stören müssen. So absurd es klingt: Das Beobachtungsgerät und der Beobachter verhindern jede exakte, das heißt objektive Beobachtung.

Das Großartige an der Quantenmechanik ist freilich, dass diese Unbestimmtheits- oder Unschärfebeziehung zwischen Beobachter und Beobachtetem mathematisch beschrieben werden kann. Wollen wir also den Ort eines Teilchens innerhalb eines Systems – etwa eines Atoms – sehr genau messen, so müssen wir notgedrungen das ganze System durch den Beobachtungsvorgang beträchtlich stören. Das führt dazu, dass wir dann zwar den Ort des Teilchens zum Zeitpunkt t feststellen können, aber nur um den Preis einer großen Unschärfe bei der Geschwindigkeit des Teilchens. Aus diesem Grund können wir nur ganz ungenau voraussagen, wo sich das Teilchen im nächsten Augenblick befinden wird. Umgekehrt ist es nicht anders: Messen wir sehr genau die Geschwindigkeit eines Teilchens, so bleibt die Ortsbestimmung unscharf. Wie wir auch vorgehen – die Unbestimmtheit in der atomaren Welt kann niemals außer Kraft gesetzt werden. Damit wurde zum ersten Mal in der Geschichte der Naturwissenschaft eine prinzipielle Schranke der Naturerkenntnis verkündet.

Das menschliche Wissen hat also Grenzen, die die Natur selbst zieht. Man könnte auch sagen: Das menschliche Wissen hat eine Begrenzung, die ihm von Natur aus eingeprägt ist. Die Natur will nicht, dass der Mensch alles über sie weiß. Die Welt, so ist zu vermuten, wird niemals bis ins Letzte begreifbar sein. Und das ist gut so, denn wer wollte in einer Welt leben, in der es kein einziges Geheimnis mehr gibt! Manche Naturwissenschaftler träumen zwar noch immer den Traum der Allwissenheit und Allmächtigkeit, aber seit es die Quantentheorie gibt, ist dieser Traum ausgeträumt.

Daraus folgt die ernüchternde, aber auch beruhigende Erkenntnis, dass selbst die exakteste Naturwissenschaft nur ein begrenztes Verständnis der Welt liefern kann. Es braucht deshalb auch nicht zu verwundern, dass die Wegbereiter der Quantenpyhsik, nämlich Planck und Einstein, vor dieser einschneidenden Schlussfolgerung zurückschreckten und sie nicht akzeptieren wollten. Sie sahen diese neue revolutionäre Theorie nur als ein Provisorium an. Jene Wissenschaftler, die die Quantentheorie voranbrachten und vollendeten, waren nicht zufällig sehr junge Männer, die sich um ihren Lehrer Niels Bohr in Kopenhagen scharten. Sie kümmerten sich in ihrem jugendlichen Elan nicht darum, ob sich diese neue Sicht der Natur in die vertrauten Gesetze der klassischen Physik einbinden ließ oder nicht. Sie suchten vielmehr leidenschaftlich nach einer neuen mathematischen Sprache, mit der sich die Unverständlichkeiten der Quantenwelt widerspruchsfrei deuten ließen, ohne dass es möglich wäre, sie im Experiment anschaulich zu machen.

Das Lächeln einer Katze, die gar nicht da ist

Die Heisenberg'sche Unbestimmtheitsrelation bringt das Planck'sche Wirkungsquantum h wieder ins Spiel, das schon beim Energieinhalt eines Teilchens bestimmend ist (s. S. 127 f.). Es drückt die Beziehung zwischen den jeweiligen Unschärfen der Orts- und

Geschwindigkeitsmessung folgendermaßen aus: Das Produkt aus Ortsunschärfe und Geschwindigkeitsunschärfe ist ungefähr gleich dem Planck'schen Wirkungsquantum h. Das Wort »ungefähr« weist schon darauf hin, dass hier keine exakten Beziehungen hergestellt werden können. Als Formel sieht das so aus:

$\Delta x \cdot \Delta p \approx h$

(Δ symbolisiert die Unschärfe, x ist der Messwert für den Ort und p ist der Messwert für die Geschwindigkeit beziehungsweise den Impuls des Teilchens. $\approx$ ist das Zeichen für »ungefähr« und h kennen wir bereits: das Planck'sche Wirkungsquantum. Der Impuls eines Teilchens ist nichts anderes als das Produkt aus Masse m und Geschwindigkeit v. Für Δ p könnte man also auch Δ mv schreiben.)

Damit haben wir nun schon die zweite Grundformel der Quantenphysik verstanden – und darauf dürfen wir uns durchaus etwas einbilden.

Die Unschärfe in der Quantenwelt spielt im Bereich der groben »Alltagsmechanik« keine Rolle, und zwar deshalb nicht, weil das Planck'sche Wirkungsquantum so extrem klein ist. Es liegt, wie wir wissen, im Bereich von 10^{-34} Js. Aus diesem Grund kann man Ort und Bewegung von Teilchen, die größer sind als Atome (zum Beispiel Gasmoleküle), immer noch recht gut mit den Gesetzen der klassischen Mechanik berechnen. Hat man zum Beispiel den Ort eines bewegten Körpers von der Masse 1 Gramm auf 10^{-9} Zentimeter genau bestimmt, so kann man seine Geschwindigkeit immer noch auf 10^{-17} cm/sec genau angeben. Bei Teilchen von der Größe einzelner Atome hingegen ist eine solche Bestimmung nicht mehr möglich.

Die Quantenmechanik, die für diese Bereiche zuständig ist, gibt nur noch Auskunft über wahrscheinliche Werte. Sie hat rein statistischen Charakter. Man kann nicht mehr das Verhalten einzelner atomarer Teilchen beschreiben, sondern nur noch Statistiken für eine ganze Ansammlung gleichartiger Teilchen aufstellen.

Der rein statistische Charakter der Quantenmechanik lässt sich am Beispiel des radioaktiven Zerfalls sehr schön verdeutlichen. Der radioaktive Zerfall ist einer von vielen Vorgängen im atomaren Bereich, für die die Quantenmechanik brauchbare Gesetze liefert, während die Mechanik Newtons hierzu keine Aussagen mehr machen kann. Wir wissen zum Beispiel, dass von einer beliebigen Menge des radioaktiven Elements Radium nach 1600 Jahren die Hälfte der Atome zerfallen ist, während die andere Hälfte bis dahin unverändert bleibt. Mithilfe quantenmechanischer Berechnungen kann man grob vorhersagen, wie viele Atome einer Radiumprobe während der nächsten Stunde zerfallen werden. Doch es ist vollkommen unmöglich zu erklären, wieso gerade diese und nicht andere Atome an die Reihe gekommen sind.

Es gibt also keinerlei Möglichkeit, in einem radioaktiven Stoff die Atome zu bezeichnen, die als Nächste zum Zerfall bestimmt sind. Keines der Radium- oder Uranatome »weiß«, wann es zerfallen wird. Es gibt keine fassbare Ursache für den Zerfall eines einzelnen Atoms. Und das steht im krassen Gegensatz zur klassischen Physik, die für jede Wirkung eine exakt bestimmbare Ursache – oder mehrere Ursachen – verlangt. Diese Unbestimmbarkeit der radioaktiven Zerfallsursache ist eine physikalische Tatsache, die der Mensch niemals wird auflösen können. Im atomaren Bereich ist es so, als würden die Ereignisse ohne Ursache geschehen. Man kann nur grobe statistische Gesetze aufstellen, die für große Anhäufungen von Atomen gelten. Das atomare Einzelereignis bleibt durch die Quantentheorie unberührt. Irgendetwas Unbekanntes veranlasst ein bestimmtes Atom in einem radioaktiven Stoff zu zerfallen. Wir wissen aber nicht, was.

Nicht anders verhält es sich mit der Flugbahn eines bestimmten Elektrons. Auch sie kann ich nicht berechnen, denn dazu müsste ich für jeden Augenblick den Ort und die Geschwindigkeit des Elektrons bestimmen können, wofür es, wie wir gesehen haben, kein Messgerät gibt. Die Tatsache, dass wir Spuren von geladenen Elementarteilchen in einer Nebelkammer verfolgen können, steht nur scheinbar im Widerspruch dazu. Diese Spuren sind ja Erscheinungen im sichtbaren Bereich, konkret: im Bereich der »großen« Wassermoleküle, die in der Nebelkammer herumfliegen. Im Vergleich zur Größe des jeweiligen Elementarteilchens, das durch die Nebelkammer saust, ist die sichtbare Teilchenspur ungeheuer groß. Sie gibt nicht exakt die Flugbahn des Elementarteilchens an, sondern zeichnet sie nur ganz grob als Nebelspur ab. Man kann in diesem Fall nur sagen: Ein Elementarteilchen hat sich irgendwie und irgendwo im Bereich der großräumigen Nebelspur bewegt. Die tatsächlichen Zustände des Elementarteilchens bleiben so verschwommen und unscharf wie die Spur in der Nebelkammer.

Die Beobachtung von Ereignissen im atomaren Bereich birgt aber noch ein weiteres Problem in sich: Nicht nur die Messung bleibt unscharf, sondern jeder Messvorgang ist einmalig und unwiederholbar, auch wenn mehrere Messungen unter den gleichen äußeren Bedingungen durchgeführt werden. In der Quantenphysik kann ein Experiment niemals exakt wiederholt werden, wie das in der klassischen Physik möglich ist. Jede Beobachtung eines konkreten atomaren Systems liefert ein einmaliges, genau so noch niemals zuvor gewonnenes Wissen über dieses konkrete System. Dieses Wissen hätte zuvor auch durch Berechnungen nicht gewonnen werden können. In der atomaren Welt wiederholt sich nichts – und alles geschieht zufällig. Und das trotz aller Ordnung, die die Atome hervorbringen, etwa in Gestalt geordneter Moleküle. Was um uns herum geschieht, zeigt nur den Schein von Ordnung und exakter Bestimmtheit, weil die Dinge, um die es dabei geht, so groß sind, dass ihre quantenmechanischen Unbestimmtheiten nicht ins Gewicht fallen. Die geordnete Welt des Großen begründet sich auf einer ungeordneten Welt im ganz Kleinen.

Doch bei genauerer Überlegung wird deutlich, dass auch unsere auf Ursache und Wirkung beruhende Alltagswelt auf lauter Unbestimmtheiten und Wahrscheinlichkeiten beruht. Noch mit den genauesten Messapparaturen würde es einem Physiker niemals gelingen, beispielsweise genau vorherzusagen, wie ein bestimmter Baum im Herbst seine Blätter verlieren, welches der unzähligen Blätter sich als Erstes und welches sich als Letztes vom Zweig lösen wird. Und auch die Flugbahn dieses einen Blatts hinab zum Boden könnte er nicht vorausberechnen. Hier wären ebenfalls nur grobe Statistiken und Wahrscheinlichkeiten zu erstellen. In gewisser Weise ähnelt der Laubfall eines Baums dem Zerfall eines radioaktiven Stoffs: Man kann höchstens sagen, dass nach einer bestimmten Zeit die Hälfte der Blätter abgefallen sein wird, doch welche Blätter und in welcher Reihenfolge sie abfallen werden, vermag niemand zu sagen. Das regelt allein der Zufall. Nicht nur die Quanten, sondern letztlich alle unsere Erlebnisse und Erkenntnisse umgibt ein trüber Hof von Ungewissheit. Einstein hat einmal gesagt: »Man hat den Eindruck, dass die moderne Physik auf Annahmen beruht, die irgendwie dem Lächeln einer Katze gleichen, die gar nicht da ist.«

Gott liebt das Würfelspiel

Auch wenn die klassische Mechanik Newtons und die Quantenmechanik zwei grundverschiedene Dinge sind, so gehen beide doch fließend ineinander über. Die Naturkonstante h stellt mit ihrem winzig kleinen Wert gleichsam die mathematische Grenzlinie dar, wo der Übergang von der Teilchenwelt zur Alltagswelt stattfindet. Denn die unsichtbare atomare Welt kann nicht von der sichtbaren Welt, in der wir leben, getrennt sein. Schließlich baut sich alles, was ist, auf Atomen auf. Je mehr man sich von der atomaren Welt kommend unserer vertrauten Alltagswelt annähert, umso mehr entsprechen die Gesetze der Quantenmechanik denen, die wir in unserer erfahrbaren Welt kennen. Sie lösen sich gleichsam darin auf. Die statistischen Wahrscheinlichkeiten und Unschärfen der Atomphysik werden dort zu Gewissheiten, wo wir die Welt einzelner Atome und Elementarteilchen verlassen.

Albert Einstein blieb zeit seines Lebens der Quantenphysik gegenüber misstrauisch, obwohl er ihre Entwicklung entscheidend mitgestaltet hatte. Immerhin bekam er den Nobelpreis 1921 nicht für seine Relativitätstheorie, sondern für seine theoretischen Arbeiten zur Quantenphysik. Schließlich war er es gewesen, der das Doppelwesen des Lichts entdeckte, eine der erstaunlichsten Entdeckungen des 20. Jahrhunderts überhaupt. Dennoch hielt Einstein die Quantenphysik für etwas Vorläufiges und Unfertiges. Er konnte keine Naturbeschreibung akzeptieren, die rein statistischer Art war und nicht mehr dem Prinzip von Ursache und Wirkung gehorchte. Denn für Einstein galt der Grundsatz, dass die Physik stets eine Wirklichkeit von Zeit und Raum darstellen und nicht nur von Wahrscheinlichkeiten handeln soll.

Dass der Zufall die atomare Welt regiert, damit konnte sich Einsteins wissenschaftlicher Geist nicht abfinden, ebenso wenig sein religiöser. Er drückte das mit den berühmt gewordenen Worten aus: »Der Alte würfelt nicht!« Und mit dem »Alten« meinte er Gott. Einstein konnte nicht glauben, dass die Quantenunschärfe die ganze Wahrheit über die Quanten sein sollte. Vielmehr vermutete er, dass die Physik einfach noch nicht in der Lage ist, die ganze Wahrheit des Verhaltens von Elementarteilchen zu erkennen. Möglicherweise, dachte er, sei deren zufälliges Verhalten nur scheinbar zufällig und es verberge sich dahinter ein kompliziertes, mathematisch aufschlüsselbares System, zu dem uns nur noch der Schlüssel fehlt. Es kam zu einer jahrelangen, sehr leidenschaftlich geführten Diskussion zwischen den großen Physikern jener Zeit, vor allem zwischen Einstein und Niels Bohr, über die Deutung der Quantenwelt – und damit war nicht zuletzt auch eine philosophische Deutung gemeint. Niels Bohr, so wird erzählt, habe Einstein, der ständig mit dem nicht würfelnden Gott argumentierte, einmal wütend entgegnet: »Albert, hör endlich auf, Gott vorzuschreiben, was er tun soll!«

Mit Gott gegen die Gesetze der Quantenphysik zu argumentieren, muss letztlich erfolglos bleiben. Die Vorstellung einer göttlichen Macht steht nicht im Widerspruch zum Zufall als grundlegendem Gestaltungsprinzip der Materie. Gott kann durchaus ein leidenschaftlicher Würfelspieler sein. Man muss nur damit aufhören, sich Gott als eine übermenschliche Persönlichkeit zu denken, die nach menschlichen Maßstäben und menschlicher Logik handelt. Auch der Urknall, aus dem vor 13 Milliarden Jahren das Universum hervorging, gehorchte nicht dem Gesetz von Ursache und Wirkung. Falls Gott den Urknall »gezündet« hat, bewies er gerade damit seine göttliche Qualität als Würfelspieler. Er setzte eine unendliche Folge von Zufällen in Gang. Nach etwa 9 Milliarden Jahren entstand in einer zufälligen Galaxie ein zufälliger Stern mit einer Reihe zufälliger Planeten. Auf einem von ihnen entwickelte sich als Folge zahlloser Zufälle das zufällige Wesen Mensch.

Es ist zu vermuten, dass Gott als unvorstellbare Wesenheit der unvorstellbaren Quantenwelt viel näher ist als der Alltagswelt, der wir Menschen, diese auf Kohlenstoff basierende Bioform, angehören. Auch Gott verbirgt sich hinter einem undurchdringlichen Erkenntnisschleier, ähnlich dem, der auch die Welt der Elementarteilchen verhüllt. Auch von Gott gibt es kein Bild, auch bei ihm gilt, wenn man so will, die Heisenberg'sche Unbestimmtheit. Gott ist jenseits von Zeit und Raum – und das Atom auch.

In den Zwanziger- und Dreißigerjahren zeigte sich immer deutlicher die Richtigkeit dieser neuen Physik. Zahlreiche Eigenschaften der Materie, etwa die Feinstruktur von chemischen Bindungen oder die elektrische Leitfähigkeit von Metallen, konnten auf einmal erklärt werden. Die gesamte Technologie unserer Zeit bis hin zum Computer oder Laser hätte ohne Quantenmechanik niemals entwickelt werden können.

Eine dieser Erfindungen wollen wir an dieser Stelle ein wenig genauer anschauen, weil sie direkt aus der Welle-Teilchen-Eigenschaft der Materie abzuleiten ist: das Elektronenmikroskop. Das ist kein Mikroskop, mit dem man Elektronen sehen kann, sondern anstelle von Lichtstrahlen laufen durch ein Elektronenmikroskop Strahlen von Elektronen. In einem Lichtmikroskop kann man nur solche Objekte sehen, die nicht kleiner sind als die Wellenlänge des sichtbaren Lichts. Oder anders gesagt: Auf einem Untersuchungsgegenstand sind umso feinere Einzelheiten zu erkennen, je kleiner die Wellenlänge des Lichts ist, mit dem wir den Gegenstand betrachten. Grob gesprochen muss die Wellenlänge kleiner sein als das kleinste Detail, das wir noch sehen wollen. Beim sichtbaren Licht liegt die Untergrenze bei einem tausendstel Millimeter. Kleinere Einzelheiten werden von den eintreffenden Lichtwellen nicht mehr erfasst, sie werfen also kein Schattenbild, das dann mithilfe von Linsen vergrößert werden könnte.

Im Elektronenmikroskop sind die Lichtstrahlen durch Elektronenstrahlen ersetzt. Das Prinzip folgt der Erkenntnis, dass ein Elektronenstrahl nicht nur als Teilchenstrahl zu betrachten ist, sondern ebenso Wellencharakter hat. Allerdings ist hier wichtig festzustellen, dass eine Elektronenwelle nicht mehr als »Schwingung von Materie« gedeutet werden kann. Es handelt sich also nicht um eine »Elektronenmaterie«, die mit einer bestimmten Wellenlänge schwingt, so wie das etwa bei einem Atom geschieht. Wenn das nämlich beim Elektron auch so wäre, müssten wir stets zusätzlich Ladungen messen, die kleiner als die Elektronenladung wären. Aber das ist nicht der Fall. Es findet keine Ausstrahlung von Energie durch das schwingende Elektron statt. Es schwingt gewissermaßen in einer inneren Dimension – und nicht in einem äußeren elektromagnetischen Feld. Es ist aus diesem Grund auch keine eindeutige Zuordnung zwischen der Elektronenwelle und dem einzelnen Elektron möglich. Die Elektronenwelle ist zwar im Raum ausgedehnt, aber dennoch unteilbar, nicht auf ein einzelnes schwingendes Elektron zurückzuführen.

Durch die Welle ist der Aufenthalts- oder Auftreffort des einzelnen Elektrons nicht eindeutig festgelegt. Wir haben es somit auch hier mit Wahrscheinlichkeiten zu tun, mit einer »Wahrscheinlichkeitswelle«, bei der nicht das Verhalten des Einzelelektrons erkennbar ist, sondern nur das statistische Gesamtverhalten sehr vieler Elektronen. Diese Wahrscheinlichkeit ist es, die den Eindruck einer wellenförmigen Ausbreitung im Raum erzeugt. Die Wahrscheinlichkeit garantiert die Unabhängigkeit jedes einzelnen Elektrons von allen andern. Ein einzelnes Elektron scheint überhaupt keinem sinnvollen und genau festgelegten Weg zu folgen. Elektronen bewegen sich gespensterhaft, nicht als fixierbare Teilchen, sondern als eine schleierhafte Wolke.

Das ist alles wirklich sehr verwirrend und will unserem Verstand nicht so recht einleuchten. Lassen wir es einfach so im Raum stehen. Jedenfalls kann man auf dieser schleierhaften Grundlage jedem Elektronenstrahl eine ganz bestimmte Wellenlänge zuordnen, die von seiner Geschwindigkeit abhängt. Diese Tatsache nutzt nun das Elektronenmikroskop: je höher die Geschwindigkeit (beziehungsweise der Impuls) eines Elektronenstrahls, desto kleiner ist seine Wellenlänge. Die Geschwindigkeit des Elektronenstrahls hängt wiederum von der elektrischen Spannung ab, durch die die Elektronen beschleunigt werden. Man kann deshalb die »Sehschärfe« eines Elektronenmikroskops verändern, indem man einfach die Geschwindigkeit ändert, auf die die Elektronen beschleunigt werden.

Zur Vergrößerung benutzt man im Elektronenmikroskop keine Glaslinsen, da das Glas die Elektronen »schlucken« würde. Man verwendet stattdessen Anordnungen von elektrischen und magnetischen Feldern, die die Elektronenstrahlen in derselben Weise ablenken, wie Glaslinsen das mit Lichtstrahlen tun. Handelsübliche Elektronenmikroskope arbeiten mit Wellenlängen, die eine Million Mal kleiner sind als die Wellenlänge des sichtbaren Lichts. Das ist weniger als der Durchmesser eines Atoms. Tatsächlich kann man mithilfe ausgetüftelter Mikroskopmethoden sogar bestimmte Atome unter dem Elektronenmikroskop »sichtbar« machen, freilich nur unscharf, wie es die Heisenberg'sche Unschärferelation fordert.

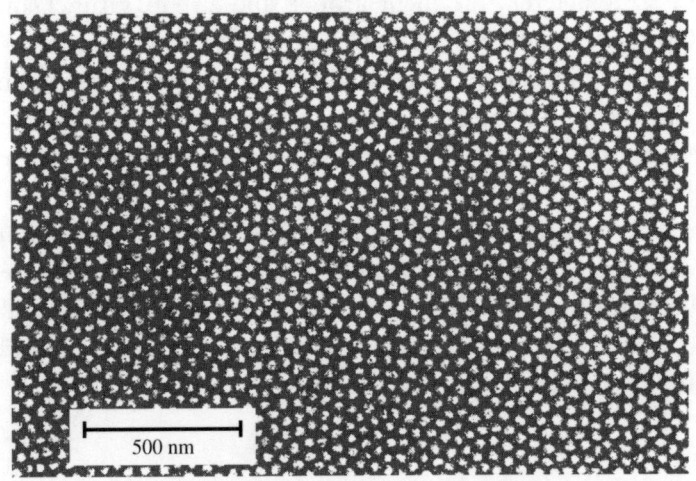

Hier haben sich nach einem Beschuss mit Ionen die Atome zu so genannten Quantenpunkten geordnet. Unter einem Rasterelektronenmikroskop escheinen diese Quantenpunkte tatsächlich als Punkte. Jeder Punkt steht für ein einzelnes Atom, gibt aber nur den groben Aufenthaltsort desselben an: ein unscharfes Abbild des Atoms. Dieses ist nämlich etwa 200-mal kleiner als der sichtbare Quantenpunkt.

In der Praxis wird die »Sehschärfe« – man spricht von Auflösungsvermögen – eines Elektronenmikroskops durch technische Probleme wie Schwingungen des Apparateaufbaus und Eigenschwingungen der untersuchten Atome begrenzt. Dennoch sind die Aufnahmen von Elektronenmikroskopen von einer beeindruckenden Schärfe, wenn es um etwas größere Objekte als Atome geht: etwa Abbildungen von Viren oder Bakterien, die noch bei 200 000-facher Vergrößerung in ungeheurer Plastizität erscheinen. Durch Abwandlung solcher Elektronenmikroskope konnte man in jüngster Zeit Rastersonden entwickeln: die Werkzeuge der so genannten Nanotechnologie. (Nano bedeutet »neun«. Gemeint ist eine Technologie, die im Bereich von 10^{-9} Metern stattfindet.) Von Hand gesteuert, senkt sich die Spitze eines solchen Geräts auf die Oberfläche eines Stoffs und kann dort einzelne Atome verschieben. Damit ist es dem Menschen zum ersten Mal gelungen, direkt in die verschleierte Welt der Atome einzugreifen und Atome beliebig hin und her zu schieben.

So gelang es zum Beispiel Wissenschaftlern, in Goldfolien Schriftzüge einzugravieren, die nicht größer sind als ein Virus. Damit ist der Grundstein für den Bau beliebiger Formen aus einzelnen Atomen gelegt. Längst denkt man an den Bau von Nanomaschinen, die nur aus wenigen Atomen bestehen und beispielsweise in der Lage wären, im menschlichen Organismus einzelne defekte Zellen zu reparieren.

Freilich müssten solchen Nanorobotern die für die Arbeit nötigen Informationen als Programm eingespeichert sein. Und auch hier hat die Forschung erste Erfolge zu verzeichnen: eine Speichertechnik, mit der sich etwa Goethes Gesamtwerk problemlos auf einer Fläche von 0,1 Quadratmillimeter unterbringen ließe.

Masse ist nur eine besondere Form von Energie

Während das Gedankengebäude der Quantenphysik in den Zwanzigerjahren entwickelt wurde, ging selbstverständlich auch die experimentelle Erforschung des Atoms und seiner »Bausteine« weiter. Mit der Entdeckung des Neutrons durch den englischen Physiker Chadwick im Jahr 1932 trat die Atomphysik in eine neue Phase: Das entdeckte Neutron wurde nun selbst als Geschoss zur weiteren Erforschung des Atomkerns eingesetzt. Es eignete sich dafür besser als das Alphateilchen, weil es ungeladen ist und somit vom positiv geladenen Atomkern nicht abgestoßen wird.

Doch letztlich ist es nur eine Frage der Energie, mit der man positiv geladene Alphateilchen oder positiv geladene Protonen auf Atomkerne schießt, damit sie die Abstoßungskraft des Kerns überwinden können und in ihn eindringen. Die dafür nötigen Beschleunigeranlagen wurden ebenfalls 1932 zum ersten Mal gebaut. Der amerikanische Physiker Ernest Lawrence konstruierte einen ringförmigen Beschleuniger (Zyklotron), der geladene Teilchen auf einem

Rundkurs auf Energien von über 1 Million Elektronenvolt (1 MeV) beschleunigen konnte. Gleichzeitig bauten die englischen Physiker J. D. Cockcroft und E. T. S. Walton einen geradlinigen Beschleuniger (Linearbeschleuniger) mit ähnlich hohen Energien.

Der Linearbeschleuniger von Cockcroft und Walton. In dem Verschlag unter dem Beschleunigerrohr sitzt Walton.

Der Ringbeschleuniger von Lawrence (rechts). Neben ihm sein Mitarbeiter S. Livingstone.

Aufgrund von Berechnungen glaubten die meisten Physiker jedoch, dass geladene Teilchen nur dann in einen Atomkern eindringen könnten, wenn die Geschossenergien mehrere MeV betragen würden. Deshalb zögerte Lawrence noch mit dem Versuch, während es Cockcroft und Walton dennoch probierten. Sie schossen mit weniger als 1 MeV beschleunigte Protonen, also Kerne des Wasserstoffs (H) auf einen Kern des Elements Lithium (Li), und es gelang ihnen, diesen in zwei Kerne des Heliums (He) umzuwandeln, gemäß folgender Reaktionsgleichung:

$$^{1}_{1}H + ^{7}_{3}Li \rightarrow ^{4}_{2}He + ^{4}_{2}He$$

(Die oben stehenden Zahlen geben das Atomgewicht an, also die Summe aus Protonen- und Neutronenmasse im Kern. Unten steht die so genannte Ordnungszahl. Sie gibt die Anzahl der Protonen im Kern an. $^{1}_{1}H$ bedeutet also: Wasserstoff mit 1 Proton und 0 Neutronen, also zusammen Atomgewicht 1. $^{7}_{3}Li$ bedeutet: Lithium mit 3 Protonen und 4 Neutronen, also zusammen Atomgewicht 7. $^{4}_{2}He$ bedeutet: Helium mit 2 Protonen und 2 Neutronen, also zusammen Atomgewicht 4.) Allerdings läuft die Reaktion über einen Zwischenzustand ab: Es entsteht kurzzeitig das Element Beryllium. Diesem fehlt jedoch ein Neutron im Kern, weshalb es instabil ist und sofort in zwei Heliumkerne zerfällt.

Als Lawrence von der erfolgreichen Umwandlung von Lithium in

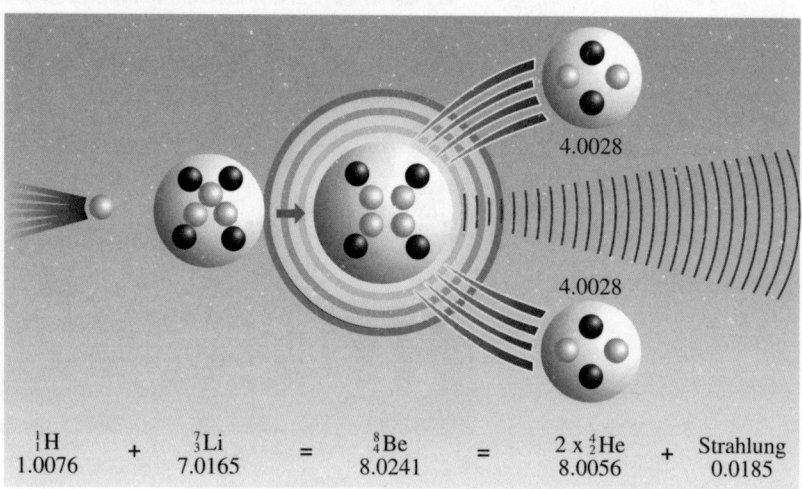

Beim Beschuss eines Lithiumatoms mit einem Proton entstehen schließlich zwei Heliumatomkerne. Diese wiegen zusammen weniger, als der Kern des Lithiums und das Proton zusammen wogen. Die verschwundene Masse ist als Energie abgestrahlt worden.

Helium durch seine englischen Kollegen hörte, ließ er das Experiment sofort in seinem Zyklotron wiederholen – mit Erfolg. Doch fast noch wichtiger als das Experiment selbst war die Bestätigung des Energieerhaltungssatzes durch das Experiment. Cockcroft und Walton hatten nämlich die Energie der beiden entstandenen Heliumkerne (= Alphateilchen) exakt vorausgesagt, indem sie nicht nur den Energieerhaltungssatz der klassischen Physik anwendeten, sondern darin ausdrücklich Einsteins berühmte Beziehung zwischen Masse und Energie berücksichtigten, wie sie in der wohl folgenreichsten Formel der modernen Physik zum Ausdruck kommt: $E = mc^2$. (Energie ist Masse mal Lichtgeschwindigkeit zum Quadrat.)

In dieser allein schon durch ihre Einfachheit faszinierenden Formel kommt eine physikalische Tatsache zum Ausdruck, die uns Laien nicht so einfach in den Kopf will: Masse ist nur eine andere, gewissermaßen handfeste Form von Energie. Und umgekehrt kann Energie genauso gut als eine besondere, irgendwie geistige Form von Masse betrachtet werden. Die Physiker sagen: Masse und Energie sind einander äquivalent (dieses lateinische Wort bedeutet nichts anderes als »gleichwertig«).

Mit Einsteins Formel kann für eine gegebene Masse m die entsprechende (äquivalente) Energie E berechnet werden. Wenn ich zum Beispiel ein in Ruhe befindliches Proton nehme, so hat dieses eine Ruhemasse von $1,676614 \times 10^{-27}$ Kilogramm. Mit Einsteins Formel lässt sich ganz einfach errechnen, welche Ruheenergie in diesem Proton steckt: Ich muss seine Ruhemasse nur mit dem Quadrat der Lichtgeschwindigkeit multiplizieren. Da die Lichtgeschwindigkeit durch eine sehr große Zahl ausgedrückt wird (= 300 Millionen Meter pro Sekunde), ergibt sich durch das Quadrat dieser großen Zahl logischerweise ein sehr hoher Wert für die Energie, die in einer bestimmten Masse verborgen ist. Für das ruhende Proton errechnet sich eine Ruheenergie von 939,553 MeV, also fast 1000 Millionen Elektronenvolt (= 1 Milliarde Elektronenvolt oder 1 GeV, soll heißen: 1 Giga-Elektronenvolt). Das sind gigantische Zahlengrößen für die Energie, wenn man bedenkt, dass wir es nur mit einem einzigen Proton, also einem unvorstellbar kleinen Masseteilchen zu tun haben. Das Quadrat der Lichtgeschwindigkeit (c^2) in Einsteins Formel ist dafür verantwortlich. Im Quadrat der Lichtgeschwindigkeit äußert sich die in der Materie schlummernde Energie.

Diese abstrakten Größen werden vielleicht ein wenig fassbarer, wenn man sich vorstellt, es würde ein Gramm Materie vollständig in Energie umgewandelt werden. Man erhielte 25 Millionen Kilowattstunden Energie, das heißt, man könnte durch vollständige Auflösung von einem Gramm Masse in Energie etwa 100 Millionen Glühbirnen von 50 Watt Leistung einen langen Winterabend hindurch zum Leuchten bringen.

Irgendwie sträubt sich unser Verstand gegen die Vorstellung, dass in einem Gramm Materie solche gewaltigen Energiemengen verborgen sein sollen. Einsteins Genie bestand nicht zuletzt darin, dass er allein durch konsequentes Nachdenken auf diese »Verrücktheiten« der Materie stieß, um sie schließlich in einer exakten mathematischen Formelsprache darzustellen. Dabei dachte Einstein nur über Dinge nach, über die andere Physiker seiner Zeit auch nachdachten. Aber Einstein stellte andere Fragen. Genauer gesagt: Er stellte die alten Fragen auf vollkommen neue Weise – direkter und mit einer geradezu kindlichen Unvoreingenommenheit. Einsteins Denken war ungeheuer mutig, gerade wegen seiner Einfachheit. So kompliziert die Ergebnisse seines Denkens waren, so einfach waren die Fragen, die er stellte. Er wagte das Unmögliche zu denken. So stellte er auch Dinge infrage, die für andere Physiker selbstverständlich waren. Das war auch der Grund für den Aufruhr, den er allein mit seiner Formel $E = mc^2$ bei den Physikern seiner Zeit hervorrief – zumindest anfangs. Die Gleichung war in den Augen vieler seiner Kollegen eine Unverschämtheit, vor allem für die Chemiker. Wenn Energie im Prinzip nichts anderes ist als Masse, dann müsste sich Energie ja genauso wiegen lassen wie Masse, argumentierten die Chemiker. Energie müsste ein Gewicht haben. Das war für einen Chemiker eine unsinnige Vorstellung. Der tausendfach durch präziseste Wägungen bestätigte Massenerhaltungssatz von Lavoisier (s. S. 25) sollte also nicht mehr stimmen! Undenkbar! Schließlich war er doch die Grundlage für jede Analyse einer chemischen Reaktion. Wenn man zum Beispiel 16 Gramm Sauerstoff mit zwei Gramm Wasserstoff in einer Knallgasexplosion reagieren lässt, wird, wie wir bereits wissen (s. S. 57–62), eine ganze Menge Energie in Form von Wärme und Licht freigesetzt. Dennoch, so sagten die Chemiker, finden wir hinterher auf unseren Waagen exakt 18 Gramm Wasser vor, und zwar auf hunderttausendstel Gramm genau. Es müssten aber weniger als 18 Gramm Wasser auf der Waage sein, weil ja nach Einsteins Theorie ein Teil der Masse als Strahlungsenergie davongeflogen ist.

Nun, Einstein würde darauf geantwortet haben, dass nicht seine Theorie, sondern die Waagen der Chemiker das Problem sind. Diese Waagen können eben »nur« auf hunderttausendstel Gramm genau messen. Hätten die Chemiker Waagen, die auf trillionstel Gramm genau wären, würden sie feststellen, dass die gesamte Wassermasse exakt um 0,0000000000000027 Gramm weniger wiegt als die Sauerstoff- und Wasserstoffmassen zusammen. Das ergibt sich rechnerisch aus der Formel $E = mc^2$. Es ist alles nur eine Frage der Messgenauigkeit.

Der Massenerhaltungssatz der Chemie und der Energieerhaltungssatz der Physik werden über die Formel $E = mc^2$ gewissermaßen zu einem Masseenergie-Erhaltungssatz vereint. Es ist dabei vollkommen gleichgültig, um welche Energieform es sich handelt. Nicht nur Strahlungsenergie kann als eine besondere Form von Masse betrachtet werden, sondern auch die Bewegungsenergie eines Körpers, egal, ob es sich dabei um ein Auto oder Flugzeug, um ein Proton oder Elektron handelt. Je schneller sich ein Körper bewegt, umso größer ist sein Massezuwachs. Bei alltäglichen Geschwindigkeiten, etwa von Autos, Flugzeugen, ja selbst Raketen, ist dieser Massezuwachs so winzig klein, dass er getrost vernachlässigt werden kann.

Möchte ich also die Masseenergie eines bewegten Körpers oder Elementarteilchens genau bestimmen, so muss ich zu seiner Ruhemasse stets seine Bewegungsenergie – man könnte auch sagen: seine Bewegungsmasse – hinzuzählen. Die Energie eines bewegten Körpers lässt sich in der klassischen Physik mit der einfachen Formel $E_{kin} = \frac{1}{2} mv^2$ berechnen (E_{kin} ist die kinetische, also die Bewegungsenergie, m ist die Masse und v die Geschwindigkeit). Man sieht sofort, dass diese Formel der klassischen Physik eine gewisse Ähnlichkeit mit Einsteins Formel $E = mc^2$ hat: Es ist in der Einstein-Formel nur das $\frac{1}{2}$ weggefallen und aus dem Quadrat der Geschwindigkeit ist das Quadrat der Lichtgeschwindigkeit geworden.

Aus der Formel $\frac{1}{2}mv^2$ für die Energie eines bewegten Körpers kann man ersehen, dass die Energie im Quadrat der Geschwindigkeit zunimmt. Das heißt: Verdopple ich zum Beispiel bei einer Autofahrt meine Geschwindigkeit, so steigt die im Auto – und damit auch in mir – steckende Bewegungsenergie um das Vierfache. Verdreifache ich die Geschwindigkeit, so nimmt die Bewegungsenergie um das Neunfache zu. Diese einfache physikalische Gesetzmäßigkeit kann in unserem Alltag böse Folgen haben: Pralle ich als unaufmerksamer Fußgänger mit Schritttempo gegen einen Laternenmast, so tut das schon furchtbar weh, hat vielleicht sogar eine Platzwunde am Kopf zur Folge. Geschieht mir das gleiche Missgeschick als Fahrradfahrer bei Tempo 30, also etwa dem sechsfachen Schritttempo, so ist die Wucht des Aufpralls nicht nur sechsmal, sondern gleich 36-mal so heftig.

Werden nun Teilchen, etwa Protonen oder Elektronen, in einer Beschleunigeranlage bis nahe an die Lichtgeschwindigkeit heran beschleunigt, nimmt ihre Masseenergie im Vergleich zum Ruhezustand deutlich zu. Doch praktisch kann ein Teilchen niemals exakt die Lichtgeschwindigkeit erreichen, denn sie ist eine absolute Grenzgeschwindigkeit. Wollte man ein Teilchen exakt auf Lichtgeschwindigkeit beschleunigen, müsste man dafür eine unendlich hohe Energie aufwenden – und diese unendliche Energie würde zu einem unendlich großen Massezuwachs führen.

Aus diesem Grund erreichen Teilchen in Beschleunigeranlagen immer nur fast die Lichtgeschwindigkeit. So beträgt beispielsweise die Geschwindigkeit eines Elektrons, das mit einer elektrischen Spannung von 21 Milliarden Volt beschleunigt wird – es hat damit eine Energie von 21 GeV –, exakt das 0,9999999999996-fache der Lichtgeschwindigkeit. Nach rechts ist bei diesem Zahlenwert noch unendlich viel Platz für unendlich viele Neunen. Doch allein, um aus der 6 am Ende der Zahlenreihe eine 7 zu machen, wäre schon ein enormer Mehraufwand an Beschleunigungsenergie nötig.

Kernenergie ist eine Bindungsenergie

Kehren wir jetzt zu Cockcroft und Walton zurück und damit ins Jahr 1932. Die beiden Physiker gehörten zu den Ersten, die Einsteins Formel E = mc² bei der Auswertung eines physikalischen Experiments anwendeten. Sie konnten zeigen, dass die Energieerhaltung bei ihrer Kernumwandlung exakt so zutraf, wie Einsteins Gleichung sie voraussagte. Wenn ein Proton auf einen Lithiumkern mit genügend hoher Energie geschossen wird und als Ergebnis dieses Vorgangs zwei Heliumkerne entstehen, so darf man nicht nur die Ruhemassen der beteiligten Teilchen berücksichtigen, sondern muss dazu noch ihre Bewegungsenergien hinzurechnen.

Die Gesamtenergie von Proton und Lithiumkern errechnet sich demnach folgendermaßen: Protonmasse mal c² + Bewegungsenergie des Protons + Lithiumkernmasse mal c² (der Lithiumkern hatte keine Bewegungsenergie, da er sich bei diesem Experiment in Ruhe befindet). Und auf der anderen Seite der Reaktionsgleichung ergibt sich für die beiden entstandenen Heliumkerne folgende Gesamtenergie: zweimal Heliumkernmasse mal c² + zweimal die Bewegungsenergie des Heliumkerns (denn die beiden entstandenen Heliumkerne sind nicht in Ruhe, sondern fliegen mit hoher Geschwindigkeit vom Ort des Zusammenstoßes weg).

Die Messungen zeigten, dass die Bewegungsenergie der beiden Heliumkerne mit jeweils etwa 8,5 MeV weit höher lag als die Bewegungsenergie des eingeschossenen Protons, als dieses den Lithiumkern traf – sie lag bei unter 1 MeV.

Einsteins Masse-Energie-Beziehung führt uns direkt zum Verständnis der Bindungsenergien im Innern von Atomkernen. Sie sind rein energetisch nicht anders zu betrachten als die Bindungsenergien bei chemischen Reaktionen, auch wenn eine ganz andere Elementarkraft im Spiel ist, nämlich die Starke Kernkraft. Reagieren zwei Elemente miteinander, etwa Wasserstoff und Sauerstoff, so wird dabei Energie freigesetzt. Die Energie, mit der im Wassermolekül die Wasserstoffatome und das Sauerstoffatom aneinander gebunden sind, entspricht exakt der Energie, die bei der Reaktion als Wärme und Licht freigesetzt wurde. Will ich die Atome eines Wassermoleküls wieder voneinander lösen, muss ich mindestens so viel Energie aufwenden, wie bei der Bildung des Moleküls freigesetzt wurde.

Beim Zusammenpacken von Protonen und Neutronen zu Atomkernen ist es im Prinzip nicht anders. Es wirken dabei nur wesentlich höhere Energien. Denn in Atomkernen ist – wir wissen es schon – die Starke Kernkraft am Werk, in Molekülen hingegen die elektromagnetische Kraft, und die ist etwa 100-mal schwächer als die Starke Kernkraft.

Werden zum Beispiel ein Proton und ein Neutron zusammengepackt, was im Zentrum der Sonne fortwährend geschieht, so findet ein Masseenergieverlust statt. Das entstandene Deuterium (ein Wasserstoff-Isotop, das aus einem Proton und einem Neutron besteht, Symbol: $^2_1$H) wiegt weniger als die Einzelmassen von Proton und Neutron zusammen. Die verloren gegangene Masseenergie wurde bei dem Verschmelzungsvorgang als Strahlungsenergie freigesetzt. Die Bindungsenergie im Deuteriumkern entspricht diesem Masseenergieverlust. Man kann das in einer einfachen Gleichung ausdrücken: Bindungsenergie im Deuteriumkern = Masseenergie des Protons + Masseenergie des Neutrons − Masseenergie des Deuterons. In der Formelsprache der Physiker sieht das so aus:

$$B_D = m_p c^2 + m_n c^2 - m_D c^2$$

Man muss in diese Gleichung nur die im Experiment bestimmten Werte für die jeweiligen Masseenergien einsetzen, um die Bindungsenergie im Deuteriumkern zu erhalten. Sie beträgt etwa 2 Millionen Elektronenvolt (2 MeV). Diese Energie wird also als Strahlung freigesetzt, wenn ein Proton und ein Neutron zu einem Deuteron zusammengepackt werden. Entsprechend können wir die Bindungsenergie in jedem beliebigen Atomkern berechnen, indem wir seine Masse im Experiment ermitteln und diese von der Summe aller Kernteilchenmassen abziehen.

Damit wird aber eines ganz deutlich: In Atomkernen stecken unvorstellbar hohe Energien. Wenn in einem einzigen Deuterium-Kern schon zwei Millionen Elektronenvolt an Bindungsenergie verborgen sind, wie viel dann erst in großen Atomkernen, die aus hunderten von Protonen und Neutronen zusammengepackt sind! Die Bindungsenergie in einem Deuterium-Kern ist Millionen Mal höher als etwa die chemische Bindungsenergie zwischen einem Natrium- und einem Chloratom im Kochsalz-Molekül. Entsprechend sind im Vergleich zur »Spaltung« eines Kochsalz-Moleküls Millionen Mal höhere Energien nötig, um einen Deuterium-Kern zu spalten.

Man muss sich das alles noch einmal vergegenwärtigen, weil es unserem logischen Denken so sehr widerstrebt: Atomkerne wiegen nicht die Summe ihrer Kernteile, sondern etwas weniger. Beim Zusammenpacken geht Masse verloren. 2 + 2 ergeben in der Kernphysik nicht 4, sondern 3,9, um es mal grob zu sagen. Man stelle sich vor, wie erstaunt wir wären, wenn der Obstverkäufer vor unseren Augen nacheinander vier Äpfel einzeln auswiegt, wobei die Waage jedes Mal exakt 100 Gramm anzeigt. Dann packt er sie alle vier in eine Tüte, stellt die auf die Waage – und sie zeigt nur noch 390 Gramm an.

Die Sonne scheint, weil in ihrem Innern Atomkerne verschmolzen werden

Der Packungsverlust, also die Umwandlung von Masse in Strahlungsenergie beim Verschmelzen von Protonen zu größeren Atomkernen, macht erst Leben auf der Erde möglich. Die Sonne, dieser riesige Gasball aus Wasserstoff und Helium, liefert mit ihrer Strahlungsenergie die Grundlage für irdisches Leben jeglicher Art. Die Protonen verschmelzen aber nicht einfach so miteinander, sondern nur unter den extremen Bedingungen, die im Innern der Sonne herrschen, also bei Temperaturen von vielen Millionen Kelvin. Nur bei diesen hohen Temperaturen sind die Wasserstoffatome so angeregt, dass sie ihr einziges Elektron verloren haben und gleichsam zu »nackten« Kernen geworden sind. Die Kerne bewegen sich in dieser Gluthitze so heftig, dass sie trotz der starken Abstoßung – sie sind ja positiv geladen – zusammenprallen. Die Bewegungsenergie der Protonen ist bei den extremen Temperaturen viel größer als die elektrische Energie, mit der sie sich voneinander abstoßen.

Der Verschmelzungsvorgang, von den Physikern Fusion genannt, liefert die Strahlungsenergie der Sonne: Aus Wasserstoffkernen (= Protonen) entstehen Heliumkerne (= Alphateilchen). In grober Vereinfachung kann man sagen, dass im Innern der Sonne jeweils vier Wasserstoffkerne zu einem Heliumkern zusammengepackt werden. Allerdings erfolgt diese Fusion über Zwischenschritte, wobei Deuteriumkerne ($^2_1$H) und Helium-3-Kerne ($^3_2$He) gebildet werden, also Heliumkerne, die statt zwei Neutronen nur eines besitzen. Verschmelzen dann zwei dieser Helium-3-Kerne miteinander, entsteht schließlich ein richtiger Heliumkern mit zwei Neutronen. Schematisch sieht dieser Vorgang so aus:

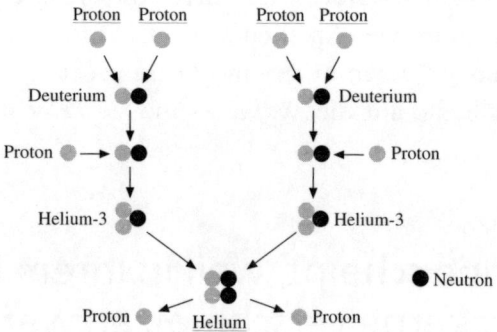

Zwar sind an dem Prozess, wie man sehen kann, insgesamt sechs Protonen beteiligt, doch es bleiben am Ende zwei übrig, die für einen weiteren Umwandlungsprozess von Wasserstoffkernen in Heliumkerne zur Verfügung stehen.

Bei einer einzigen solchen Verschmelzung von vier Protonen zu einem Heliumkern werden 26 Millionen Elektronenvolt (26 MeV) an Energie als Strahlung freigesetzt. Diese Energiemenge ergibt sich aus einer einfachen Rechnung: Ein Wasserstoffkern (= Proton) hat das Atomgewicht 1,008, ein Heliumkern hat das Atomgewicht 4,004. Damit liegt das Gewicht von vier Wasserstoffkernen (4 x 1,008 = 4,032) um 0,028 Atomgewichtseinheiten über dem des Heliumkerns. Diese Masse ist beim Zusammenpacken als Packungsverlust zu Strahlungsenergie geworden gemäß Einsteins Formel $E = mc^2$.

Wenn man so will, dann leben wir hier auf der Erde von der Gnade des Packungsverlusts. In jeder Sekunde werden in der Sonne 597 Millionen Tonnen Wasserstoff zu 593 Millionen Tonnen Helium verschmolzen. Das heißt, es werden pro Sekunde 4 Millionen Tonnen Kernmasse in Licht und Wärme und andere Strahlung verwandelt. Diese verpufft in den eiskalten Weltraum. Nur ein verschwindend kleiner Anteil davon trifft auf das Planetenkügelchen Erde und ermöglicht dort die Existenz von Leben. Der »Brennstoffvorrat« der Sonne ist so unvorstellbar groß, dass sie trotz der hohen Umwandlungsrate noch ungefähr 5 Milliarden Jahre damit »heizen« kann. Immerhin tut sie das bereits seit mindestens 4,5 Milliarden Jahren. In dieser endlos langen Zeit hat die Sonne erst etwa drei Tausendstel ihrer Gesamtmasse verloren.

Die Strahlung, die die Sonne abgibt, besteht aber nicht nur aus elektromagnetischen Wellen, also aus dem breiten Band von der langwelligen Radiostrahlung bis zu den extrem kurzwelligen Röntgen- und Gammastrahlen, sondern ein Teil der Strahlung wird als Bewegungsenergie von elektrisch geladenen Teilchen abgegeben. Es sind dies hauptsächlich Protonen und Elektronen, die mit Geschwindigkeiten von 1000 bis 2000 Kilometer pro Sekunde und Energien bis zu 30 000 Elektronenvolt in den Weltraum abströmen. Man nennt diese Teilchenstrahlung der Sonne auch »Sonnenwind«. Das Magnetfeld der Erde schützt uns weitgehend vor dieser gefährlichen Teilchenstrahlung, während die Atmosphäre die energiereichen elektromagnetischen Wellen von uns fern hält.

Neutrinos – die Geister unter den Elementarteilchen

Bei der oben beschriebenen Kernfusion entstehen jedoch noch Teilchen von geradezu geisterhafter Art: ungeladen wie die Neutronen, aber im Gegensatz zu diesen ohne oder nur mit einer verschwindend kleinen Masse. Endgültiges weiß die Forschung hierzu noch nicht zu sagen. Man nennt diese Geisterteilchen Neutrinos. Sie entstehen bei der Verschmelzung von zwei Protonen zu einem Deuteriumkern ($^{2}_{1}H$), weshalb dieser Prozess streng genommen so abläuft:

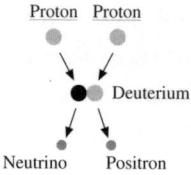

Eines der beiden Protonen verwandelt sich also in ein Neutron unter Abgabe eines Positrons und eines Neutrinos.

Nun fragen wir uns natürlich: Was in Gottes Namen ist ein Positron? Nun, ein Positron ist im Grunde nichts anderes als ein Elektron. Es unterscheidet sich nur durch seine entgegengesetzte Ladung. Das Elektron ist, wie wir längst wissen, negativ geladen, das Positron positiv. Das Positron ist das Antiteilchen zum Elektron. Was für Elektron und Positron gilt, gilt für alle Teilchen, die es im Universum gibt: Zu jedem Teilchen gibt es theoretisch ein Antiteilchen, das die gleiche Masse, aber eine entgegengesetzte Ladung hat. So gibt es auch zum positiv geladenen Proton ein Antiteilchen: das negativ geladene Antiproton.

Auch das ungeladene Neutron hat sein Antiteilchen: das Antineutron. Da aber der Gegensatz zur Ladung 0 auch wieder die Ladung 0 ist, müssen sich Neutron und Antineutron durch etwas anderes voneinander unterscheiden. Hierzu bedarf es einer dritten Grundeigenschaft atomarer Teilchen – neben Masse und Ladung: dem Drehimpuls oder Spin (s. S. 53f.). Jedes Teilchen hat einen bestimmten Spin, vereinfacht ausgedrückt: Es kann links- oder rechtsdrehend sein, ähnlich wie ein Kreisel, der sich auch in zwei Richtungen drehen kann. Das Antineutron dreht sich also genau entgegengesetzt zum Neutron, und nur durch diesen entgegengesetzten Spin unterscheiden sie sich voneinander. Das Gleiche gilt für Neutrino und Antineutrino. Da auch diese Teilchen keine Ladung haben, unterscheiden sie sich wiederum nur durch entgegengesetzte Spins.

Ich muss zugeben, dass sich in meinem Kopf inzwischen auch alles zu drehen beginnt. Nicht genug der Teilchen – es muss zu allem Teilchenüberfluss auch noch Antiteilchen geben! Allerdings sollte uns das nicht weiter in Unruhe versetzen. Das Universum besteht aus Materie. Antimaterie kommt in ihm so gut wie überhaupt nicht vor. Sie erscheint nur kurzzeitig bei Kernprozessen wie denen, die in der Sonne stattfinden, wo also Teilchen mit sehr hoher Energie in Wechselwirkung treten. Das Positron schlummert, wenn man so will, im Proton und kann erst zu einem freien Positron werden, wenn zwei Protonen so heftig aufeinander prallen, dass sie miteinander zu einem Deuteriumkern verschmelzen.

Das Positron hat, wie alle Antiteilchen, nur eine winzig kurze Lebensdauer. Denn in einer Welt aus Materie stoßen sie sofort mit ihrem entsprechenden Antiteilchen zusammen, also das Positron mit einem Elektron, wobei sich beide gegenseitig in einem Lichtblitz auslöschen. So wird also ein Positron, das bei der Verschmelzung von zwei Protonen entsteht, niemals die Sonne als Strahlungsteilchen verlassen können. Vielmehr wird es nach Bruchteilen einer Sekunde mit einem Elektron zusammenstoßen – und beide werden als gemeinsamer Lichtblitz enden.

Bei den Neutrinos, die im Innern der Sonne entstehen, ist es anders. Sie können ungehindert abstrahlen. Da sie keine oder nur eine verschwindend kleine Masse haben und auch keine Ladung besitzen, können sie problemlos aus dem Zentrum der Sonne an die Oberfläche gelangen und von dort in den Weltraum davonfliegen. Neutrinos treten mit Materie in fast keine Wechselwirkung. Sie gehen durch Materie einfach hindurch, ganz nach Art von Gespenstern. An Gespenster muss man allerdings glauben, an Neutrinos nicht. Es gibt sie wirklich.

Das Neutrino wurde bereits 1930 von dem österreichischen Physiker Wolfgang Pauli (1900–1958) entdeckt, allerdings nur rechnerisch. Bei einer bestimmten Art des radioaktiven Zerfalls von Atomkernen entstehen freie Neutronen, die aus dem zerfallenden Kern davonfliegen. Neutronen sind, wie wir bereits wissen, etwas schwerer als Protonen. Sie wandeln sich, wenn sie nicht mehr in einem Atomkern gebunden sind, in ein Proton und ein Elektron um. Aus dem ungeladenen Neutron wird also ein positiv geladenes Proton und ein negativ geladenes Elektron. Die Ladungsbilanz bei diesem Vorgang ist somit ausgeglichen. Die Gleichung hatte nur einen Fehler, wie Pauli bald erkannte: Die Ladungsbilanz stimmte zwar, aber nicht die Energiebilanz. Es musste noch ein weiteres, elektrisch neutrales Teilchen an dem Zerfall eines radioaktiven Kerns beteiligt sein. Man nannte es Neutrino, was im Italienischen so viel wie »kleines

Neutron« oder »Neutralchen« bedeutet. Namensgeber war nämlich der italienische Physiker Enrico Fermi (1901–1954).

Inzwischen kennen wir also schon zwei Arten von Kernreaktionen, bei denen Neutrinos beziehungsweise Antineutrinos entstehen: erstens bei der Verschmelzung von zwei Protonen zu einem Deuteriumkern. Dabei wandelt sich im Fusionsvorgang ein Proton in ein Neutron um. Das sieht in der Gleichung so aus:

Proton (p) $\rightarrow$ Neutron (n) + Positron (e^+) + Neutrino (ν). (ν ist das griechische Zeichen für das kleine N, gesprochen: ny)

Dieser Zerfall eines Protons in ein Neutron kann, wie schon gesagt, immer nur innerhalb eines Atomkerns stattfinden – hier im Deuteriumkern. Ein freies Proton zerfällt nicht in ein Neutron, allein deshalb, weil das Proton leichter ist als das Neutron. Außerhalb von Atomkernen kann immer nur ein schwereres Teilchen in ein leichteres zerfallen, also etwa ein Neutron in ein Proton gemäß der Gleichung:

Neutron (n) $\rightarrow$ Proton (p) + Elektron (e^-) + Antineutrino (ν^-)

Nach durchschnittlich zwölf Minuten zerfällt ein freies Neutron in ein Proton, während hingegen ein freies Proton eine »unendliche Lebensdauer« hat, solange es nicht mit hoher Energie auf ein anderes Kernteilchen prallt.

Selbst im Innern der Sonne, wo unter unvorstellbar hohem Druck die Protonen gegeneinander prallen, findet die Umwandlung eines Protons in ein Neutron – unter Bildung eines Deuteriumkerns – relativ selten statt, gemessen an der Zahl der dort vorhandenen Protonen. Durchschnittlich dauert es 14 Milliarden Jahre, ehe ein beliebiges Proton im Innern der Sonne zum Neutron eines Deuteriumkerns wird. Dieses extreme Zeitlupentempo beim ersten Schritt des Heliumaufbaus erklärt, wieso die Sonne so langsam ihren »Brennstoffvorrat« verbraucht, wieso sie nicht wie eine Wasserstoffbombe explodiert. Die Verschmelzung zweier Protonen geschieht so selten, dass sie noch niemals unter Laborbedingungen beobachtet worden ist, obwohl dort ständig Protonen aufeinander geschossen werden (s. S. 157f.).

Doch weil so unendlich viele Protonen in der Sonne vorhanden sind, finden genügend Umwandlungen statt, um die gewaltige Energie zu erzeugen, die die Sonne in jeder Sekunde abstrahlt. Allerdings laufen die weiteren Kernreaktionen – über Helium-3- zu Heliumkernen – in der Sonne sehr viel schneller ab, sobald das Deuterium erst einmal entstanden ist.

Wie schon gesagt: Die Neutrinos, diese ungeladenen, geisterhaften Teilchen treten mit Materie so gut wie überhaupt nicht in Wechselwirkung. Ein Neutrino würde eine viele Lichtjahre dicke Wand aus Blei geradlinig durchdringen, ehe es durch einen Zusammenstoß mit einem Bleiatomkern reagieren würde. Man bräuchte also entweder eine unvorstellbar große Materiemenge oder aber eine »unendlich große« Anzahl Neutrinos, um überhaupt erwarten zu können, eine solche Reaktion eines Neutrinos mit einem Atomkern beobachten zu können.

Daher muss es nicht verwundern, dass es erst 1956 gelang, schwache Kernreaktionen im Experiment zu beobachten, die von Neutrinos ausgelöst wurden – 25 Jahre, nachdem Wolfgang Pauli die Existenz des Neutrinos auf rechnerischem Weg bewiesen hatte. Es waren zwei amerikanische Physiker, denen der Neutrino-Nachweis erstmals gelang. Sie verwendeten dafür Neutrinos, die aus einem Kernkraftwerk abgestrahlt wurden – und das waren pro Sekunde mehr als eine Billion (10^{12}) Neutrinos pro Quadratzentimeter. Von dieser gigantischen Anzahl lösten gerade mal drei Neutrinos pro Stunde eine Reaktion im Messgerät aus. Obwohl die Masseenergie eines Neutrinos praktisch nicht messbar ist, tragen diese Teilchen etwa 7 Prozent der im Sonneninnern entstehenden Energie in den Weltraum davon.

Der pausenlos auf die Erde niedergehende Neutrinoschauer hat rein rechnerisch eine etwa 40 000-mal höhere Energie als das bei uns eintreffende Mondlicht. Nur, das Mondlicht nehmen wir wahr, die Neutrino-Energie nicht. Sie geht einfach durch uns hindurch. Und nicht nur unsere Körper durchqueren die Neutrinos, sondern die ganze Erde, als wäre sie gar nicht da. Wenn wir nur eine Sekunde lang in die Sonne blinzeln, gehen ungefähr eine Milliarde Neutrinos durch unsere Augen hindurch. Überall aus dem Weltall, von allen aktiven Sternen, hageln Neutrinos auf uns ein. Sie haben unterschiedliche Energien, können in den unterschiedlichsten Sternen und zu den verschiedensten Zeiten des Universums entstanden sein. Selbst vom Urknall, mit dem das Universum begann, gelangen Neutrinos bis zu uns – unverändert, ohne Energieverlust. Doch leider erzählen sie uns nichts; sie behandeln uns buchstäblich wie Luft.

Seit die Existenz der Neutrinos experimentell bewiesen war, rätselten die Teilchenphysiker darüber, ob diese Geisterteilchen vielleicht nicht doch eine – wenn auch noch so winzige – Masse haben. Erst Mitte des Jahres 1998 war es dann so weit: Eine japanisch-amerikanische Wissenschaftlergruppe verkündete die Sensation, dass Neutrinos eine Masse besitzen. Neutrinos zählen, wie das Elektron, zu den massiven Elementarteilchen und nicht wie das Photon (= Lichtquant) zu den masselosen.

Zwei Jahre lang hatte man in den Tiefen eines alten japanischen Zinkbergwerks nach der Neutrinomasse gesucht. Das Forschungsunternehmen trug den Namen »Super-Kamiokande«. Mehrere Kilometer tief unter der Erdoberfläche wurde ein riesiges Wasserbecken ausgehoben und mit 50 000 Tonnen hochreinem Wasser gefüllt. In den Wänden des Beckens wurden mehr als 11 000 hoch empfindliche Lichtverstärker von je einem halben Meter Breite angebracht. Sie lauerten gewissermaßen auf den winzigen charakteristischen Lichtblitz, den ein Neutrino hinterlässt, wenn es zufällig doch auf eines der Wasserstoffatome des Wassers prallt und sich in ein Elektron verwandelt. Das geschieht jedoch so selten, dass man die Wasserstoffatome von 50 000 Tonnen Wasser benötigt, um überhaupt mit ein paar Treffern rechnen und aussagekräftige Messungen anstellen zu können. Nur tief unter der Erde besteht die Chance, ein paar der aus dem Weltraum heranrasenden Neutrinos abzufangen und sie ungestört vom Rest der aus dem All eintreffenden kosmischen Strahlung registrieren zu können. Es ist zwar so, dass das Magnetfeld der Erde diese kosmische Strahlung weitgehend abschirmt, aber eben nicht vollständig. Einen genauen Wert für die Masse des Neutrinos konnten die Forscher allerdings noch nicht bestimmen. Lediglich eine Untergrenze scheint festzustehen: Die Neutrinomasse soll mindestens ein Zehnmillionstel der Elektronenmasse betragen.

Teilchenphysiker sind Jäger, die mit Gewehrkugeln auf andere Gewehrkugeln schießen

Ich weiß nicht, ob der Leser es gemerkt hat: Nachdem wir versucht hatten, uns die Quantentheorie ein wenig verständlich zu machen, wollten wir zur experimentellen Atomphysik zurückkehren. Aber das war uns nicht gelungen. Einsteins geniale Formel $E = mc^2$ hat uns von diesem Ziel abgebracht. Aber das war auch ganz richtig so. Denn ohne das Gesetz über die Gleichwertigkeit von Masse und Energie zu verstehen, kann man letztlich auch nicht die modernen Experimente der Kernphysiker nachvollziehen. Obwohl, die können wir Laien ohnehin nicht wirklich begreifen; wir können bestenfalls nur ahnen, um was es da geht. Aber das ist ja auch schon was. Es trägt dazu bei, die Welt besser zu verstehen und damit auch uns selbst: wer wir sind und warum wir sind. Das ist das eigentliche Ziel jeder Wissenschaft.

Die ersten Kernbeschießungen durch den Amerikaner Lawrence und die Engländer Cockcroft und Walton im Jahr 1932 hatten wir erwähnt: die Beschießung eines Lithiumkerns mit einem Proton, wobei zwei Heliumkerne (= Alphateilchen) entstanden. Diesen Gedankenfaden müssen wir jetzt wieder aufnehmen und weiter verfolgen – und dabei Einsteins Formel $E = mc^2$ stets im Kopf behalten.

Aus Einsteins Formel ergibt sich mit naturgesetzlicher Notwendigkeit Folgendes: Die starken Bindungskräfte, die einen Atomkern zusammenhalten, können freigesetzt werden, und zwar dann, wenn der Kern von einem Geschoss getroffen wird, dessen Energie mindestens so groß ist wie die Energie, die den Kern zusammenhält. Bei den Experimenten von Lawrence, Cockcroft und Walton war das der Menschheit zum ersten Mal gelungen – zur großen Verblüffung Einsteins! Er war bis dahin der Meinung gewesen, die Wahrscheinlichkeit, einen Atomkern zu treffen, sei nicht größer, »als wenn jemand bei Nacht in einer Gegend, in der Enten selten sind, mit einem Gewehr in den Himmel schießt, in der Erwartung, eine zu treffen«. Noch dazu, wo Enten nachts gewöhnlich schlafen.

Um einen Atomkern zu beschießen, muss man, wie beim Schießen auf eine Zielscheibe, Geschosse verwenden, die wesentlich kleiner sind als das Ziel. Doch je kleiner ein Geschoss ist, desto schwächer ist auch seine Wirkung. Freilich kann man die Wirkung erhöhen, wenn man die Bewegungsenergie des Geschosses erhöht. So muss man ein Kernteilchengeschoss, wie wir bereits wissen, nur möglichst nahe an die Lichtgeschwindigkeit beschleunigen, damit es einen größeren Atomkern sprengen kann.

Atomkerne sind extrem hart – so »hart« wie die Kräfte, mit denen die Kernteile aneinander gebunden sind. Im Vergleich etwa zu einem Wassertropfen, der sich durch seine Oberflächenspannung ebenfalls einer »Spaltung« widersetzt, ist der Widerstand eines »Atomkerntropfens« etwa 10^{18}-mal stärker.

Im Prinzip ist jeder Atomkern als Geschoss denkbar. Er kann, weil er positiv geladen ist, durch die starken elektrischen Felder einer Beschleunigeranlage auf sehr hohe Geschwindigkeit gebracht werden. Bei diesen sehr hohen Energien kann man die elektrische Abstoßung zwischen dem positiv geladenen Atomkerngeschoss und dem ebenfalls positiv geladenen Zielkern vernachlässigen. Die Frage, mit welchen geladenen Geschossen man schießt, ist angesichts der extrem hohen Bewegungsenergien in den Beschleunigeranlagen bedeutungslos geworden.

Die fast mit Lichtgeschwindigkeit dahinrasenden Atomkerngeschosse dringen, jeden elektrischen Widerstand überwindend, in den Zielkern ein. Man kann, wenn man will, sogar erfolgreich mit energiereicher elektromagnetischer Strahlung, also mit masselosen Lichtquanten, auf Atomkerne schießen. Denn je kürzer die Wellenlänge des Lichts, umso mehr nimmt ja das schwingende Energiebündel den Charakter eines massiven Körpers an, gemäß Einsteins Gleichwertigkeit von Masse und Energie. Nicht von ungefähr spricht man bei Röntgen- und Gammastrahlen von »harter« oder gar »ultraharter« Strahlung. Tatsächlich prallen die hoch energetischen Photonen, die man auf Atomkerne lenkt, wie massive Atomkerngeschosse auf das Ziel und zersprengen es.

Nun können sich allerdings beschossene Atomkerne unterschiedlich verhalten, je nachdem, mit welcher Teilchenart man sie beschießt und welche Energien die Geschosse haben. Ein getroffener großer Atomkern kann das Geschoss in sich behalten, es gewissermaßen verschlucken. Er kann aber auch unter der Gewalt der zugeflogenen Masseenergie explodieren.

Wird ein eingeschossenes Proton vom größeren Zielkern »geschluckt«, so ändert sich logischerweise das Element; es steigt um eine Stufe nach oben. Beispielsweise wird aus einem mit einem Proton beschossenen Lithiumkern – er hat 3 Protonen und 4 Neutronen – ein Berylliumkern mit 4 Protonen und 4 Neutronen. Da ihm aber ein Neutron fehlt – Beryllium benötigt 5 Neutronen im Kern, um stabil sein zu können –, ist es nur ein leichtes Beryllium-Isotop und damit instabil; es zerfällt sofort in zwei Heliumkerne. Diesen Vorgang hatten wir schon bei den Versuchen von Lawrence, Cockcroft und Walton kennen gelernt (s. S. 146–149).

Würde man einen Lithiumkern mit einem Heliumkern (= Alphateilchen) beschießen, der zwei Protonen und zwei Neutronen enthält, könnte er sich in einen Borkern mit 5 Protonen und 6 Neutronen verwandeln. Schösse man nicht mit Protonen, sondern mit Neutronen, so änderte sich das Element nicht. Ein mit Neutronen beschossener Lithiumkern bleibt ein Lithiumkern, aber er besitzt nun eine erhöhte Zahl von Neutronen, ist somit ein schweres Isotop des Lithiums. Diesen Neutronenüberschuss verträgt es aber genauso wenig wie einen Mangel an Neutronen; es ist ebenfalls instabil. Das schwere Lithium-Isotop versucht sofort – nämlich in Sekundenbruchteilen – durch Abgabe von Strahlung sein gestörtes Gleichgewicht wiederherzustellen. Man sagt, das schwere Isotop des Lithiums ist ein strahlendes, ein radioaktives Isotop.

Kann ein beschossener Atomkern sich von der Überladung nicht durch Radioaktivität befreien, spaltet er sich. Er kann in zwei oder auch in zahlreiche Bruchstücke zerfallen. Hierbei fliegen die Bruchstücke mit hohen Energien auseinander. Sie können in die Kerne der Nachbaratome eindringen, sie überladen und zur Explosion bringen. Die Explosionen können sich automatisch und in Sekundenbruchteilen fortpflanzen – es setzt eine so genannte Kettenreaktion ein ähnlich wie beim Dominospiel, wo das Umfallen eines einzigen Startsteinchens Millionen andere Steinchen zu Fall bringen kann, wenn diese in geeigneter Weise im Raum aufgestellt sind.

Die erste Uranspaltung geschah im Schuhkarton

Es war den Atomphysikern sofort klar, dass die Freisetzung von atomarer Bindungsenergie zu gewaltigen Explosionen führen musste, wenn in einer größeren Menge spaltbarer Materie eine solche Kettenreaktion ausgelöst werden würde. Doch welche Elemente dafür geeignet sein würden, war zuerst noch unklar. Durch einen Zufall – der Zufall, wir wissen es bereits, ist der beste Gehilfe des Forschers – entdeckten 1938 die deutschen Chemiker Otto Hahn (1879–1968) und Fritz Straßmann (1902–1980) die Möglichkeit, durch Spaltung von Urankernen eine besonders hohe Energieausbeute zu erzielen. Hahn und Straßmann beschossen reines Uran mit Neutronen und hofften, dass diese von den Urankernen verschluckt und somit Isotope des Urans entstehen würden. Ihre Versuchsanordnung war erstaunlich einfach. Die Spaltung geschah sozusagen in einem Schuhkarton. Die gesamte Versuchsanordnung hatte auf einem Küchentisch Platz und kann noch heute im Deutschen Museum in München besichtigt werden.

Dieses Foto zeigt von links Prof. Dr. Straßmann, Prof. Dr. Hahn und Prof. Dr. Haber am historischen Versuchstisch, mit dem 1938 die erste Kernspaltung des Urans gelang.

Zu ihrer großen Überraschung fanden sie hinterher in dem mit Neutronen beschossenen Uran kleinste Mengen der Elemente Barium (Ba) und Krypton (Kr) vor. Diese mussten als Folge des Neutronenbeschusses entstanden sein. Damit war den beiden Wissenschaftlern zum ersten Mal die Sprengung oder Spaltung von Atomkernen gelungen. Dagegen war jene Kernreaktion, die Lawrence, Cockcroft und Walton sechs Jahre zuvor durch den Protonenbeschuss von Lithium ausgelöst hatten, keine Kernspaltung, sondern eine Kernumwandlung von Lithium in ein Beryllium-Isotop, das sofort in zwei Heliumkerne zerfiel.

Beim Experiment von Hahn und Straßmann hingegen wurden Urankerne tatsächlich gespalten, also in zwei Teile zerlegt, von denen jeder ein anderes Element darstellte. Die beiden Forscher hatten für ihre Versuche das natürlich vorkommende Uran-238 verwendet, also Uran mit 92 Protonen und 146 Neutronen im Kern. Stellt man die Reaktionsgleichung auf, so erhält man folgendes Ergebnis:

$$^{1}_{0}n + ^{238}_{92}U \rightarrow ^{138}_{56}Ba + ^{83}_{36}Kr + 18 \times ^{1}_{0}n$$

Bei dieser Kernspaltung durch Beschuss mit einem einzigen Neutron ($^{1}_{0}n$) werden also 17 Neutronen freigesetzt. Diese fliegen mit einer Geschwindigkeit von etwa 10 000 Kilometer pro Sekunde davon, dringen in die Kerne der Nachbaratome ein und bringen diese ebenfalls zur Explosion. Auf die Weise pflanzt sich die Kernspaltung als Kettenreaktion mit ungeheurer Geschwindigkeit fort.

Leider geschieht das nur in der Theorie. In Wirklichkeit ist es so, dass die davonfliegenden Neutronen viel zu schnell sind, um weitere Urankerne spalten zu können. Sie durchschlagen die umliegenden Atomkerne, ohne in ihnen stecken zu bleiben. Es findet also keine Kettenreaktion statt. Erst wenn die Neutronen durch zahlreiche Zusammenstöße mit Urankernen auf etwa 600 Kilometer pro Sekunde oder weniger abgebremst sind, bleiben sie in den Kernen stecken und verursachen deren Spaltung, wobei neue, schnell fliegende Neutronen freigesetzt werden.

Nun ist es aber so, dass das natürlich vorkommende Uran nicht nur aus Uran-238 besteht. Vielmehr ist es stets mit geringen Mengen des leichten Uran-235-Isotops durchmischt. (Es gibt auch noch Uran-234, aber nur in winzigsten und deshalb vernachlässigbaren Mengen.) Die Hauptmasse des Urans besteht also aus Uran-238 ($^{238}_{92}U$).

Auf 139 Atome des Urans-238 kommt in den natürlichen Uranvorkommen ein Atom von Uran-235 ($^{235}_{92}$ U). Dieses hat statt 146 nur 143 Neutronen in seinem Kern.

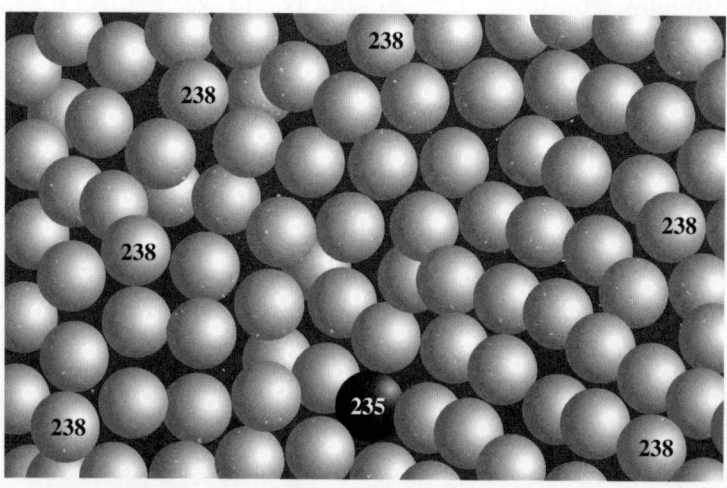

Natürliches Uran ist ein Gemisch aus Uran-238 und Uran-235 im Verhältnis 139:1.

Man kann jedoch das natürliche Uran im Labor mit Uran-235 anreichern, um eine höhere Energieausbeute zu erzielen. Man spricht von »angereichertem Uran«. Die Kerne von Uran-238 und Uran-235 verhalten sich unterschiedlich, vor allem dann, wenn man sie mit Neutronen beschießt. Uran-238 ist stabiler als Uran-235. Ersteres hat eine Halbwertszeit von 4,5 Milliarden Jahren gegenüber der von »nur« 700 Millionen Jahren beim Uran-235. Das natürliche Gemisch der beiden Uransorten lässt keine Kettenreaktion zu, nicht zuletzt auch deshalb, weil es noch mit anderen Elementen durchsetzt ist, die die Ausbreitung einer Kettenreaktion verhindern. Schon minimale Spuren fremder Stoffe stören den Flug der freigesetzten Neutronen. Und das ist gut so. Andernfalls bestünde die Gefahr, dass natürliche Uranvorkommen von sich aus explodieren.

Im Gegensatz zum Uran-238 ist das Uran-235 ein höchst explosiver Stoff, vorausgesetzt, es findet ein Beschuss mit Neutronen statt. Je nachdem, wie schnell ein solches Neutronengeschoss ist, können unterschiedliche Reaktionen eintreten, die aber alle in Form einer Kettenreaktion ablaufen.

Möglich ist zum Beispiel folgende Kernreaktion:
$$_0^1 n + {}_{92}^{235}U \rightarrow {}_{56}^{144}Ba + {}_{36}^{89}Kr + 3 \times {}_0^1 n$$
Auch in diesem Fall entstehen als Bruchstücke der Kernspaltung Barium- und Kryptonkerne, allerdings nicht unter Freisetzung von 18 Neutronen wie im obigen Beispiel mit Uran-238, sondern von nur 3 Neutronen. Grafisch ließe sich solch eine Kettenreaktion etwa so darstellen:

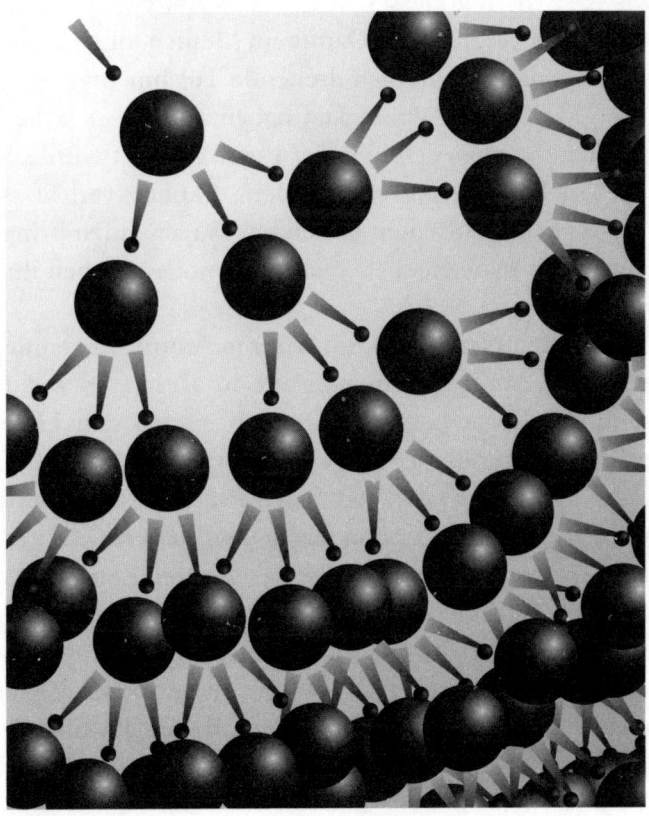

Unkontrollierte Kettenreaktion in einer Atombombe: Der erste gespaltene Uran-235-Kern spaltet durch seine drei ausgesandten Neutronen drei weitere Urankerne. Diese rufen die Spaltung von 9 weiteren Kernen hervor, diese die Spaltung von 27, diese die Spaltung von 81 – und immer so weiter. In Sekundenbruchteilen wächst die Zahl energiereicher Kernreaktionen lawinenartig an.

Der Spielraum für die Geschwindigkeit des Neutronengeschosses ist ziemlich eng, wenn die Kettenreaktionen auch wirklich stattfinden, das heißt, das anfliegende Neutron im Urankern stecken bleiben soll. Ist es zu langsam, prallt es ab. Kommt es zu schnell an, schießt es durch den Kern hindurch.

Allerdings sollte man sich Atomkerne nicht als starre Gebilde vorstellen, wozu das Wort »Kern« verleitet. Atomkerne sind, wie wir bereits wissen, Schwingungssysteme. Man könnte sie beispielsweise mit einer Drehtür vergleichen: Damit ein Mensch, ohne anzustoßen und zurückzuprallen, in die sich drehende Tür hineingelangt, muss er etwa die gleiche Geschwindigkeit haben, mit der sich die Flügel der Tür drehen. Er muss sich, wie der Physiker sagen würde, in Resonanz zu den Drehtürflügeln befinden. Ähnlich verhält es sich, wenn man versucht, auf einen fahrenden Wagen aufzuspringen; es gelingt nur, wenn man dabei ebenfalls in Resonanz neben ihm herläuft.

So können auch Neutronen nur dann in Atomkerne eindringen, wenn sich ihre Anfluggeschwindigkeit in Resonanz zur Eigenschwingung des Kerns befindet. Deshalb eignen sich Urankerne besonders gut zur Spaltung, weil sie eine sehr ausgeprägte Eigenschwingung besitzen. Das hängt mit ihrer inneren Haltlosigkeit zusammen, ihrer Neigung, schon aus sich selbst heraus zu zerfallen. Den Grund dafür kennen wir bereits: In schweren Kernen, etwa denen von Uran, Thorium oder Radium, kann die Starke Kernkraft mit ihrer winzigen Reichweite die Teilchen in den großen Kernen kaum noch zusammenhalten (s. S. 45). Die elektrische Kraft mit ihrer unbegrenzten Reichweite kann deshalb ihre abstoßende Wirkung zwischen den Protonen des Kerns ins Spiel bringen. In den großen Atomkernen »spüren« die Protonen auf einmal diese auseinander treibende Kraft. Bei kleinen Atomkernen kommt sie nicht zum Zuge, dort herrscht die Starke Kernkraft unangefochten in ihrem winzig kleinen Wirkungsbereich. In einem schweren Atomkern steht das Gleichgewicht zwischen der anziehenden Starken Kernkraft und der die Protonen abstoßenden elektrischen Kraft gewissermaßen auf der Kippe. Wird solch ein flatterhafter Kern von außen »gestört« – zum Beispiel, indem ein zusätzliches Neutron in ihn eindringt –, kann er in zwei Teile zerreißen.

So kann ein in sich schwingender Urankern – oder besser: Urantropfen – in unterschiedliche Teile zerreißen, je nachdem, welche Eigenschwingung er besitzt und mit welcher Geschwindigkeit ein Neutron auf ihn trifft. Ein Kern von Uran-235 zerfällt nicht immer in einen Barium- und Kryptonkern, sondern es sind dutzende andere Zerfallsprozesse möglich, zum Beispiel ein Zerfall in die instabilen Isotope von Rubidium (Rb) und Cäsium (Cs):

$$_{0}^{1}n + _{92}^{235}U \rightarrow _{97}^{93}Rb + _{55}^{141}Cs + 2 \times _{0}^{1}n$$

Grafisch ließe sich das etwa so darstellen:

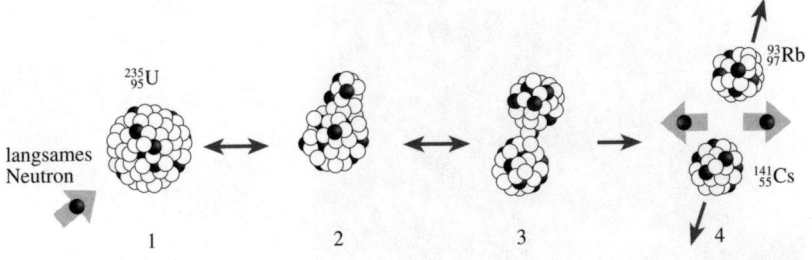

Ein langsames Neutron wird von einem Uran-235-Kern eingefangen (1). Der instabile Uran-236-Kern beginnt, sich wie ein Wassertropfen zu verformen und dabei heftig zu schwingen (2). Der schwingende Kern zieht sich immer mehr in die Länge, bis sich eine Einschnürung bildet (3). Am Ende zerreißt der Kern in zwei große Teile, wobei zwei Neutronen freigesetzt werden (4).

Doch die Rubidium- und Cäsium-Isotope sind ihrerseits wieder instabil und zerfallen über mehrere Zerfallsstufen in andere Elemente, bis irgendwann stabile Kerne erreicht sind, in denen ein normales Gleichgewicht zwischen Protonen und Neutronen herrscht.

In solch einer Kettenreaktion würde zum Beispiel ein Kilogramm reines Uran-235, das mit einem langsamen Neutron beschossen wird, im millionsten Teil einer Millionstelsekunde (10^{-12} sec) explodieren und dabei gewaltige Energien freisetzen – immer gemäß Einsteins Formel $E = mc^2$. Nur ein paar Gramm dieses Kilogramms Materie würden von der Erde verschwinden, das heißt vollständig in Strahlungsenergie umgewandelt – freilich nicht spurlos, sondern mit furchtbarer Zerstörungskraft.

Dass so etwas in der Tat machbar ist, dafür lieferten die beiden Atombomben erstmals den schrecklichen Beweis, die im August

Explosionswolke der auf Hiroshima abgeworfenen Atombombe. Die weißen Flecken auf dem Foto kommen von der starken radioaktiven Strahlung.
Links: Die Uranbombe, die am 6. August 1945 auf Hiroshima abgeworfen wurde. Drei Tage später fiel die Plutoniumbombe (rechts) auf Nagasaki.

1945 über den japanischen Städten Hiroshima und Nagasaki von amerikanischen Flugzeugen abgeworfen wurden. Sie beendeten den Zweiten Weltkrieg. In Hiroshima starben innerhalb kürzester Zeit über 250 000 Menschen, in Nagasaki 74 000 Menschen. Beide Städte wurden durch die Gewalt der Explosion dem Erdboden gleichgemacht. Unzählige weitere Menschen starben in den Jahrzehnten danach an den Spätfolgen durch die freigesetzte radioaktive Strahlung, die von den Spaltprodukten ausgesandt wurde.

Die ungeheure Schnelligkeit verleiht einer atomaren Kettenreaktion ihre fürchterliche Gewalt. Nicht nur, dass in Kernreaktionen durch die Umwandlung von Masse in Energie etwa hundertmillionen Mal mehr Energie frei wird als in chemischen Reaktionen, sondern atomare Kettenreaktionen laufen mit extrem hoher Geschwindigkeit ab. Herkömmlicher Sprengstoff wie Dynamit, der uns in seiner Zerstörungskraft schon furchtbar erscheint, ist im Vergleich zu einer Atombombe geradezu harmlos. Das hat seinen physikalischen Grund darin, dass Dynamit sich aus relativ großen, weit auseinander stehenden Molekülen zusammensetzt. Die Kettenreaktion setzt sich deshalb vergleichsweise langsam in Gang. Die Explosion streckt sich über ungefähr eine tausendstel Sekunde dahin. Das erscheint einem zwar auch ungeheuer kurz, doch ist es eine endlos lange Zeit im Vergleich zu den Bruchteilen einer Millionstelsekunde, in denen Uran-235 explodiert, wenn es von einem langsamen Neutron getroffen wird. Denn in der Welt der Atome sind, wie wir wissen, die Entfernungen unvorstellbar klein, die Geschwindigkeiten der Teilchen aber unvorstellbar hoch. Strecken von millionstel Millimetern werden mit 1000 Kilometer pro Sekunde durcheilt. In Molekülen hingegen laufen Kettenreaktionen oft so langsam ab, dass man dabei zuschauen kann. Die vertrauteste Kettenreaktion zwischen Molekülen ist das Feuer. Das Verbrennen eines Holzstücks ist eine langsam ablaufende Kettenreaktion. Eine geringe Startenergie reicht aus, um am Ende das ganze Holzscheit in Flammen zu sehen. Das ist der Grund, wieso man mit einem winzigen Streichholz ein Haus, ja im Prinzip eine ganze Stadt oder eine riesige Waldfläche in Brand setzen kann – weil auch hierbei eine Kettenreaktion in Gang kommt.

Geht die Kettenreaktion einer normalen Verbrennung im Vergleich zur Explosion eines Sprengstoffs sehr langsam vor sich, so verläuft diese wiederum sehr langsam im Vergleich zu einer Kernreaktion. Die Explosionsgeschwindigkeit von Dynamit verhält sich zu der von Uran-235 wie die Dauer eines Jahrhunderts zu der eines Gewehrschusses! Der Luftdruck einer durchschnittlichen Dynamitexplosion ist so »schwach«, dass er beispielsweise die Mauern von Gebäuden »nur« auseinander reißt, sodass diese an Ort und Stelle in sich zusammenfallen. Bei einer Kernexplosion ist er hingegen so gewaltig, dass die Mauern sich in feinsten Staub auflösen. Bei einer Dynamitexplosion »platzen« die Moleküle des Sprengstoffs. Dabei wird Wärme von einigen tausend Kelvin freigesetzt. Die Lichtwellen, die dabei entstehen, erreichen höchstens die Frequenz der ultravioletten Strahlung. Bei Kernexplosionen »platzen« Atomkerne und es fliegen Kernteile umher. Die Schwingungen sind dabei so heftig, also kurzwellig und energiereich, dass Hitzegrade von mehr als 20 Millionen Kelvin erreicht werden und hochenergetische, lebensgefährliche Gammastrahlung entsteht. Bei einer Kernexplosion am helllichten Tag verblasst die Mittagssonne zu einer grauen Scheibe.

Wasserstoffbomben sind künstliche Sonnen

Die Atomphysiker erkannten sofort, dass diese unvorstellbar große Hitze bei der Explosion einer Atombombe ausreichen würde, um mit ihrer Hilfe einen ähnlichen Kernverschmelzungsvorgang auszulösen, wie er im Innern der Sonne stattfindet. Eine Temperatur von über 20 Millionen Kelvin würde ausreichen, um Wasserstoffkerne so heftig aufeinander prallen zu lassen, dass sie miteinander zu Heliumkernen verschmelzen. Dabei würden Energien frei, die noch wesentlich höher wären als die, die zur Kernverschmelzung nötig sind.

Die Energie, die bei der Verschmelzung von vier Wasserstoffkernen zu einem Heliumkern entsteht, ist etwa zweieinhalbmal größer als die, die man durch die Spaltung eines Urankerns erhält. Damit stand der Entwicklung einer Wasserstoffbombe nichts mehr im Weg. Sie war die schreckliche oder besser: die schrecklich logische Schlussfolgerung aus der Atombombe – eine Bombe, die mit Wasserstoff gefüllt und in die eine Atombombe als Zünder eingebaut ist. In der Gluthitze der explodierenden Atombombe zündet die Verschmelzung von Wasserstoffkernen zu Heliumkernen.

Die Wasserstoffbombe ist gewissermaßen eine kleine Sonne, die nur für Bruchteile einer Sekunde »scheint« und dabei durch die schlagartig freigesetzte Energie furchtbare Verwüstungen anrichtet. Anders als die Sonne am Himmel, die das Leben auf der Erde erst möglich macht, ist eine Wasserstoffbombe die schlimmste Vernichterin von Leben, die der Mensch sich bislang ausgedacht hat.

Als Füllung der Wasserstoffbombe dient allerdings nicht einfacher Wasserstoff, sondern dessen schwere Isotope, die uns mittlerweile schon ganz vertraut sind: Deuterium (Schwerer Wasserstoff = $_1^2$H) und Tritium (Überschwerer Wasserstoff = $_1^3$H). Wegen ihres Gehalts an überschüssigen Neutronen reagieren diese beiden Wasserstoff-Isotope rascher als die gewöhnlichen Wasserstoffkerne und verbinden sich leichter zu Helium. Man spricht von der so genannten Deuterium-Tritium- oder kurz: D-T-Reaktion. Ihre Gleichung sieht so aus:

$$_1^2H + {}_1^3H \rightarrow {}_2^4He + {}_0^1n$$

Eine einzige solche Verschmelzung setzt eine Energie von 17,6 Millionen Elektronenvolt (17,6 MeV) frei.

1952 zündeten die Amerikaner die erste Wasserstoffbombe auf einer kleinen Pazifikinsel. Seither lastet über der Menschheit der Albdruck ihrer atomaren Vernichtung. Denn tausende solcher Bomben lagern in den Waffenarsenalen der Atommächte. Dass sie während des vergangenen halben Jahrhunderts nicht zum Einsatz kamen, lag weniger an der Einsicht, dass Frieden besser ist als Krieg, sondern an dem so genannten Gleichgewicht des Schreckens: Der Einsatz dieser Waffen hätte am Ende beide Gegner und die Menschheit insgesamt zu Verlierern gemacht. Die Überlebenden würden die Toten beneiden. Jeder verantwortungsbewusste und politisch interessierte Mensch sollte allein schon aus diesem Grund die physikalischen Hintergründe der schrecklichen Kernwaffen kennen – und erkennen, wie gefährdet unsere Welt ist, wie wichtig es ist, endlich zu einem dauerhaften Frieden aus Einsicht zu gelangen.

Auch ein Atomkraftwerk kann zu einer Atombombe werden – wenn etwas schief läuft!

Seit die Physiker erkannten, welche gewaltigen Energien in Atomkernen schlummern und bei ihrer Spaltung oder Verschmelzung freigesetzt werden, dachten sie nicht nur über die zerstörerische Nutzung dieser Energien nach, sondern ebenso über deren friedliche Nutzung. Und man muss feststellen, dass mit der friedlichen Nutzung *vor* der kriegerischen begonnen wurde: Bevor die erste Atombombe gebaut war, gab es in den USA bereits das erste Kernkraftwerk. Es wurde Ende 1941 in Betrieb genommen.

Die grundsätzliche Frage war: Kann man die Kettenreaktion, die in einer Atombombe im Bruchteil einer Sekunde abläuft – und damit in einer gewaltigen Explosion –, so beeinflussen, dass sie langsam und kontrolliert geschieht?

Bei Explosionen, egal welcher Art, wird der gesamte Sprengstoff in Sekundenbruchteilen vernichtet. Teilt man jedoch die eine große Explosion in zahlreiche kleine auf und reiht diese harmlosen Explosionen aneinander, so kann man die frei werdende Energie unter Umständen als Arbeitsleistung nutzen. Man kann beispielsweise die entstehende Wärmeenergie in Bewegungsenergie und diese in elektrischen Strom umwandeln. So funktionieren ja im Prinzip auch Autos: Die Benzinmenge im Tank wird nicht mit einem heftigen Knall als ganze und im Nu zur Explosion gebracht, sondern tröpfchenweise über viele Stunden hinweg als zahllose kleine, kontrollierte Explosionen in den Zylindern des Motors. Dadurch werden die Kolben in den Zylindern hin- und herbewegt. Deren Bewegung wird schließlich auf die Räder des Autos übertragen.

Ähnlich geht man bei der Verwendung der Kernenergie zur friedlichen Nutzung vor. Man schränkt die Zahl der Kernexplosionen auf ein harmloses Maß ein, indem man von den Neutronen, die aus den explodierenden Kernen herausfliegen, nur einen kleinen erwünschten Teil zu weiteren Atomkernen gelangen lässt. Die Hauptmenge der frei werdenden Neutronen wird abgefangen und unschädlich gemacht.

Da man keine Explosion wie in einer Bombe erzielen will, verwendet man nicht das hochexplosive und auch noch sehr kostspielige reine Uran-235, sondern natürliches Uran, das mit Uran-235 angereichert wird. Dieses muss freilich erst von Vereunreinigungen durch Spuren anderer Elemente befreit werden. Natürliches Uran ist, wie wir schon gesehen haben, ein Gemisch aus Uran-235 und Uran-238 im Verhältnis 1:139. Dieses Verhältnis wird durch die Anreicherung zu Gunsten von Uran-235 verändert.

Die Atome von Uran-238 sind für die Energiegewinnung nicht nur unbrauchbar, sondern sogar störend. Denn sie »verschlucken« die frei fliegenden Neutronen, ehe sie so langsam sind, dass sie die Kerne von Uran-235 zur Explosion bringen können. Um in dem Urangemisch eine Kettenreaktion zu erhalten, muss also verhindert werden, dass die schnellen Neutronen von den Kernen des Urans-238 eingefangen werden. Das geschieht, wenn die Geschwindigkeit der Neutronen auf etwa 1000 Kilometer pro Sekunde gefallen ist. Um Uran-235-Kerne zur Explosion bringen zu können, müssten sie jedoch auf etwa 10 Kilometer pro Sekunde abgebremst werden. Diese niedrige Geschwindigkeit erreichen sie aber gar nicht, weil sie vorher längst von den Uran-238-Kernen »verschluckt« sind. Das Problem löst man, indem das Uran in kleinere Portionen aufgeteilt wird, meist in Form von Stäben. Zwischen diese Uranstäbe wird eine Substanz gebracht, die in der Lage ist, Neutronen abzubremsen, ohne sie zu verschlucken. Solche Bremssubstanzen nennt man Moderatoren, was so viel heißt wie »Mäßiger«. Als Moderatoren eignen sich nur sehr wenige Stoffe, zum Beispiel gewöhnliches Wasser (H_2O) oder Schweres Wasser (D_2O), bei dem die Wasserstoffatome durch Deuteriumatome mit einem Proton und einem Neutron als Kern ersetzt sind. Als brauchbarer Moderator erweist sich auch Kohlenstoff in Form von Grafit, allerdings muss er vollkommen von anderen Beimengungen gereinigt sein, um seine Funktion als Neutronenbremser erfüllen zu können.

Nach etwa zwanzig bis dreißig Zusammenstößen mit Kernen der Grafitatome, was einer Laufstrecke von etwa 40 Zentimetern entspricht, sind die freien Neutronen von 10 000 auf 10 Kilometer pro Sekunde abgebremst.

Um die einsetzende Kettenreaktion je nach Energiebedarf regeln

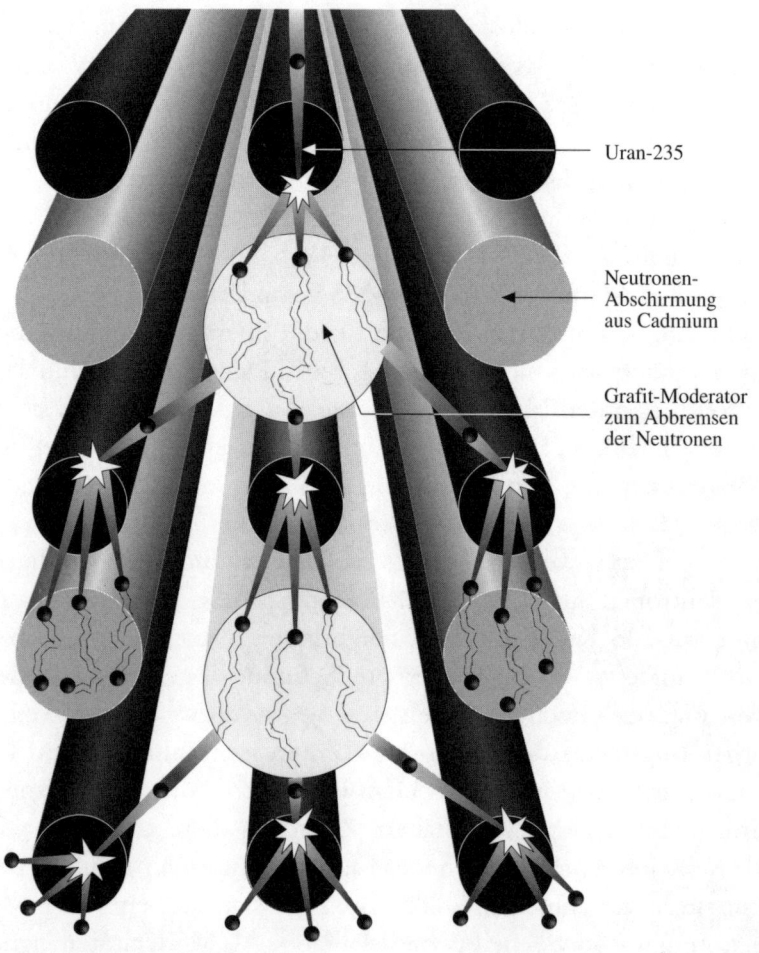

Schematische Darstellung einer kontrollierten Kettenreaktion, wie sie in einem Kernkraftwerk abläuft.

oder ganz abbrechen zu können, werden zwischen die Uran- und Grafitstäbe noch so genannte Regelstäbe aus Cadmium-Metall eingeschoben beziehungsweise wieder herausgezogen. Diese Stäbe regulieren den Neutronenhaushalt des Atomreaktors. Das wird dadurch möglich, dass die Atomkerne des Cadmiums Neutronen »verschlucken« können, ohne sich zu spalten; sie behalten sie in sich. Ragen also viele solcher Cadmium-Regelstäbe in den Reaktor hinein, werden viele der freigesetzten Neutronen »aus dem Verkehr gezogen«. Der Reaktor liefert weniger Energie. Je mehr von diesen

Regelstäben aus dem Reaktor herausgezogen werden, umso mehr Spaltungen von Uran-235-Kernen können stattfinden – und entsprechend hoch ist die Energieleistung des Kernkraftwerks.

Damit ein Kernkraftwerk beständig und kontrolliert Energie liefert, ist ein genau gesteuertes und ausbalanciertes Zusammenwirken der einzelnen Reaktorteile nötig. Die Auswahl der verschiedenen Materialien, ihre Mengen und Volumen, müssen genauestens aufeinander abgestimmt werden, und zwar *bevor* der Reaktor in Betrieb genommen wird. Die laufende Steuerung während des Betriebs geschieht dann durch Ein- und Ausfahren der Regelstäbe aus Cadmium.

Im Durchschnitt darf pro Spaltung eines Uran-235-Kerns von den dabei frei werdenden drei Neutronen nur eines eine weitere Spaltung auslösen. Wird durch eine Betriebsstörung im Regelsystem mehr als eine weitere Spaltung ausgelöst, so »geht der Reaktor durch« – er wird buchstäblich zur Atombombe. Der Reaktor fliegt in die Luft und große Teile seines radioaktiven Materials gelangen in die Umwelt. Das geschah im Mai 1986 in einem Reaktor der ukrainischen Stadt Tschernobyl: der erste und hoffentlich letzte so genannte Super-GAU eines Kernkraftwerks. (»GAU« = Größter anzunehmender Unfall; das »Super« ist also eigentlich überflüssig, denn einen größeren als den größten Unfall gibt es ja nicht.) Hunderte von Menschen fanden den Tod, tausende, vor allem Kinder, leiden an den Folgen der radioaktiven Strahlung, der sie ausgesetzt waren und immer noch ausgesetzt sind. Zwar hatte die Explosion längst nicht die Sprengkraft einer Atombombe, doch es wurden wesentlich mehr radioaktive Stoffe in die Atmosphäre abgegeben als in Hiroshima und Nagasaki zusammen. Die radioaktive Staubwolke wanderte mehrmals um die Erde und ließ ihre strahlenden Substanzen fein verteilt auf sie niedergehen. Selbst tausende Kilometer vom Unglücksreaktor entfernt wurden noch extreme Strahlenwerte am Boden gemessen, so auch in weiten Teilen Deutschlands.

Spätestens seit diesem Unfall ist die Energiegewinnung durch Kernspaltung einer starken Kritik beziehungsweise Ablehnung durch die Bevölkerung ausgesetzt. Der Ausstieg aus der Kernenergie ist zumindest für Deutschland beschlossene Sache. Die Frage ist nur, in welchem Zeitraum er vor sich gehen soll. Das Ausstiegstempo wird nicht zuletzt davon abhängen, wie viele schwere Reaktorunfälle in nächster Zukunft noch passieren werden. Mit jedem solchen Unfall wächst der Druck auf die Regierungen, den Ausstieg voranzutreiben. Der schwere Unfall in der japanischen Atomanlage Tokaimura Anfang Oktober 1999 hat gezeigt, dass so etwas auch in einem hoch technisierten Land wie Japan passieren kann, sobald die allgemeinen Kontrollmechanismen mangelhaft sind und bodenloser Leichtsinn einzelner Angestellter noch hinzukommt. Solche Katastrophen zeigen, dass alles, was theoretisch in einem Atomreaktor oder einer Kernfabrik schief gehen kann, irgendwann auch schief geht. Und genau dieses unvorhersehbare Risiko ist das stärkste Argument für das Ende der Kernenergienutzung.

Es stimmt natürlich: Man könnte ein Atomkraftwerk so bauen, dass auch der schlimmste anzunehmende Unfall, die unkontrollierte Kernexplosion im Reaktor, nicht zu einer Umweltkatastrophe führt. Ja, man könnte sogar einen Reaktor bauen, in dem eine solche Explosion niemals eintreten kann. Nur, ein solcher Reaktor wäre so teuer, dass der damit produzierte elektrische Strom nicht konkurrenzfähig, also nicht zu verkaufen wäre. Die Unsicherheit der Kernreaktoren ist also eine vom Strommarkt erzwungene.

Weil kein Kernreaktor absolut sicher ist, besteht die statistische Gewissheit, dass, wenn nicht morgen, so vielleicht in zehn oder hundert Jahren ein weiteres »Tschernobyl« passieren wird. Je mehr Kernkraftwerke betrieben werden, umso mehr kann passieren.

Das Ausstiegsstempo hängt natürlich auch davon ab, wie schnell andere umweltfreundliche Formen der Energiegewinnung an die Stelle der Kernenergie treten können und wie ernsthaft die Gesellschaft den Weg der Energieeinsparung zu gehen bereit ist. Das Hauptproblem der modernen Industriegesellschaft ist ja nicht die Energieerzeugung, sondern die Energieverschwendung. Dieses Problem kann man schon an dem einfachen Beispiel einer Glühbirne demonstrieren: Der größte Teil der Energie, die eine Glühbirne verbraucht, verpufft ungenutzt als Wärmestrahlung. Nur ein kleiner Anteil der Energie wird als Licht abgegeben. Eine gewöhnliche Glühbirne ist in erster Linie ein Heizkörper und nur nebenbei auch ein Leuchtkörper.

Bei der Energiegewinnung durch Kernspaltung liegt ein ähnliches Problem vor: Die Wärme, die dabei entsteht und über Dampfgeneratoren in Elektrizität umgewandelt wird, ist nur ein Nebenprodukt. Und das erhält man nur um den hohen Preis schädlicher Hauptprodukte, deren Beseitigung größte Probleme bereitet. Viele davon sind bis heute nicht befriedigend gelöst. Da sind zum einen die hochradioaktiven Stoffe, die bei der Kernspaltung entstehen, der so genannte Atommüll. Einige dieser Elemente sind über Jahrzehnte, Jahrhunderte, ja sogar Jahrtausende radioaktiv und müssen an Orten gelagert werden, von denen man mit absoluter Gewissheit sagen kann, dass sie auch in tausend oder zehntausend Jahren noch sichere Orte sein werden. Doch eine solche Gewissheit gibt es letztlich für keinen Ort auf der Erde.

Plutonium, der giftigste Stoff der Welt

Das mit Abstand gefährlichste Element, das in einem Uran-Reaktor anfällt, ist Plutonium (Pu). Es gilt als der giftigste Stoff überhaupt. Mit ein paar Gramm davon könnte man die Bevölkerung einer Millionenstadt auslöschen, wenn es beispielsweise Eingang ins Trinkwassersystem fände.

Das radioaktive Plutonium entsteht dadurch, dass es immer wieder Neutronen gelingt, mit geeigneter Geschwindigkeit – einigen 100 Kilometern pro Sekunde – in Kerne des Urans-238 einzudringen und dort stecken zu bleiben. Aus Uran-238 wird dann Uran-239. Dies verwandelt sich, weil es mit Neutronen überladen ist, im Lauf von zwei Tagen über Neptunium (Np) in Plutonium (Pu) nach folgenden Gleichungen:

$$^{239}_{92}U \rightarrow {}^{239}_{93}Np + e^- + \nu$$

(Eines der überschüssigen Neutronen im Uran-239 hat sich unter Abgabe eines Elektrons und eines Neutrinos in ein Proton verwandelt.)

Aber auch der Kern des entstandenen Neptuniums ist überladen und wandelt sich in Plutonium um:

$$^{239}_{93}Np \rightarrow {}^{239}_{94}Pu + e^- + \nu$$

Plutonium-239 ist zwar auch nicht stabil, aber in ihm erfolgen die Umwandlungen so langsam, dass es 24000 Jahre dauert, ehe die Hälfte der Kerne zerfallen ist.

Die Menschheit, die in ihren Uran-Reaktoren das Element Plutonium erzeugt, das in der Natur nicht vorkommt, wird diesen hochgefährlichen Stoff also so schnell nicht wieder los. Er bleibt ihr über viele Jahrtausende erhalten. Mit dem Plutonium, das wir heute erzeugen, werden unsere Nachfahren noch in Jahrtausenden zu tun haben, falls es die Menschheit dann noch geben sollte.

Es gibt allerdings noch eine andere Art der »Entsorgung« von Plutonium, die leider keine ist: Für die Atomwaffen-Hersteller ist es ein begehrter Stoff. Denn im Gegensatz zu seiner Muttersubstanz, dem Uran-238, verschluckt der Atomkern des Plutoniums die herumfliegenden Neutronen nicht. Vielmehr explodiert er sofort, wenn Neutronen in ihn einschießen. Plutonium eignet sich deshalb bestens zur Herstellung von Atombomben, nicht zuletzt, weil es sich relativ einfach und in größeren Mengen in Uranreaktoren herstellen lässt, während das waffenfähige Uran-235 sehr selten und damit teuer ist.

An diesem Beispiel kann man sehen, wie eng die friedliche Nutzung der Kernenergie mit der militärischen verknüpft ist – und wie notwendig es ist, hier strikte staatliche Kontrollen durchzuführen.

Neben den radioaktiven Abfallprodukten erzeugen Kernreaktoren bei der Explosion der Atomkerne noch energiereiche Gammastrahlung. Sie muss abgeschirmt werden, da sie lebendes Gewebe zerstört, vor allem weiches Gewebe wie das der Lymphe oder des Knochenmarks. Als Abschirmung dienen Bleiwände oder meterdicke Betonmauern.

Noch unangenehmer als die Gammastrahlen, die wenigstens leicht nachweisbar sind, sind die Neutronen, die bei den Kernreaktionen entweichen oder von den radioaktiven Zerfallsprodukten ausgestoßen werden. Man muss bedenken, dass die Zahl der Neutronen, die in einem Reaktor freigesetzt werden, unvorstellbar groß ist. Durch jeden Quadratzentimeter »arbeitende Fläche« eines Reaktors fliegen pro Sekunde etwa 60 Billionen Neutronen. Da Neutronen elektrisch neutral sind, lösen sie keinen Alarmapparat aus. Wohin die Neutronen auch gelangen, überall haben sie die Möglichkeit, in einem Atomkern stecken zu bleiben und ihn in ein radioaktives Isotop zu verwandeln. So werden zum Beispiel in den Aluminiumröhren, in denen das Uran eingeschlossen ist, nach und nach immer mehr Kerne radioaktiv, sodass nicht nur der Uraninhalt, sondern auch die Aluminiumgehäuse zu strahlen anfangen. Im Kühlwasser, das die Anlage temperiert, erscheinen neben Kernen von Schwerem Wasserstoff erst vereinzelt und dann immer mehr strahlende Isotope von Wasserstoff, nämlich Tritium, aber auch Isotope von Stickstoff und Sauerstoff. Auch die Wände, die das Wasser umschließen, fangen irgendwann an zu strahlen. Die Luft, die erhitzt davonströmt, enthält radioaktiven Staub. Letztlich wird alle Materie, die über längere Zeit dem Bombardement der Neutronen ausgesetzt ist, irgendwann radioaktiv. Neutronen haben also die üble Eigenschaft, alles radioaktiv zu machen, was mit ihnen in Berührung kommt. So muss in einem Kernreaktor stets darauf geachtet werden, dass der aktive Teil durch geeignete Panzerung und durch Filter von der Außenwelt abgeschirmt bleibt. Freilich hört man immer wieder von Betriebspannen, bei denen radioaktives Material in die Umwelt gelangt. Die Gefährlichkeit freigesetzter Neutronen für alles Leben brachte die unermüdlichen Waffenforscher auf die Idee, so genannte Neutronenbomben zu entwickeln: Bomben, die die Gebäude schonen und nur die Menschen töten, die in ihnen wohnen.

Die Kernfusion als kleine Sonne im Labor

Die weiterhin ungelösten Probleme bei der Endlagerung von Atommüll, ebenso die allgemeinen Risiken beim Betrieb von Kernkraftwerken, halten bis heute einen Forschungszweig am Leben, der seit nunmehr fünfzig Jahren versucht, den Prozess, der die Sonne zum Glühen bringt, technisch in den Griff zu bekommen. Wenn das gelänge, stünden der Menschheit mit einem Schlag unerschöpfliche Energiereserven zur Verfügung. Denn vom Wasserstoff, der als Brennstoff diente, gibt es auf der Erde praktisch unermessliche Mengen. Selbst wenn man bedenkt, dass man zur Kernverschmelzung nicht normalen, sondern Schweren Wasserstoff (Deuterium) benötigt, wäre davon auch im gewöhnlichen Wasser reichlich vorhanden. Zwar kommt auf 6600 normale Wassermoleküle nur ein einziges Molekül von Schwerem Wasser, doch lassen sich dennoch aus 120 Liter normalem Wasser 4 Gramm Schweres Wasser gewinnen. Das Volumen der Weltmeere wird aber auf etwa 10^{20} Liter geschätzt.

Rein rechnerisch – auf der Grundlage von Einsteins Formel $E = mc^2$ – könnte man aus einem Liter Wasser so viel Energie gewinnen wie aus der Verbrennung von 300 Litern Benzin. Oder an einem anderen Beispiel verdeutlicht: Ein Fingerhut mit flüssigem Schweren Wasserstoff würde so viel Energie liefern wie 20 Tonnen Steinkohle.

Die Energiegewinnung durch Verschmelzung (Fusion) von Wasserstoff- zu Heliumkernen hätte zudem den großen Vorteil, dass dabei kaum radioaktive Abfallprodukte entstünden. Zwar werden durch die freigesetzten Neutronen die Wände und andere Teile der Anlage mit der Zeit radioaktiv, doch diese Strahlung klingt wesentlich schneller wieder ab als die mancher Spaltprodukte in Uranreaktoren, die, wie schon erwähnt, über Jahrtausende anhält. Auch kann mit Sicherheit ausgeschlossen werden, dass ein Kernfusionsreaktor »durchgeht«, also wie eine Wasserstoffbombe explodiert. Man könnte einen Fusionsreaktor so konstruieren, dass selbst der schlimmste anzunehmende Unfall nicht genug Energie freisetzte, um die Sicherheitshülle zu sprengen. Das bedeutet freilich nicht, dass bei einem Störfall keine radioaktiven Substanzen entweichen können, entweder als Gas, Staub oder Kühlflüssigkeit. Die größte Sorge bereitet dabei das äußerst flüchtige Wasserstoff-Isotop Tritium. Auch andere Probleme der Fusionsphysik sind weiterhin ungeklärt.

Inzwischen hat man sich von dem vereinfachenden Motto »billig und sauber«, mit dem man früher für die Kernfusion Werbung machte, verabschiedet. Fusionsstrom wäre etwa doppelt so teuer wie Strom aus Kohlekraftwerken – und vollkommen sauber wie etwa Strom aus Sonnenenergie wäre er auch nicht.

Dabei ist noch nicht einmal die grundsätzlichste Frage geklärt: Wie erzeugt man in einem Kraftwerk dauerhaft eine kleine Sonne? Man weiß, wie es theoretisch geht, kann es aber praktisch noch immer nicht umsetzen. Ein Hauptproblem bei dieser Art der Energiegewinnung besteht darin, eine Umgebung zu schaffen, in der eine anhaltende Kernverschmelzungsreaktion möglich wird. Dafür müssten sich die Wasserstoffkerne so heftig bewegen, dass sie beim Aufeinanderprallen die abstoßenden elektrischen Kräfte zwischen ihnen überwinden und miteinander verschmelzen könnten.

Die positiv geladenen Wasserstoffkerne müssten, wie im Innern der Sonne, so stark erhitzt werden, dass ihre Bewegungsenergie höher ist als die abstoßende elektrische Energie, die zwischen ihnen herrscht. Die Sonne hat es hierbei einfach: Ihr reichen schon 10 Millionen Kelvin, um in ihrem Zentrum die Kernfusion in Gang zu bringen und aufrechtzuerhalten. Das gelingt ihr deshalb, weil so ungeheuer große Massen im Spiel sind und ein gewaltiger Druck der äußeren Sonnenschichten den Wasserstoff-Brennstoff zusammenhält. Im Labor ist ein solcher Druck nicht herzustellen. Auch das Volumen des Wasserstoffgases ist so winzig, dass eine zehnmal so hohe Temperatur nötig wäre, um eine Kernfusion zu Stande zu bringen. Was die Sonne mit sehr viel Druck und gewaltiger Hitze macht, muss im Labor mit bescheidenem Druck und umso größerer Hitze geleistet werden.

Doch von »bescheidenem Druck« zu sprechen ist eine pure Untertreibung. Immerhin muss es gelingen, das Plasma so zusammenzudrücken, dass sich in einem Kubikzentimeter etwa 10^{16} Wasserstoffkerne befinden. Erst dann besteht überhaupt eine Chance, dass Wasserstoffkerne miteinander verschmelzen. Also versucht man, die Ausgangskerne zu einem heißen Gas von mehreren hundert Millionen Kelvin aufzuheizen. In einem solchen Plasma ist die Bewegung der Wasserstoffkerne so heftig, dass bei ihren Zusammenstößen ausreichend Energie zur Verfügung steht, um die Verschmelzung zu Helium einzuleiten. Das Wort »Plasma«, das wir nun schon mehrmals verwendet haben, ist die Bezeichnung für ein extrem heißes Gas, das nicht mehr aus Atomen oder Molekülen besteht, sondern aus Atomkernen und freien Elektronen. Streng genommen ist es also ein Ionengas, eine Art »vierter Aggregatzustand«, wie er im Innern der Sterne herrscht. Denn die Atome prallen so heftig aufeinander, dass sie nicht mehr in der Lage sind, ihre Elektronenhülle aufrechtzuerhalten.

Die Erzeugung derart hoher Temperaturen und die Einschließung des heißen Plasmas stellen die Fusionsforscher vor größte technische Probleme. Ein Plasma zu erhitzen ist relativ einfach im Vergleich zum Einschließen des Plasmas in ein »Gefäß«. Denn wie will man mit Hitzegraden arbeiten, die jeden uns bekannten Werkstoff zum Schmelzen, ja zum sofortigen Verdampfen bringen würden? Es ist, als ob man jemandem die Aufgabe stellte, glühende Kohlen mit bloßen Händen zu tragen.

Zum Erhitzen nutzt man das Prinzip eines Gasentladungsrohrs mit zwei eingeschmolzenen Elektroden. Über sie wird eine riesige, extrem starke Batterie schlagartig, das heißt innerhalb einer hunderttausendstel Sekunde entladen. In dieser kurzen Zeit schickt die Batterie mehr elektrischen Strom in das Wasserstoffgas, als alle deutschen Elektrizitätswerke im selben Zeitraum produzieren. Die auf 40 000 Volt aufgeladene Batterie lässt bei ihrer plötzlichen Entladung einen Strom von 22 Millionen Ampere fließen. Dieser kurzzeitige Energiestoß ist in der Lage, den eingeschlossenen Wasserstoff in ein Plasma zu verwandeln, also auf über 100 Millionen Kelvin zu erhitzen – allerdings nur für eine millionstel Sekunde.

Ein Millionen Kelvin heißes Plasma in einem Materiegefäß einzuschließen ist, wie schon gesagt, unmöglich. Doch weil ein Plasma aus geladenen Teilchen besteht – den freien negativ geladenen Elektronen und den freien positiv geladenen Kernen –, ist es ein guter elektrischer Leiter. Der durch das Gas fließende Strom heizt es nicht nur zum Plasma auf, sondern baut gleichzeitig ein starkes Magnetfeld um das Plasma auf. Dieses Feld ist bei geeigneter Form in der Lage, das Plasma nicht nur zusammenzuhalten, sondern auf die erforderliche Dichte zusammenzudrücken, wodurch es weiter erhitzt wird.

Magnetfelder übernehmen also in den Labors der Plasmaphysiker die Rolle von Gefäßwänden für das Plasma. Damit kann man es von den Metallwänden der Forschungsanlage abschirmen. Das Plasma wird gleichsam in einer Magnetfalle gefangen oder in einer Magnetflasche eingeschlossen. Zutreffender wäre es allerdings, von einem Magnetreifen zu sprechen, denn die heute in aller Welt arbeitenden Versuchsanlagen haben die Form eines Autoreifens, in dem das Plasma mithilfe von starken Magnetspulen zusammengehalten wird. Der reifenförmigen Anlage entsprechend wird ein elektrischer Ringstrom angelegt, der das Wasserstoffgas bis zum Plasmazustand aufheizt. Dieser elektrische Strom allein reicht allerdings nicht aus, um das Plasma zu entzünden. Deshalb wird die Temperatur durch Mikrowellen und beschleunigte Teilchen, die man von außen in das Plasma einschießt, weiter erhöht. Durch eine günstige Kombination der drei Heizmethoden hofft man, das Plasma so stabil zu machen, dass es über längere Zeit im Magnetfeld eingeschlossen bleibt.

Ein Plasma über die Temperaturgrenze von 100 Millionen Kelvin zu erhitzen, ist längst nicht mehr das Problem. Seit den Siebzigerjahren gelingt das zumindest für Bruchteile von Sekunden. Aber das ist viel zu kurz, um ein brennendes, also sich selbst aufrechterhaltendes Plasma zu erzeugen. Das ist ähnlich wie bei einem fehlerhaften Streichholz, wo beim Anreiben das Zündköpfchen zwar ein paar Funken versprüht, aber nicht in der Lage ist, das Holzstäbchen zum Brennen zu bringen.

Berechnungen zeigen, dass ein Plasma mindestens fünf Sekunden lang auf über 100 Millionen Kelvin gehalten werden müsste, damit eine genügende Zahl von Fusionen stattgefunden hat, um das Plasma von da an selbstständig am Brennen zu halten, wie das auch im Innern der Sonne der Fall ist. Das zusammengedrückte Plasma hat aber leider die Neigung, nach Bruchteilen einer Sekunde in einzelne Stücke zu zerreißen. Von den notwendigen fünf Sekunden eines stabilen Plasmas ist man auch nach fünfzig Jahren Forschung noch weit entfernt. 1997 gelang es den Wissenschaftlern am europäischen Kernfusions-Reaktor JET in Großbritannien, für knapp eine Sekunde ein brennendes Plasma zu erzeugen. Allerdings betrug die dabei freigesetzte Energie nur die Hälfte der Energie, die man zuvor beim Erhitzen des Plasmas aufwenden musste. Dennoch wurde das Ergebnis als Erfolg gewertet. Denn bis dahin musste mehr als das Vierfache an Energie aufgewendet werden. Doch auch dieser Erfolg kann nicht darüber hinwegtäuschen, dass die Fusionsforschung nach fünfzig Jahren an einem Scheideweg steht. Dieser Forschungszweig ist ungemein teuer – und das Geld in den Staatskassen ist inzwischen knapp. So ist nach zehnjähriger Planungsphase das Projekt ITER (Internationaler Thermonuklearer Experimental-Reaktor) eingestellt worden, nachdem die Amerikaner aus dem Projekt ausgestiegen sind. Hinzu kommt, dass eines der weltweit führenden Fusionslabors, das Max-Planck-Institut für Plasmaphysik (IPP) in Garching bei München, seinen wissenschaftlichen Direktor verliert. Klaus Pinkau, seit achtzehn Jahren der Chef dort, geht in den Ruhestand. Er war so etwas wie die »globale Instanz in der Fusionsforschung«. Ohne ihn wäre sie vermutlich längst am Ende, und es ist zu befürchten, dass ihr dieses Schicksal jetzt droht.

Ohnehin weiß bis heute niemand, ob sich die Fusionsforschung jemals auszahlen wird, selbst wenn es zum Bau von Fusionskraftwerken kommen sollte. Denn es gibt Schätzungen, dass Fusionsstrom etwa doppelt so teuer sein würde wie der Strom aus einem fortentwickelten Kernreaktor. Wäre es da nicht vernünftiger, die Forschungsgelder gleich in die absolut saubere Solarenergie zu investieren? Schließlich wird die ja auch aus Kernfusion gewonnen – in 150 Millionen Kilometer Entfernung von der Erde.

Aber vielleicht ist das zu pessimistisch gedacht. Immerhin gibt es, zumindest theoretisch, noch andere Möglichkeiten, Wasserstoffkerne zum Verschmelzen zu bringen: mittels Laser. Daran wird auch schon seit dreißig Jahren geforscht. Ende 1970 gelang in Frankreich eine Mini-Kernfusion mit einem Laserstrahl: Auf ein nicht mal stecknadelkopfgroßes Stück gefrorenes Deuterium von -269 Grad Celsius (= 4 Kelvin) wurde ein Laserblitz gerichtet. Für Bruchteile von Sekunden entstand eine Mini-Sonne von 10 Millionen Kelvin. Die hoch empfindlichen Messgeräte der Wissenschaftler zeigten an, dass bei dem Versuch mehrere hundert Neutronen freigesetzt wurden – ein sicherer Beweis, dass durch den Laserbeschuss eine Kernfusion stattgefunden hatte. Jeweils zwei Deuterium-Kerne waren unter Aussendung eines Neutrons zu einem Heliumkern des Isotops He-3 (= Heliumkern mit nur einem Neutron) verschmolzen, entsprechend der Gleichung:

$$^2_1H + ^2_1H \rightarrow ^3_2He + ^1_0n$$

Die Frage ist allerdings, ob diese Methode in eine Großtechnologie umzusetzen ist. Daran wird, wie gesagt, seit dreißig Jahren gearbeitet, bislang ohne durchschlagenden Erfolg, wobei man inzwischen statt Laserstrahlung auch Röntgenstrahlung einsetzt, um die nötige Fusionsenergie zu erreichen. Die Forscher haben bisher ein Grundproblem nicht gelöst: Der Betrieb des Lasers oder der Röntgenquelle verschlingt viel mehr Energie, als durch die Kernfusion gewonnen wird. Am kalifornischen Lawrence Livermore Labor wird derzeit der bisher stärkste Laser gebaut. Er soll nach seiner Fertigstellung im Jahr 2003 eine künstliche Kernfusion in Gang bringen. Doch auch hierbei handelt es sich um ein Projekt mit ungewissem Ausgang.

Was ist ein Laser?

Nun haben wir im letzten Abschnitt einen Begriff verwendet, der uns allen vertraut ist und dennoch in seiner Vertrautheit irgendwie rätselhaft klingt: Laser. Auf die Frage, was ein Laser ist, würden wir wahrscheinlich alle eine ähnlich wortkarge Antwort geben. Etwa diese: Nun ja, ein Laser ist ein feiner Lichtstrahl, ein Strich von einem Licht.

Diese Antwort, so bescheiden sie in ihrem Informationsgehalt auch sein mag, ist als Zugang zum Geheimnis des Lasers gar nicht mal schlecht. Sie weckt in einem sofort die Frage, was an einem feinen Lichtstrahl rätselhaft sein soll? In der Tat gar nichts. Denn ich brauche nur in einen lichtundurchlässigen Wandschirm ein winziges Loch zu stechen, anschließend den Wandschirm mit einer Lampe zu beleuchten, um einen feinen Lichtstrahl zu erhalten, der durch das Loch im Wandschirm dringt.

Die Feinheit des Lichtstrahls kann es allein nicht sein, was einen Laser auszeichnet. Da muss schon noch etwas hinzukommen: Er ist fein *und* intensiv zugleich. Jetzt wäre freilich einzuwenden, dass ich nur eine intensive Lichtquelle auf den Wandschirm zu richten bräuchte, um einen feinen und intensiven Lichtstrahl durch das winzige Loch zu schicken. Das ist richtig. Die Sache hätte nur den großen Mangel, dass sich der Energieaufwand nicht lohnte: eine ungeheure Energieverschwendung nur zu dem Zweck, einen feinen, aber intensiven Lichtstrahl zu erzeugen. Das wäre so, als würde man einen Stapel Holz verbrennen, um sich damit eine Zigarette anzuzünden.

Zur Energieverschwendung käme noch hinzu, dass der feine Lichtstrahl auf seinem Weg sehr rasch seine Feinheit verlieren würde. Auch wenn das Loch noch so winzig wäre, würde der Strahl einen Streueffekt zeigen, der bei zunehmender Entfernung vom Austrittsloch immer deutlicher sichtbar wäre. Die Intensität des Lichtstrahls nähme also rasch ab. Seine Energie verstreute sich im Raum.

Im Gegensatz dazu hat Laserlicht die außergewöhnliche Eigenschaft, so gut wie überhaupt nicht zu streuen. Auch über große Entfernungen bleibt die ursprüngliche Dicke des Lichtstrahls weitgehend erhalten. Die Lichtenergie bleibt also in höchstem Maß räumlich konzentriert und macht es so möglich, sie auf winzigste Zielpunkte zu richten.

Aber wie entsteht ein Laserlicht? Und was bedeutet überhaupt das Wort »Laser«? Es ist nichts weiter als die Abkürzung eines ziemlich komplizierten physikalischen Vorgangs: »Lichtverstärkung durch angeregte Aussendung von Strahlung« (englisch: *Light Amplification by Stimulated Emission of Radiation*). Das hört sich toll an, verwirrt uns aber trotzdem. Was soll man sich darunter vorstellen?

Ich fürchte, wir werden es uns, wie schon so vieles in diesem Buch, nicht vorstellen können, weil wir uns auch hiervon kein wirkliches Bild machen können. Das soll uns nicht daran hindern zu versuchen, den Laser wenigstens in seinen physikalischen Grundzügen zu verstehen. Immerhin ist uns die Mikrowelt der Atome und Moleküle inzwischen einigermaßen vertraut. Wir wissen, dass sich die Elektronen auf festgelegten Schalen um den Atomkern bewegen und von einer inneren, energieärmeren Schale auf eine äußere, energiereichere Schale springen können, sofern sie dazu von außen durch Energiezufuhr angeregt werden. Beim Zurückspringen auf die ursprüngliche Schale geben sie die aufgenommene Energie als Lichtquant (Photon) wieder ab: Das Atom sendet Licht aus.

Die Energie der ausgesandten Lichtquanten entspricht dem Energieunterschied zwischen den beiden Schalenzuständen, zwischen denen die Elektronen hin und her gesprungen sind. Ein solches ausgesandtes Photon kann nun zufällig auf ein Elektron in einem benachbarten Atom treffen, das sich auf einer gleichwertigen inneren Schale befindet, in die soeben das Licht aussendende Elektron zurückgesprungen ist. Das getroffene Elektron des Nachbaratoms wird das aufprallende Photon »schlucken« und dabei seinerseits von seiner inneren auf die entsprechende äußere Schale springen.

Für jedes Elektron eines Atoms gibt es nun eine tiefste innere und damit energieärmste Schale, seine Grundschale. Man sagt: Das Elektron befindet sich auf dieser Schale im Grundzustand. Denn alle tiefer liegenden Schalen sind ja bereits von anderen Elektronen besetzt oder es sind keine weiteren, tiefer gelegenen Schalen vorhanden.

Bei Zimmertemperatur befinden sich die Elektronen in den Atomen der meisten Stoffe überwiegend im Grundzustand. Nur ein kleiner Teil der Elektronen befindet sich wegen der stets vorhandenen Licht- und Wärmestrahlung auch in Anregungszuständen, also auf äußeren Elektronenschalen. Die Aufenthaltsdauer eines Elektrons im Anregungszustand ist im Allgemeinen extrem kurz: etwa eine Nanosekunde (eine milliardstel Sekunde). Überraschenderweise gibt es nun Anregungszustände, in denen sich Elektronen ein Millionenfaches dieser kurzen Zeit, also für einige tausendstel Sekunden, aufhalten können. Das ist für die blitzschnelle Quantenwelt eine ziemlich lange Zeit. Es entspricht dem Verhältnis von einer Sekunde zu etwa zehn Tagen.

Die Physiker bezeichnen diese lang andauernden Quantenzustände als metastabile, also »zwischenstabile« Zustände. Ohne die Existenz solcher metastabilen Zustände von Elektronen im Atom gäbe es keinen Laser.

Der Laserprozess in einem Stoff stellt nun ein gesteuertes, aufeinander abgestimmtes Springen von Trillionen von Elektronen vom metastabilen Zustand in den stabilen Grundzustand dar. Damit ist eine geballte und konzentrierte Lichtaussendung verbunden, wobei alle Photonen exakt die gleiche Frequenz besitzen. Aber nicht nur das. Sie haben fast alle auch noch die gleiche Ausbreitungsrichtung. Man sagt: Die Photonen sind kohärent (zusammenhängend).

Es ist also theoretisch möglich, die Atome eines geeigneten Stoffs durch äußere Lichteinwirkung zur völlig gleichförmigen Lichtaussendung zu bewegen. Man muss nur Licht mit der passenden Photonenenergie (Frequenz) einstrahlen. Diese Möglichkeit, vollkommen reines, energiereiches Licht zu erzeugen, hatte Einstein bereits im Jahr 1916 vorausgesagt. Doch während der folgenden vierzig Jahre tauchte diese Erkenntnis in den Lehrbüchern der Quantenmechanik nur als Randbemerkung auf – weil dieser Prozess keinerlei praktische Anwendung versprach. Man darf nicht übersehen, dass Forschung nur dort intensiv betrieben wird, wo technologische Anwendungen möglich erscheinen, also Geld damit verdient werden kann.

In diesem Fall hatten die Physiker übersehen, dass die von den Atomen ausgesandten gleichförmigen Photonen nicht nur die gleiche Richtung und gleiche Frequenz haben, sondern auch noch phasengleich sind. Phasengleich bedeutet, dass die Photonen im »Gleichschritt« laufen.

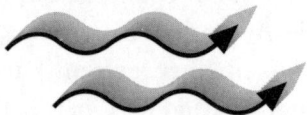 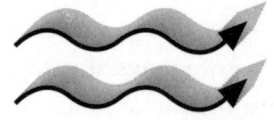

Zwei Photonen mit gleicher Frequenz und gleicher Richtung, aber *ohne* gleiche Phase.

Zwei Photonen mit gleicher Frequenz, gleicher Richtung *und* gleicher Phase, wie sie ein Laser erzeugt.

Zugegeben, so recht einleuchtend ist uns die Funktionsweise eines Lasers damit noch nicht. Darüber sollten wir uns freilich nicht grämen, brauchten die Physiker doch selber ein halbes Jahrhundert, um hier klar zu sehen und eine praktische Anwendung dieses komplizierten Vorgangs auszutüfteln.

Wir sollten uns vielleicht als einfache Grundregel der Laserfunktion nur Folgendes merken: Durch geeignete Lichtzufuhr – man spricht von »Pumplicht« – sorgt man dafür, dass sich die meisten Atome eines Laserstoffs im angeregten metastabilen Zustand befinden, also in einem Zustand, in dem sie »sehr lange« – etwa eine tausendstel Sekunde – verharren können. Dann lässt man auf diese angeregten Atome eine weitere schwache Strahlung einfallen. Die muss exakt die Frequenz haben, die dem Energieunterschied zwischen metastabilem und Grundzustand entspricht. Diese Strahlung bewirkt, dass die angeregten Atome allesamt gleichzeitig aus ihrem metastabilen Zustand in den Grundzustand springen. Bei diesem Sprung senden sie ihrerseits eine Strahlung aus, die phasengleich mit der von außen einfallenden schwachen Strahlung ist, wobei diese verstärkt wird.

Die Entwicklungsgeschichte des Lasers

Nun atmen wir erst mal tief durch. Noch immer kein klares Laserlicht im Kopf? Macht nichts. Eine Ahnung haben wir jedenfalls, mag sie auch noch so schwach sein. Wir haben ja nicht die Absicht, uns einen Laser zu bauen.

Ein solches Vorhaben war nun in der Tat eine recht schwierige Angelegenheit, als Forscher es Ende der Fünfzigerjahre in Angriff nahmen. Wie es gehen könnte, hatte 1951 der amerikanische Physiker Charles Townes theoretisch ausgearbeitet, allerdings nicht für Licht, sondern für Mikrowellen. Die Idee dazu soll ihm auf einer Parkbank gekommen sein, als er gerade über Ammoniak-Moleküle nachdachte. Plötzlich kam er darauf, die Moleküle mit so viel Energie voll zu pumpen, bis sie von sich aus Mikrowellen abgeben würden. Diese Strahlung sollte, anders als bei einem Heizkörper, nicht aus einem Durcheinander von Wellenlängen bestehen, sondern aus einer einzigen.

Townes' Gedankenspiel auf der Parkbank erwies sich als brauchbar. Schon kurze Zeit später baute er das erste Gerät, das Mikrowellen einer einzigen Frequenz aussandte. Er nannte es Maser. Ein Maser ist, wenn man so will, ein Laser für Mikrowellen, also kein Licht-, sondern ein Mikrowellenverstärker.

Aber wieso sollte das, was mit Mikrowellen möglich war, nicht auch für Lichtwellen möglich sein? Eines wusste man allerdings: Die technischen Probleme würden enorm sein.

So setzte Ende der Fünfzigerjahre in vielen Labors der Welt eine hektische Suche nach einer Vorrichtung ein, die diesen komplizierten Vorgang der »Lichtverstärkung durch angeregte Aussendung von Strahlen« möglich machte. Es dauerte zwei Jahre, ehe der amerikanische Physiker Theodore Harold Maiman 1960 den ersten Laser gebaut hatte. Es war ein Festkörper-Laser, dessen aktive Substanz aus einem Rubinkristall bestand.

Rubin ist, wie der Saphir auch, ein Aluminiumoxid (chemische Formel: Al_2O_3). Er unterscheidet sich vom Saphir nur dadurch, dass er durch Chromatome »verunreinigt« ist. Im Kristallgitter des Rubins ist etwa jedes fünftausendste Aluminiumatom durch ein Chromatom ersetzt. Das führt rein optisch dazu, dass der farblose Saphir die für den Rubin charakteristische leuchtend rote Farbe bekommt.

Maimans Rubinkristall hatte eine Länge von 10 Zentimetern und einen Durchmesser von etwa 0,5 Zentimeter. Die beiden kreisförmigen Endflächen dieses Kristallstäbchens wurden auf hunderttausendstel Millimeter genau parallel geschliffen und durch Aufdampfen von Silber verspiegelt. Der eine Spiegel wurde so gefertigt, dass er praktisch alles aus dem Rubinstab kommende Licht wieder in ihn zurückspiegelte, während der andere, ein so genannter halbdurchlässiger Spiegel, nur etwa 70 Prozent des auftreffenden Lichts zurückspiegelte und den Rest als Laserstrahl aus dem Stab austreten ließ.

Der Rubinkristall wurde im Innern einer spiralförmigen Blitzentladungs-Röhre (Pumplampe) angebracht, mit der das so genannte Pumplicht dem Rubinkristall zugeführt wurde.

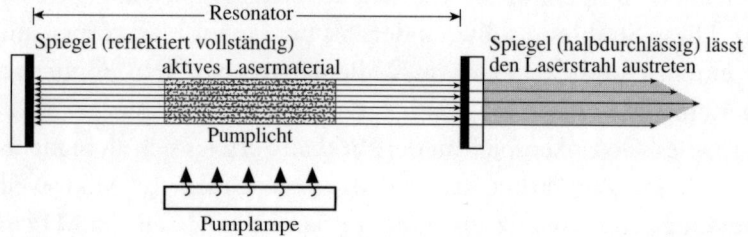

Schematische Darstellung eines Lasers.
Durch grünes und blaues Pumplicht aus der Pumplampe wird das Lasermaterial (Rubinkristall) in einen angeregten Zustand gebracht. Als Folge entsteht im Rubinkristall rotes Laserlicht. Dieses Licht wird zwischen den Spiegeln hin und her reflektiert, wodurch das Lasermaterial weiter angeregt wird. Durch den halbdurchlässigen Spiegel kann ein Teil des Laserlichts als stark gebündelter Strahl nach außen treten.

Jedes Mal, wenn eine elektrische Spannung an die Entladungsröhre gelegt wurde, durchsetzte der entstehende Lichtblitz aus blauem und grünem Licht den Rubinstab und löste dadurch in ihm einen grellroten Laserblitz aus, der aus der halbdurchlässigen Spiegelfläche nach außen trat. Die Dauer dieses Laserblitzes betrug etwa eine tausendstel Sekunde. Das entspricht der Zeit, die die Elektronen der vom Pumplicht angeregten Atome im metastabilen Zustand verharren können. Diese Fähigkeit besitzen im Rubinkristall aber nur die Chromatome; sie allein sind laseraktiv. Mit reinem Saphir würde das

Experiment nicht funktionieren. Es würde kein Laserlicht entstehen. Nur den Elektronen der Chromatome ist es möglich, im metastabilen Anregungszustand zu verharren. Weder die Elektronen der Aluminium- noch die der Sauerstoffatome sind dazu in der Lage. Sie würden bei geeigneter Anregung innerhalb von millionstel Sekunden wieder in ihren Grundzustand zurückspringen.

Der ganze Laserentstehungsprozess, den wir vorhin so schnell hingeschrieben haben, ist streng genommen ein Prozess, der sich aus sechs Teilschritten zusammensetzt. Wenn wir jetzt noch die Kraft und Disziplin aufbringen, diese Schritte nachzuvollziehen, werden wir den Laser verstanden haben, freilich nur in den engen Grenzen, die unserem Laienverstand gezogen sind.

Also, bringen wir unsere Gehirnzellen in möglichst phasengleiche Schwingungen und gehen die sechs Teilschritte, die zur Entstehung eines Laserblitzes führen, noch einmal durch. Erstens: Alle Chromatome im Rubinkristall befinden sich im stabilen Grundzustand. Das heißt, die laseraktiven Elektronen befinden sich auf der Grundschale um den Atomkern. Zweitens: Die Pumplampe wird gezündet und strahlt grünes und blaues Licht, also Licht einer ganz bestimmten Frequenz, in das Lasermaterial ein. Dadurch werden die Chromatome in höhere Anregungszustände gehoben, das heißt ihre Elektronen springen durch Aufnahme von »Pump-Photonen« auf weiter außen liegende Schalen. Innerhalb von milliardstel Sekunden springen sie auf diejenige Schale zurück, die dem metastabilen Anregungszustand des Chromatoms entspricht. Sie springen also nicht, wie bei anderen Atomen üblich, sofort in ihre Grundschale zurück, sondern machen gewissermaßen Zwischenstation in einem metastabilen Zustand, in dem sie sich für die »lange Zeit« einer tausendstel Sekunde aufhalten können. Wichtig ist dabei, dass die Elektronen beim Zurückspringen in den metastabilen Zustand ihre frei werdende Energie nicht in Form von Licht, sondern nur in Form von Wärme an den Rubinkristall abgeben. Aus diesem Grund musste Maiman an seinem Laser noch eine Wasserkühlung anbringen, damit er sich nicht zu sehr erhitzte.

Drittens: Irgendwann kehrt nun ein erstes Elektron der angeregten Chromatome spontan aus seiner metastabilen Schale in den Grundzustand zurück. Dabei sendet es den entsprechenden Energieunterschied zwischen beiden Schalen als rotes Photon aus. Dieses rote Photon hat nun exakt die richtige Energie, um in einem anderen angeregten Chromatom den Rücksprung seines Elektrons aus der metastabilen in die Grundbahn anzuregen. Dieses sendet dabei ein weiteres rotes Photon aus, das exakt in der Richtung des ersten roten Photons fliegt. Der beschriebene Prozess setzt sich nun wasserfallartig fort. Das alles geschieht freilich innerhalb einer tausendstel Sekunde.

Viertens: Die roten Photonen fliegen in alle Richtungen davon. Diejenigen, die schräg zur Längsachse des Rubinkristalls fliegen, treten sofort an den Seiten des Kristalls aus; sie tragen damit nichts zum eigentlichen Laserprozess bei. Nur die parallel zur Stabachse fliegenden Photonen sind hier von Interesse. Sie werden von den Spiegeln wieder in Achsenrichtung zurückgeworfen und lösen dabei in weiteren angeregten Chromatomen weitere achsenparallel fliegende rote Photonen aus.

Fünftens: So werden mehr und mehr rote Photonen gleicher Flugrichtung ausgelöst. Viele tausend Mal wird der im Stab entstandene Lichtstrahl von den Spiegeln hin und her geworfen. So baut sich ein immer intensiverer zusammenhängender und kohärenter Laserstrahl auf.

Sechstens: Dieser scharf gebündelte achsenparallele Laserstrahl kann durch den halbdurchlässigen Spiegel an dem einen Ende des Kristallstabs austreten.

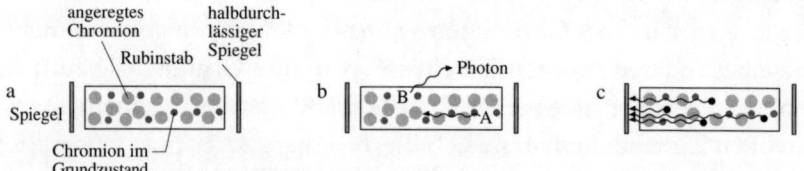

Schematische Darstellung des Aufbaus eines Laserstrahls in einem Rubinkristall.
Die kleinen Kreise symbolisieren Chromatome im Grundzustand, die größeren grauen Kreise angeregte Chromatome.
Pumplicht hat viele der Chromatome in einen angeregten Zustand gebracht (a). Nach einer kurzen Zeit springen die ersten beiden Atome (A und B) in den Grundzustand unter Aussendung eines roten Photons (b) zurück. Im einen Fall (B) entweicht das Photon schräg aus dem Kristall und kann keine weiteren Atome anregen. Das andere Photon hingegen läuft exakt entlang der Kristallstabachse und kann so mehr und mehr Photonen freisetzen, die alle die gleiche Richtung und Phase haben. Schließlich wird ein starker Laserstrahl aufgebaut (c).

Was man mit einem Laser alles machen kann

So, jetzt dürfen wir uns aber wirklich selber auf die Schulter klopfen. Wir haben am kniffligen Problem des Laserlichts echte Forscherqualitäten bewiesen: Beharrlichkeit, Disziplin, Geduld und Gedankenkonzentration. Damit haben wir uns eine Denkpause verdient. Plaudern wir also ganz entspannt über Anwendungsmöglichkeiten des Lasers. Was zeichnet einen roten Laserstrahl überhaupt aus im Vergleich zu einem gewöhnlichen roten Lichtstrahl?

Laserlicht ist keine grundsätzlich neue Art von Licht, denn der Ursprung von sichtbarem Licht ist stets der gleiche: Elektronensprünge in angeregten Atomen. Dennoch ist Laserlicht dem gewöhnlichen Licht in vielen Eigenschaften überlegen – milliardenfach überlegen, könnte man sagen. Das Laserlicht hat nämlich eine exakte punktgenaue Ausrichtbarkeit, es besitzt einen vollkommenen inneren Zusammenhang, denn alle ausgesandten Photonen haben exakt die gleiche Wellenlänge und absolute Phasengleichheit. Nicht zuletzt übertrifft das Laserlicht jedes gewöhnliche Licht durch seine Intensität, also durch seine Stärke und Wirksamkeit.

Die punktgenaue Ausrichtbarkeit des Lasers wurde bereits am 1. August 1969 durch ein beeindruckendes Experiment unter Beweis gestellt: Mit der größten »Taschenlampe der Welt«, einem Riesen-Rubinlaser von 1,8 Milliarden Watt Leistung, den man in das 3-Meter-Teleskop des Lick-Observatoriums in Kalifornien eingebaut hatte, wurde ein auf dem Mond aufgestellter Reflektor (Rückstrahler) angestrahlt. Das zurückgeworfene Laserlicht wurde vom Teleskop aufgefangen.

Die Astronauten Neil Armstrong und Edwin Aldrin hatten nach ihrer ersten Landung auf dem Mond am 20. Juli 1969 diesen Reflektor aufgestellt. Man brauchte nur die Zeit zu messen, die das Laserlicht auf seinem Weg zum Mond und zurück benötigte, um die Entfernung Erde–Mond auf dreißig Zentimeter genau bestimmen zu können. Denn die Geschwindigkeit des Lichts ist ja bekannt: 299792,5 Kilometer pro Sekunde. Die Messgenauigkeit verdankte man dem Umstand, dass mit Atomuhren die Zeit bis auf eine Nano-

Der von den Astronauten Armstrong und Aldrin auf dem Mond aufgestellte Laserreflektor.

sekunde (= 1 milliardstel Sekunde) genau gemessen werden kann. In diesem winzigen Bruchteil einer Sekunde hat ein Lichtstrahl gerade eine Strecke von 30 Zentimetern zurückgelegt.

Selbstverständlich konnte der Mondreflektor nicht das gesamte Licht, das von der Erde kam, in die Teleskopöffnung zurückwerfen. Denn der feine, nur etwa einen Zentimeter starke Laserstrahl, der das Teleskop verließ, hatte sich, als er den Mond erreichte, auf einen Durchmesser von etwa 1600 Meter vergrößert. Mit keinem gewöhnlichen Scheinwerfer wäre eine derart starke Bündelung möglich. Nur der auf dem Reflektor auftreffende Teilstrahl von etwa 45 Zentimeter Durchmesser – der Durchmesser des Reflektors – wurde zur Erde zurückgespiegelt. Dort hatte er dann wieder den gewaltigen Durchmesser von etwa 16 Kilometern. Ein Teilstrahl von nur 3 Meter Durchmesser – der Durchmesser des Teleskopspiegels –

fiel in das Teleskop und wurde registriert. Von etwa 100 Trillionen Photonen (eine 1 mit 20 Nullen!), die mit dem Laserblitz zum Mond geschickt wurden, kamen ganze 30 Photonen wieder ins Teleskop zurück. Ab diesem Zeitpunkt kannte man den Abstand Erde−Mond auf dreißig Zentimeter genau.

Heute gibt es kaum noch eine naturwissenschaftliche Richtung, in der nicht mit Lasern gearbeitet wird, und selbst uns Laien ist der Begriff »Laser« längst vertraut, auch wenn nur wenige wissen − und zu denen gehören nun auch wir −, was ein Laser ist. Er ist, wie der Computer auch, zu einer Selbstverständlichkeit geworden, egal, ob er in der Diskothek für Lichtblitze sorgt oder in einer Musikanlage die CD abtastet, in einer Autofabrik Metall schneidet oder schweißt oder in einem Operationssaal als feines Skalpell dient, Narben »abschmirgelt« und verletzte Äderchen verschließt. Mit Lasern lassen sich Kunststoffe härten und ohne Nähte verschweißen. Sie werden zusammen mit Computern in vielen Bereichen der Forschung eingesetzt, vor allem in der Chemie und in der Elementarteilchenphysik. Laser liefern den Computern genaueste Daten, indem sie zum Beispiel Oberflächen von Stoffen abtasten oder einzelne Bindungen innerhalb großer Moleküle gezielt brechen, ohne die Moleküle als Ganze zu zerstören.

Mithilfe von Lasern kann man den Atomen »zuschauen«, wie sie sich zu Molekülen verbinden oder diese Verbindungen bei Energiezufuhr wieder lösen beziehungsweise ihre Plätze wechseln. Solche chemischen Prozesse vollziehen sich im Millionstel einer milliardstel Sekunde, also einer billiardstel Sekunde. Man spricht hier vom Femtosekunden-Bereich. Um diese unvorstellbar schnellen Vorgänge in Molekülen beobachten zu können, bedarf es einer extremen Zeitlupe. Das heißt: Die Bilder müssen im Femtosekunden-Tempo aufgenommen werden, damit man chemische Veränderungen innerhalb derart kurzer Zeitspannen beobachten kann.

Dem Chemiker Ahmed Zewail vom California Institute of Technology in Pasadena gelang als erstem Forscher eine solche Beobachtung einer chemischen Reaktion und dafür bekam er 1999 den Chemie-Nobelpreis. Bis dahin konnte man nur indirekte Schlüsse auf die ungefähre Zeitdauer einer chemischen Reaktion ziehen. Vor allem wusste man nichts über den Verlauf einer Reaktion, das heißt in welcher Reihenfolge die Atome ihre Positionen ändern, wie Bindungen gebrochen und neu geknüpft werden. Man kannte immer nur den Ausgangs- und den Endzustand einer Reaktion, aber niemals die Zwischenprodukte, eben weil diese nur von extrem kurzer, nicht zu beobachtender Dauer waren. Im besten Fall konnte man Vorgänge im Bereich von tausendstel Sekunden beobachten. Aber so langsam arbeitet die Natur gewöhnlich nicht. Sie muss mit wesentlich rascherem Licht- und Energieaustausch arbeiten, damit es nicht zu schädlichen Umverteilungen in den Molekülen kommt.

Man kann also ohne Übertreibung von einer echten Revolution in der Chemie sprechen, die der chemischen Forschung ungeahnte Möglichkeiten eröffnen wird. Doch ohne Laser wäre das nicht möglich gewesen, und zwar mit einem Laser, der ultrakurze Blitze von der Dauer einer Femtosekunde abgibt.

Aber nicht nur das direkte Beobachten chemischer Reaktionen wird dadurch möglich, sondern es eröffnet sich auch die Aussicht, diese ohne Umwege, also energieverlustfrei, von einem Anfangs- zu einem ganz bestimmten Endzustand führen zu können. Man wird versuchen, einzelne Moleküle durch genaueste ultrakurze Laserblitze so anzuregen, dass sie exakt die gewünschte Veränderung ausführen. Normalerweise gerät durch eine viel zu lange und damit zu hohe Energiezufuhr das ganze Reaktionssystem außer Kontrolle und macht, was es will. In der Femtochemie wird mithilfe von Lasern eine vollkommen kontrollierte Steuerung einzelner Moleküle möglich sein. Man wird direkt ins feinmechanische Räderwerk chemischer Reaktionen eingreifen können. Damit existiert zum ersten Mal die Vision einer völlig neuen, vielseitigen Chemie, die vom Menschen bis in die einzelnen Atome kontrollierbar sein wird. Sie passt bestens zur Nanotechnologie, die wir weiter oben beschrieben haben (s. S. 145).

Aber auch für andere Forschungszweige wird ständig nach neuen Anwendungsmöglichkeiten der Lasertechnik gesucht, etwa im Aachener Fraunhofer-Institut für Lasertechnik (ILT), das auf diesem Gebiet in Deutschland führend ist. Dabei taucht ein Grundproblem der Lasertechnik immer wieder auf: Die Leistungsausbeute (Wirkungsgrad) der Laser ist noch immer nicht zufrieden stellend. Von der Energie, die die Ingenieure über armdicke elektrische Leitungen in das Lasergerät einspeisen, kommen gerade mal zwei bis zehn Prozent als Laserstrahl wieder heraus. Über neunzig Prozent der elektrischen Energie wird in Wärme umgewandelt, die über ausgeklügelte Kühlsysteme abgeführt werden muss. Das gilt allerdings nur für große Laseranlagen. Denn die Pumplicht-Lampen, die dabei zur Lasererzeugung verwendet werden, sind vergleichbar mit Glühbirnen, die ebenfalls die meiste Energie als Wärme abgeben. Es gibt nun aber schon längst kleine Laser, wie sie in CD-Playern, Laserpointern oder Laserscannern an Supermarkt-Kassen verwendet werden. Die brauchen keine Wasserkühlung. Bei ihnen wird das Pumplicht nicht mittels wärmeintensiver Glühbirnen erzeugt, sondern mit so genannten Laserdioden, die viel Licht, aber so gut wie keine Wärme abgeben. Theoretisch ließen sich daraus enorm leistungsfähige Großlaser bauen, indem man mehrere solcher Laserdioden zu ganzen Stapeln verbindet. Daran arbeiten die ILT-Forscher schon seit längerem. Zur Zeit macht es noch Probleme, die Strahlen der vielen Laserdioden zu bündeln. Wie im Computerbereich, so geht auch beim Laser die Tendenz zu immer kleineren und dabei leistungsstärkeren Geräten. In nicht mehr allzu ferner Zukunft wird man Metallbleche mit handlichen Lasern von Kugelschreibergröße verschweißen können. Das ist alles nur eine Frage der Energieausnutzung und Energiebündelung.

Doch die Lasertechnologie wird damit noch längst nicht ihre Grenzen erreicht haben. Forscher denken bereits gezielt über einen so genannten Atomlaser nach. Dass sie das tun, muss uns nicht weiter verwundern. Schließlich wissen wir, dass in der Quantenmechanik jedes Teilchen auch als Welle betrachtet werden kann. Demnach besitzt ein Atom sowohl Eigenschaften eines Materieteilchens als auch einer Welle. Ein Strahl aus einzelnen Atomen kann deshalb auch ähnliche Eigenschaften wie ein Lichtstrahl haben.

Doch wie erzeugt man einen solchen Atomstrahl? Wie bringt man Atome dazu, in vollkommenem Gleichtakt zu schwingen? Man sperrt ein Gas, das nicht aus Molekülen, sondern aus einzelnen Atomen besteht – wie etwa beim Edelgas Helium –, in ein Magnetfeld ein und kühlt es bis nahe an den absoluten Nullpunkt (-273 Grad Celsius) ab. Unterhalb einer bestimmten Temperatur – bei etwa 2 Kelvin (= -271 Grad Celsius) – geht das flüssige Helium plötzlich in den geordneten Zustand eines so genannten Bose-Einstein-Kondensats über (zu Bose s. S. 213). Das flüssige Helium hört plötzlich auf zu sieden, das heißt, sich chaotisch zu verhalten, und wird vollkommen ruhig. Aber nicht nur das! Die Zähigkeit des flüssigen Heliums verschwindet völlig. Das hat damit zu tun, dass sich die Heliumatome alle in ein und demselben Zustand befinden, nämlich im Zustand der niedrigsten Energie, die für sie überhaupt möglich ist. Sie verhalten sich völlig gleichartig: Sie befinden sich im Zustand einer »Supraflüssigkeit«. Das ist der niedrigste Energiezustand, der einem verflüssigten (kondensierten) atomaren Gas möglich ist. Dieser supraflüssige Zustand zeichnet sich gegenüber dem normalen flüssigen Zustand dadurch aus, dass die Atome in völligem Gleichtakt (phasengleich) schwingen – wie die Lichtwellen in einem Laser!

Würde man nun die Atome – oder Atomwellen – aus ihrer Magnetfalle herauslassen und in einen gerichteten Strahl überführen, erhielte man einen Atomlaser. 1995 gelang es amerikanischen Wissenschaftlern erstmals, ein Bose-Einstein-Kondensat herzustellen. Zwei Jahre später konnte ansatzweise der Bau eines Atomlasers verwirklicht werden, indem man Atome eines Heliumkondensats in Form winziger Wölkchen durch die Wirkung der Schwerkraft aus dem Magnetkäfig fallen ließ.

An eine praktische Anwendung war allerdings noch nicht zu denken, weil sich die Atomwölkchen im freien Fall sehr schnell verbreiterten, das heißt, die Atome ihre phasengleiche Schwingung aufgaben.

Erst Anfang 1999 gelang es anderen amerikanischen Wissenschaftlern, Natriumatome auf 50-milliardstel Grad Celsius über dem absoluten Nullpunkt abzukühlen, damit auch sie ein Bose-Einstein-Kondensat bildeten. Physikern der Universität München und des Max-Planck-Instituts für Quantenoptik in Garching gelang Ähnliches mit einem Bose-Einstein-Kondensat aus Rubidium-Atomen, das auf weniger als ein millionstel Grad Celsius über dem absoluten Nullpunkt abgekühlt war. Mithilfe von Radiowellen bohrten die Münchner Forscher ein winziges »Loch« in den Magnetkäfig, durch das die Atome in einem feinen Strahl entkommen konnten.

Dagegen beschossen die amerikanischen Forscher ihr Natrium-

Kondensat mit kurzen Laserstößen, sodass die Natriumatome aus der Magnetfalle flogen. Das Ergebnis war ein stoßweiser, eng gebündelter Atomlaserstrahl von der Dicke eines menschlichen Haars. Die Wölkchen flogen so dicht aufeinander, dass sie einen nahezu durchgehenden Atomstrahl bildeten.

Bis zu einer praktischen Anwendung werden aber noch einige Jahre vergehen. So muss zum Beispiel noch das Problem gelöst werden, dass der Vorrat an gleichschwingenden Atomen in der Magnetfalle nach kürzester Zeit aufgebraucht ist, nämlich nach einer hundertstel bis einer zehntel Sekunde. Doch das Problem des gleichmäßigen Nachfüllens wird in einigen Jahren auch gelöst sein, meinen die Wissenschaftler. Das erstaunt uns nicht: Wissenschaftler sind in ihrem innersten Wesen allesamt Optimisten.

Und was, so fragen wir, wird sich mit einem Atomlaser alles anstellen lassen? Nun, im Prinzip alles, was auch ein Lichtlaser kann – nur tausendmal genauer. So wäre die höchst genaue Steuerung kleinster elektronischer Einheiten möglich, da sich der Atomstrahl wie der Lichtstrahl exakt ausrichten oder umlenken ließe. Man könnte Materialien im Bereich von millionstel Millimetern formen und bearbeiten. Damit könnte der Atomlaser zum Präzisionswerkzeug für die so genannte Nanotechnik werden. In dieser Zukunftstechnologie geht es um elektronische Bauteile, die noch tausendmal kleiner sein werden als die jetzigen Mikrochips in Computern und anderen elektronischen Geräten (s. S. 145 f.). Mit Atomlasern ließen sich einzelne Moleküle und Atome auf Oberflächen wie Bausteine hin und her schieben. Damit ließen sich ganz neuartige Computerchips fertigen. Exakt hierzu passt ein anderer Forschungszweig, in dem versucht wird, elektrischen Strom durch einen Kontakt zu leiten, der nur mehr aus einem einzelnen Atom besteht. Das ist inzwischen auch gelungen.

Die Nanotechnik und die Femtochemie, darin sind sich alle Wissenschaftler einig, werden das 21. Jahrhundert ähnlich stark verändern wie die Mikroelektronik das vergangene – und das alles nur wegen der winzigen Atome und ihren noch winzigeren Elektronen, die wie Springteufelchen von einer Bahn zur andern hüpfen und dabei genau »wissen«, welche Bahn es sein muss und wie lange sie sich dort aufhalten dürfen. So wird sich die Technologie der Zukunft immer weiter in den Kosmos des ganz Kleinen vorarbeiten und von dort aus die Welt radikaler verändern, als wir es heute zu träumen wagen.

Teilchen, nichts als Teilchen

An diesem Abschnitt angekommen, befinden wir uns in einer ähnlich erfreulichen Lage wie jemand, der ein Buchstaben- oder Silbenrätsel beendet, nachdem er mit viel Mühe die Buchstaben und Silben gesammelt und in die entsprechenden Kästchen eingeordnet hat. Wir haben auf den vorangegangenen Seiten viele Bausteine der Materie zusammengetragen und zu einem sinnvollen Ganzen verknüpft.

Obwohl sich die Welt der Atome unserem direkten Blick entzieht, haben wir uns doch einiges bildhaft vor Augen führen können. Zugegeben, vieles bleibt verschwommen und rätselhaft, manches haben wir schlichtweg nicht verstanden, selbst bei höchster Aktivierung unserer Gehirnzellen. Anderes haben wir unberücksichtigt gelassen, weil wir es ohnehin nicht verstehen könnten. Aber das macht nichts. Wir sollten stets bedenken, dass auch die Wissenschaftler noch vieles, was sich im Quantenuniversum abspielt, nicht verstehen. Das Nichtwissen und die daraus entstehende Neugier sind ja der Antrieb für weiteres Forschen.

Wir haben ein wenig hinter die Kulissen eines Zaubertheaters geschaut, nicht mehr und nicht weniger. Wir haben jetzt zumindest eine Ahnung davon, welche unvorstellbaren physikalischen Kräfte in der Natur – und damit auch in uns – schlummern. Wir sind gedanklich sehr tief ins Innere der Materie vorgedrungen und dieser Einblick hat uns gezeigt, dass viele vertraute Vorstellungen von der Welt nur die Oberfläche der Welt betreffen, nicht ihr innerstes Wesen.

Man muss sich das mal vorstellen: Die Dinge, aber auch die Lebewesen, erhalten ihre Festigkeit letztlich nur durch die elektrischen Kräfte, die zwischen den Atomen wirken, aus denen sie zusammengesetzt sind. Ob ein Stoff hart oder weich, elastisch oder starr ist, hängt von der Art der Bindungen ab, die in den Molekülen herrschen. Darüber wissen wir nun schon einiges. Wir kennen die Eigenschaften der Elektronen und Atomkerne, der Protonen und Neutronen. Wir wissen Bescheid über die chemischen Elemente und ihre Isotope. Wir kennen den Unterschied zwischen Uran-238 und Uran-235, zwischen schnell und langsam fliegenden Neutronen. Wir wissen von Teilchen, die fast aus nichts bestehen und Neutrinos heißen. Wir wissen, dass es zu jedem Teilchen ein Antiteilchen gibt, dass solche aber in unserer Welt praktisch nicht vorkommen, da unsere Welt aus Materie und nicht aus Antimaterie besteht. Wir wissen, was eine Kettenreaktion ist und können somit die Prozesse verstehen, die in einem Kernkraftwerk ablaufen und wieso sie so gefährlich sind. Wir wissen, wie die Sonne ihre unermessliche Energie hervorbringt, ohne die es uns gar nicht gäbe.

Und doch – unser Wissen ist noch immer nicht wirklich durchdringend. Wir haben das Ende des Tunnels noch nicht erreicht. Aber wer weiß, ob es solch ein Ende überhaupt gibt!

Was den Aufbau des Atomkerns betrifft, den wir uns aus Protonen und Neutronen zusammengesetzt denken, so ist unser Wissensstand etwa der der Sechzigerjahre. Denn damals begannen sich die Atomphysiker zu fragen, ob nicht auch Protonen und Neutronen aus noch kleineren Bausteinen zusammengesetzt sein könnten. Die Frage ergab sich ganz von selbst aus der ungeheuren Teilchenvielfalt, die in den immer größer werdenden Beschleunigeranlagen zu Tage trat. Man hatte es schließlich mit hunderten verschiedener Teilchenarten zu tun, die beim Beschuss von Atomkernen mit hochenergetischen Teilchen entstehen konnten.

Dennoch blieb weiterhin unklar, wieso überhaupt so viele Teilchen existieren. Der ganze unüberschaubare Teilchensalat schien erst einmal wieder von der Vorstellung einer einheitlichen Materie wegzuführen. Andererseits sah man anhand der Experimente, dass alle diese Teilchen aus anderen Teilchen entstehen und ebenso in andere umgewandelt werden konnten. Damit war zumindest der Beweis erbracht, dass es eine vollkommene Verwandelbarkeit der Materie gibt. Es musste etwas Grundlegenderes und Umfassenderes hinter der ganzen Teilchenvielfalt stecken. Aber was?

Alle Elementarteilchen können durch Zusammenstöße von hinreichend hoher Energie in andere Teilchen umgewandelt werden. Sie können sich aber ebenso gut in reine Strahlung verwandeln, nämlich dann, wenn eine Teilchenart auf ein entsprechendes Antiteilchen trifft. Diese Tatsache beweist die Einheitlichkeit der Materie, die in jedem ihrer Teilchen nur eine besondere Ausformung von Energie darstellt. Die Materieteilchen sind gewissermaßen nur verschiedene Verdichtungen oder Kondensationsformen ein und derselben universellen Energie.

So standen die Physiker in den Sechzigerjahren vor einem ähnlichen Problem wie die Chemiker hundert Jahre zuvor. Die hatten es auch mit einer unüberschaubaren Fülle an Stoffen auf der Erde zu tun, ehe sie schließlich herausfanden, dass sie sich alle auf 92 Elemente zurückführen ließen, deren innerer Aufbau letztlich aus dem Wasserstoffatom als Urelement abgeleitet werden kann.

Gewiss, dachten die Atomphysiker, ließ sich auch die Teilchenvielfalt wieder in grundlegendere Einheiten zusammenfassen. Die Frage war nur, wie. Seit den Ursprüngen der Naturwissenschaft in der griechischen Philosophie ist eigentlich jedes Forschen von dieser Spannung zwischen dem Vielen und dem Einen getragen. Naturwissenschaft ist in ihrem innersten Wesen die Suche nach größtmöglicher Einfachheit: Alles soll auf den einen absoluten Punkt gebracht werden. Mit dem geringsten Aufwand an Zeichen soll die umfassendste Erkenntnis erreicht werden. Es wird nach einer möglichst grundlegenden Ordnung gesucht, um zu erkennen, was in der Vielfalt der Dinge und Lebewesen das eine Gemeinsame ist.

Ordnung bedeutet Vereinheitlichung. Daraus entspringt der unerschütterliche Glaube der Naturwissenschaftler an so etwas wie eine Urkraft – und an eine einzige Weltformel, mit der sich alle Kräfte der Natur beschreiben lassen. Es geht in den Naturwissenschaften, wie in der Philosophie und Theologie auch, um den Ursprung von allem. Denn wer den Ursprung von allem kennt, weiß auch um das Wesen der Welt – und er kann sagen, was diese Welt zu erwarten hat, ja vielleicht sogar, was das Ganze soll.

Was die Teilchenvielfalt betraf, so begannen die Atomphysiker in den Sechzigerjahren nach so etwas wie Teilchenfamilien für die annähernd zweihundert bekannten Teilchenarten zu suchen. Sie suchten nach einem System, das überzeugender sein sollte als die ungenaue Einteilung in »leichte«, »mittlere« und »schwere« Teilchen, die man bis dahin getroffen hatte. Als besonders erfolgreich erwiesen sich dabei die Anstrengungen des amerikanischen Physikers Murray Gell-Mann, der ein Schema mit acht verschiedenen Eigenschaften erarbeitete. Aber wirklich befriedigend war das auch nicht.

Alles Quark oder was?

Den Physikern drängte sich zunehmend die Frage auf, ob Protonen und Neutronen wirklich elementare, also nicht weiter teilbare Teilchen waren oder nicht. Es gelang Gell-Mann – und unabhängig von ihm noch dem amerikanischen Physiker George Zweig –, theoretisch zu erarbeiten, welche Eigenschaften Teilchen haben müssten, aus denen sich Protonen und Neutronen zusammensetzen könnten. Gell-Mann nannte diese vorerst nur auf dem Papier existierenden Teilchen Quarks. Zweig nannte sie Asse (englisch: »aces«). Gell-Manns Wortschöpfung setzte sich schließlich durch. Er hatte sie in dem Roman »Finnegans Wake« des berühmten irischen Schriftstellers James Joyce entdeckt. Die Stelle in dem Roman lautet: »Drei Quarks für Muster Mark«, womit Marks missratener Nachwuchs gemeint ist. Das Wort passte von daher bestens auf die merkwürdigen Teilchen.

Protonen und Neutronen sollten nach dieser neuen Materietheorie aus jeweils drei Quarks bestehen. Dabei hätten Quarks die erstaunliche Eigenschaft, dass sie nur Bruchteile von elektrischen Ladungen tragen würden, ganz im Gegensatz zu den bis dahin bekannten Elementarteilchen, die alle entweder ungeladen sind oder die Ladung +1 beziehungsweise -1 oder ein ganzes Vielfaches davon tragen. Quarks waren also wirklich missratene Elementarteilchen. Bruchteile von Ladungen waren noch niemals gemessen worden. Quarks würden also beispielsweise Ladungen von $-1/_3$ oder $+1/_3$ tragen, so fanden Gell-Mann und Zweig heraus.

Die Entwicklung immer größerer Beschleunigeranlagen in den USA erlaubte es Ende der Sechzigerjahre, Elektronen auf bis dahin noch nie erreichte Geschwindigkeiten knapp unter der des Lichts zu beschleunigen und dann auf Protonen prallen zu lassen. Damit gelang es, die Existenz von Quarks erstmals im Experiment nachzuweisen. Es ließen sich zwar keine einzelnen freien Quarks nachweisen, doch Ladungsmessungen an den getroffenen Protonen zeigten, dass sich die Ladung des Protons auf noch kleinere Einzelbestandteile desselben verteilte.

Ein Proton, so ergaben die Messungen, ist aus drei Quarks aufgebaut, und zwar aus zwei so genannten up-Quarks (u-Quark) und einem down-Quark (d-Quark). Diese werden von Klebeteilchen, den so genannten Gluonen (von Englisch »glue«: Klebstoff) mit ungeheurer Kraft zusammengehalten. Sie sind vergleichbar mit den Mesonen, die Protonen und Neutronen im Atomkern aneinander binden.

Auch das Neutron besteht aus drei Quarks, jedoch im umgekehrten Verhältnis: aus zwei down-Quarks (d-Quark) und einem up-Quark (u-Quark).

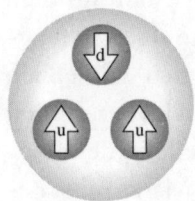

Proton   Neutron

Proton und Neutron, die den Atomkern bilden, setzen sich aus jeweils drei Quarks zusammen. Das u-Quark besitzt die Ladung $2/3$, das d-Quark die Ladung $-1/3$. Daraus ergibt sich für das Proton die Ladung +1, für das Neutron die Ladung 0.

Aus diesen beiden Quarksorten ist die gesamte normale Kernmaterie im Universum aufgebaut. U- und d-Quarks besitzen praktisch keine Masse, weshalb man das u-d-Paar auch als leichte Quarkfamilie bezeichnet.

Gell-Mann und Zweig sagten aber noch weitere Quarksorten voraus, die allerdings in der gewöhnlichen Materie nicht vorkommen. Sie treten nur als äußerst kurzlebige Teilchen auf, die man in der energiereichen kosmischen Strahlung oder bei Experimenten in Teilchenbeschleunigern nachweisen kann. Sie treten also nur dort für Sekundenbruchteile in Erscheinung, wo Materieteilchen mit extrem hoher Energie aufeinander prallen.

So existiert also noch eine zweite Quarkfamilie, bestehend aus Quarks, die man mit c (für Englisch »charm«) und s (für Englisch »strange«) bezeichnet. Aus ihnen bauen sich jene künstlich erzeugten, kurzlebigen Teilchen auf, die bei bestimmten Zusammenstößen in

Beschleunigeranlagen entstehen. Im Gegensatz zu den u- und d-Quarks besitzen diese beiden eine messbare Masse. Das c-Quark beispielsweise ist so schwer wie eineinhalb Massen des ruhenden Protons.

Doch damit sind der Quarks noch nicht genug. Es musste nach den Berechnungen von Gell-Mann und Zweig noch eine dritte Quarkfamilie geben, die ebenfalls aus zwei Quarksorten bestehen sollte: dem b-Quark (für Englisch »bottom«) und dem t-Quark (für Englisch »top«). Somit sollte es insgesamt drei Quarkfamilien mit je zwei Quarksorten geben – zusammen sechs verschiedene Arten von Quarks.

So weit, so gut! Allerdings sollten die Quarks nicht nur bestimmte Ladungen und Massen besitzen, sondern auch einen Drehimpuls, einen so genannten Spin. Das ergab sich notgedrungen aus der Tatsache, dass auch Protonen und Neutronen einen Eigendrall haben. Die Quarks im Innern der beiden sollten mit ihrem eigenen Spin zu dem des Protons und Neutrons beitragen. Das verlangten die Gesetze der Quantenmechanik.

Man stelle sich vor, dass zum Beispiel das Proton aus drei Quarks besteht, die sich jeweils um sich selber drehen. Zwei Quarks drehen sich in die eine Richtung, das dritte in die andere. Der sich daraus ergebende Gesamtspin sollte den Spin des Protons ergeben. Doch das war zu einfach gedacht, wie sich 1987 bei Experimenten am Europäischen Labor für Teilchenphysik (CERN) in Genf herausstellte. Es zeigte sich, dass die Summe der Quarkspins nur einen Bruchteil des Protonenspins ergab. Was den Löwenanteil beisteuerte, blieb den Wissenschaftlern ein Rätsel. Zeitweise wurde aus diesem Grund sogar das ganze Quarkmodell infrage gestellt. Erst weitere Experimente am Deutschen Elektronen-Synchrotron (DESY) in Hamburg mit seinem Beschleuniger HERA brachten hier vor kurzem ein wenig Klarheit in das Problem. Man ließ nahezu lichtschnelle Elektronen mit voller Wucht auf eine Gaswolke aus Helium- und Wasserstoffatomen stoßen. Danach fing ein Messgerät die vom Gas abgelenkten schnellen Elektronen auf, aber auch die aus den Gasatomkernen geschlagenen Elementarteilchen.

Aus den Messdaten konnten die Physiker mithilfe aufwändiger Computerberechnungen feststellen, wie sich die Quarks im Innern der getroffenen Protonen bewegen und wie stark ihr jeweiliger Eigendrall ist. Das erste Zwischenergebnis war erstaunlich: Neben den Quarks tragen auch die Gluonen, die die Quarks wie mit Gummibändern zusammenhalten, zum Protonenspin bei. Die Quarks können sich also nicht nur um ihre eigene Achse drehen, sondern mit dem »Gluonen-Gummiband« in ihrer Mitte auch umeinander. Zum Eigendrall der einzelnen Quarks kommen also noch die »Gummibanddrehimpulse« der Quarks untereinander hinzu.

Die Messdaten zeigten, dass die Quarks nur zu etwa 28 Prozent zum Spin des Protons beitragen. Für 72 Prozent des Protonen-Drehwurms sind die Gluonen verantwortlich – und zwar sowohl durch ihren Eigendrall als auch durch ihr flirrendes Wechselspiel mit den Quarks. Freilich ist dieses Teilchenkarussell als Bild noch sehr ungenau. Für ein vollständiges Bild dieser äußerst komplizierten Vorgänge sind weitere Messdaten nötig. Vor allem will man versuchen, in neuen Experimenten am CERN in Genf die Drehbewegungen der Gluonen genauer zu messen.

Auch wenn wir diese Experimente nicht wirklich verstehen können, vermitteln sie uns doch eine vage Vorstellung davon, wie tief man inzwischen ins Innere der Materie vorgedrungen ist. Dabei schien es lange Zeit unmöglich, die von der Theorie geforderten Quarks jemals im Experiment nachweisen zu können. Denn in der Elementarteilchenforschung lautet ein Grundsatz der wissenschaftlichen Suche: Je kleiner die Teilchen sind, nach denen ich suche, umso höher muss die Energie sein, mit der ich in die Kernbausteine hineinstoße, um die in ihnen verborgenen Teilchen ans Licht zu bringen.

Ein Quark so schwer wie ein Goldatom

Die »leichten« und »mittelschweren« Quarks fand man relativ schnell in den Siebzigerjahren. Die Suche nach den beiden »schweren« Quarks, also dem b- und t-Quark, gestaltete sich hingegen schwieriger. Die meisten Beschleunigeranlagen kamen hier an ihre Leistungsgrenzen. Allein der Beschleuniger am amerikanischen Forschungszentrum für Hochenergie-Physik westlich von Chicago, dem Fermi National Laboratory (kurz: Fermilab), war dafür Ende der Siebzigerjahre noch stark genug. So konnte dort 1977 das fünfte Quark, das b-Quark, nachgewiesen werden.

Sein Partner, das t-Quark, sollte nun auch nicht mehr lange auf sich warten lassen, dachten die Wissenschaftler. Doch da hatten sie falsch gedacht. Es dauerte mehr als 15 Jahre, ehe man diese letzte der sechs Quarksorten erzeugen und eindeutig nachweisen konnte. Dafür war erst der Bau einer gigantischen Beschleunigeranlage am Fermilab nötig, genannt Tevatron. Mit ihm können Protonen auf die Energie von einer Billion Elektronenvolt (1000 GeV) beschleunigt werden. Die Protonen bringt man mit ebenso stark beschleunigten Antiprotonen zum frontalen Zusammenstoß. Das Ergebnis ist ein Feuerblitz aus Energie, der durch zahlreiche Zusammenstöße von Quarks verursacht wird, die bei der Kollision faktisch mit Lichtgeschwindigkeit aufeinander prallen. Für Bruchteile einer Sekunde entstehen dabei physikalische Zustände, wie sie im Kosmos weniger als eine milliardstel Sekunde nach dem Urknall geherrscht haben müssen. Man zündet gewissermaßen einen Mini-Urknall im Labor oder anders gesagt: Die Teilchenphysiker spielen ein bisschen Gott.

Mehr als fünf Jahre suchten die Forscher am Fermilab mithilfe des Tevatrons nach dem sechsten und letzten Quark. Dann, im April 1994, war die hartnäckige Suche endlich erfolgreich: Man hatte das t-Quark indirekt nachgewiesen. Und auf einmal war allen klar, wieso die Suche so lange gedauert hatte: weil das t-Quark eine unerwartet große Masse besitzt, nämlich 176 GeV. Damit ist es 176-mal so schwer wie ein Proton.

Aufs Erste mutet das verrückt an: Wie kann ein Teilchen im Innern des Protons 176-mal so schwer sein wie das Proton selbst? Aber diese verrückte Masse ergibt sich aus der immensen Energie, die beim Zusammenstoß von Proton und Antiproton am Werk ist. Diese Bewegungsenergie verwandelt sich gemäß Einsteins Formel $E = mc^2$ in Massenanteile der Bruchstücke. Freilich wird hier die Unterscheidung von Masse und Energie vollends unsinnig. Denn die faktisch mit Lichtgeschwindigkeit in der Beschleunigeranlage dahinrasenden Protonen und Antiprotonen haben ja selbst die gewaltige Masseenergie von 1000 GeV – und eben nicht nur 1 GeV, die sie in Ruhe besitzen. Man muss also genau genommen sagen, dass ein t-Quark 176-mal so schwer ist wie ein ruhendes Proton. So erklärt sich auch, wieso die vier Quarksorten, die mehr Masse als ein Proton besitzen, nur bei künstlich erzeugten Ereignissen in Beschleunigeranlagen in Erscheinung treten oder als Folge energiereicher kosmischer Strahlung. Allein bei Extremereignissen wie diesen, wo instabile Materiezustände entstehen, sind genügend hohe Bewegungsenergien im Spiel, um die »mittelschweren« und »schweren« Quarks nachweisen zu können. Hingegen haben die »leichten« u- und d-Quarks so gut wie keine Masse, weil sich aus ihnen die stabile, ruhige Materie zusammensetzt. Hätten die u- und d-Quarks größere Massen, vielleicht sogar größere als die des ruhenden Protons, so gäbe es gar keine stabile Materie. Die Protonen und Neutronen würden aus sich selbst heraus explodieren. Das Universum bestünde nur aus Strahlung.

Mit seinen 176 GeV ist das top-Quark ungefähr so schwer wie ein ruhendes Goldatom, dessen Kern aus 197 Protonen und Neutronen besteht und somit aus 591 normalen »leichten« u- und d-Quarks, da in jedem Proton und Neutron drei Quarks schlummern. Mit einer so riesigen Masse beim top-Quark hatten die Forscher nicht gerechnet. Da das fünfte Quark, das bottom-Quark, etwas mehr als die Masse von fünf ruhenden Protonen besaß, erwartete man, dass die Masse des top-Quarks auch nicht viel größer sein würde.

Bei den Experimenten am Fermilab, wo Protonen und Antiprotonen aufeinander prallten, wurde das t-Quark paarweise erzeugt: jeweils ein t-Quark und sein Antiteilchen, das Anti-t-Quark. Das Paar entstand aus der gegenseitigen Vernichtung eines u-Quarks im eingeschossenen Proton mit einem Anti-u-Quark im eingeschossenen Antiproton. Ein großer Teil der bei diesem Experiment eingesetzten

Energie findet sich in den Massen der beiden superschweren Quarks wieder. Das t- und das Anti-t-Quark zerfallen sofort wieder, gewissermaßen im Augenblick ihres Entstehens, wobei ein bottom-Quark faktisch mit Lichtgeschwindigkeit abgestrahlt wird und gleichzeitig ein so genanntes W-Boson entsteht. Dieses Teilchen ist Träger der Schwachen Kernkraft, die für den radioaktiven Zerfall der Materie verantwortlich ist. Es hat eine Masse von etwa 80 GeV. Man kennt es bereits seit mehr als fünfzehn Jahren. Den Namen »Boson« trägt es zu Ehren des indischen Physikers Satyendra Bose (1894–1974). Das W-Boson ist ebenfalls instabil; es kann selbst wieder in ein Quark-Antiquark-Paar zerfallen oder in ein Elektron und ein Neutrino. Geschieht Letzteres, dann sind die Forscher glücklich, denn Elektron und Neutrino lassen sich mit den Messapparaten relativ leicht nachweisen. Allein aus der hohen Bewegungsenergie dieser Teilchen kann man auf die Existenz eines top-Quarks schließen und seine Masse ziemlich genau bestimmen.

Quarks verlassen niemals ihr Versteck

Es ist also nicht so, dass bei all diesen Experimenten freie Quarks erzeugt werden, die direkt zu beobachten und zu messen wären. Vielmehr kann man immer nur indirekt auf die Existenz von Quarks schließen, indem man die Energie jener Teilchen misst, in die die Quarks zerfallen – also zum Beispiel die Energie eines Elektron-Neutrino-Paars.

Doch ein solches Ereignis muss erst aus dem Gewirr der Teilchenstrahlen herausgefunden werden, das bei derartigen Zusammenstößen entsteht. Dieses Strahlenchaos existiert immer nur für eine unvorstellbar kurze Zeit, weshalb seine Auswertung eine große Herausforderung für die Experimentalphysik darstellt. Aus der Vielzahl von Teilchen, die sich beim Zerfall der Quarkmaterie bilden, muss ein ganzes Mosaik von Beobachtungen zusammengetragen werden. Zu diesem Zweck setzen die Wissenschaftler gewaltige Messapparate ein.

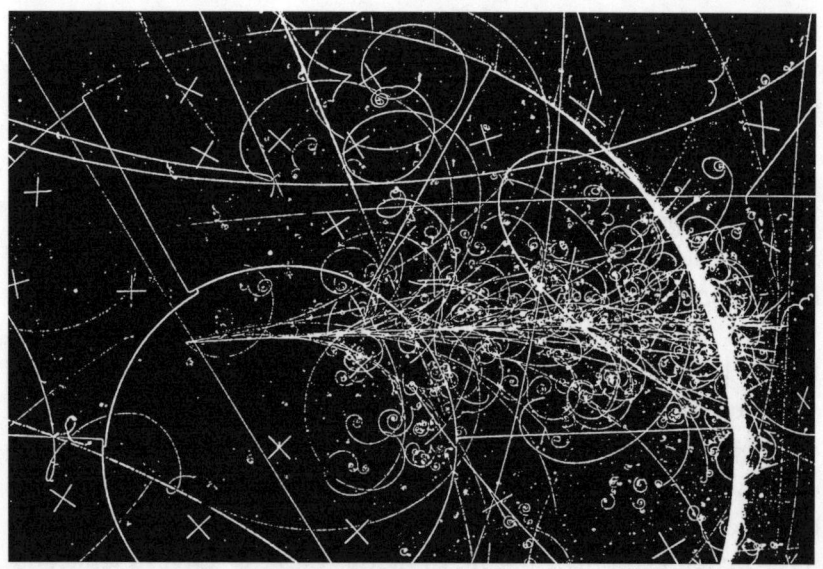

Aufnahme einer so genannten Neutrinoreaktion in der großen Blasenkammer des CERN. Ein unsichtbarer Neutrinostrahl wurde von links eingeschossen und traf auf das Quark eines Protons. Als Folge entstand ein chaotisches Gewirr von Teilchen. Den Forschern ist es möglich, aus diesem Durcheinander auf die Existenz eines Quarks zu schließen.

Zugegeben, das ist wieder einmal alles reichlich verwirrend, aber daran lässt sich nichts ändern. So verhält sich die Materie einfach, sobald sie in Extremzustände gebracht wird, wie sie kurz nach dem Urknall geherrscht haben müssen. Unsere Verwirrung spiegelt nur das Durcheinander der Elementarteilchen. Wir bewegen uns hier tatsächlich im äußersten Grenzbereich der modernen Hochenergie-Physik. Wen wundert's, dass dabei unser Verstand ebenfalls an seine Grenzen stößt! Und letztlich sind die Forscher auch nicht viel besser dran als wir: Sie stehen vor einer Fülle von ungelösten Fragen. Die große Masse des top-Quarks ist eine davon, ja, es sind die verschiedenen Massen der verschiedenen Elementarteilchen allesamt rätselhaft. Niemand kann sagen, wieso sie die Werte haben, die sie haben, und wie sie zu ihrer Masse gekommen sind.

Aber das ist nicht alles. Irgendwie müssen diese Massen der Elementarteilchen auch direkt etwas zu tun haben mit der Entwicklung des Universums. Vielleicht ist das top-Quark sogar der Schlüssel zum Verständnis der kosmischen Entwicklung, zumindest kurz nach dem Urknall.

Das sind durchaus keine abgehobenen abstrakten Fragen für Fachleute, sondern sie betreffen uns auf ganz direkte Weise, weil wir physikalisch auch nur aus Elementarteilchen bestehen. So kann man zum Beispiel fragen, warum die Objekte um uns herum so groß sind, wie sie sind, und warum wir selbst nicht größer oder kleiner sind? Die Antwort wissen wir: Das ist bedingt durch die Größe der Moleküle und die ist bedingt durch die Größe der Atome, aus denen sich die Moleküle zusammensetzen. Die Größe der Atome wiederum wird von den Umlaufbahnen der negativ geladenen Elektronen um den positiven Atomkern bestimmt. Die Ausdehnungen dieser Umlaufbahnen werden ihrerseits durch die Masse des Elektrons festgelegt. Wäre sie kleiner, wären auch die Durchmesser der Umlaufbahnen geringer. Damit wären alle Atome und folglich alles, was es im Universum an Objekten gibt, weniger ausgedehnt. Somit ist das Verständnis der Elektronenmasse – ebenso der verschiedenen Quarkmassen – für das Verständnis der Größe aller Dinge wesentlich.

Wie schon gesagt: In den großen Beschleunigeranlagen wie dem CERN in Genf werden die Zustände kurz nach dem Urknall nachgestellt – und mit »kurz« ist der Zeitraum von 10^{-12} bis 10^{-5} Sekunden nach dem Urknall gemeint. Dieser Sekundenbruchteil ist so klein, dass selbst das Licht in diesem Zeitraum nicht mal die Strecke eines Atomdurchmessers zurücklegen kann. In der Zeit davor, so ist zu vermuten, waren alle vier Elementarkräfte – Starke und Schwache Kernkraft, elektromagnetische Kraft und Gravitationskraft – in einer einzigen Urkraft vereint. Auch die Elementarteilchen müssen in so enger verwandtschaftlicher Beziehung gestanden haben, dass sich eine Teilchenart fast ohne Mühe in eine andere hatte verwandeln können.

Dieses »Urknall-Gas« setzte sich aus allen in der Hochenergie-Physik bekannten Teilchentypen sowie deren Antiteilchen zusammen und dehnte sich mit Lichtgeschwindigkeit aus. Das top-Quark könnte dabei eine besondere Rolle gespielt haben – allein wegen seiner außergewöhnlich großen Masse. Denn wenn man die Massen der sechs Quarktypen zusammenzählt, wird die Summe faktisch vom t-Quark beherrscht. Das t-Quark ist gleichsam der Vater oder die Mutter der Quarks.

Damit steht die Physik an einer Erkenntnisschwelle, die vergleichbar ist mit jener am Ende des 19. Jahrhunderts. Damals entdeckten die Physiker merkwürdige Eigenschaften der Atome im Zusammenhang mit ihrer Energieabstrahlung. Das führte, wie wir gesehen haben, zur Aufstellung der Quantentheorie durch Planck, Einstein, Bohr, Heisenberg, Schrödinger und andere Physiker – und damit zu einer Revolution in der Naturwissenschaft. Es könnte durchaus sein, dass wir jetzt vor einer ähnlichen revolutionären Entwicklung in der Physik stehen. Eine Lösung des Masseproblems der Elementarteilchen, das die Physiker schon seit der Entdeckung des Elektrons beschäftigt, wäre eine solche neue Revolution.

Diese für die Wissenschaftler so ärgerliche, weil zufällig erscheinende Masseverteilung bei den Elementarteilchen muss doch irgendeiner strengen Ordnung gehorchen. Nach ihr sucht man letztlich in den Labors der Hochenergie-Physik. Nur so versteht man die Hartnäckigkeit, mit der in den Beschleunigeranlagen der Welt geforscht und nach immer größeren Beschleunigern verlangt wird. Letztlich wird nach einem Super-Elementarteilchen gesucht, das für die Massen der Elementarteilchen verantwortlich ist.

Higgs, das Teilchen aller Teilchen?

Die bis heute ungelöste Frage, wie die Elementarteilchen zu ihren Massen kommen, hatte sich der englische Physiker Peter Higgs bereits in den Sechzigerjahren gestellt. Als Erklärung schlug er vor, sich den gesamten kosmischen Raum von einem noch unbekannten energetischen Feld ausgefüllt zu denken, das in gewisser Weise dem elektromagnetischen Feld ähneln sollte. Wenn die Teilchen sich im Raum bewegen, durchqueren sie dieses »Higgs-Feld« und aus der Wechselwirkung mit ihm entsteht das, was als Teilchenmasse in Erscheinung tritt. Für diesen »Higgs-Mechanismus« gab der englische Physiker David Miller ein anschauliches Beispiel: »Man stelle sich eine Party von Parteimitgliedern vor. Der Parteivorsitzende kommt herein und durchquert den Raum. In seiner unmittelbaren Umgebung fühlen sich alle zu ihm hingezogen und scharen sich um ihn. Während er weitergeht, zieht er neue Leute an, während andere hinter ihm zurückbleiben. Wegen der Schar von Menschen um ihn herum hat er eine größere Masse als normalerweise, das heißt, er hat bei gleich bleibender Geschwindigkeit durch den Raum einen größeren Impuls (Impuls ist das Produkt aus Masse und Geschwindigkeit). Einmal in Bewegung, ist er schwerer zu stoppen, und angehalten, kommt er schwerer wieder in Bewegung, weil dann der Prozess, dass sich alle um ihn sammeln, erneut einsetzt.« Das sei, so meint Miller, der grundlegende Mechanismus, der den Elementarteilchen ihre Masse verleiht.

Wenn die Teilchen ihre Masse durch Wechselwirkung mit diesem »Higgs-Feld« beziehen, dann muss es ein »Higgs-Teilchen« geben, das Träger dieser Wechselwirkung ist. Das »Higgs-Teilchen« wäre vergleichbar mit den ebenfalls noch unbewiesenen, vorerst nur vermuteten Gravitonen, die für die Massenanziehungskraft (Gravitation) zwischen Materie verantwortlich sein könnten. Das »Higgs-Teilchen« wäre der Schlüssel, mit dem sich das vorerst noch verschlossene Tor zu einer einfachen Welterklärung womöglich öffnen ließe. Man hätte die eine Weltformel gefunden, mit der sich alle Geschehnisse der Natur – der Urknall inbegriffen – mathematisch beschreiben ließen. Diese Weltformel würde bedeuten, dass sich das Universum nach einem einzigen einfachen mathematischen Grundsatz verhielte. Das ist der uralte Traum der Naturwissenschaft: der eine Ursprung für alles, was existiert. Ob es das »Higgs-Teilchen« wirklich gibt, weiß niemand. Aber man sucht nach ihm – bislang ohne Erfolg.

Doch kehren wir zu den Quarks zurück. Wir haben gesehen, dass Quarks sich niemals direkt, das heißt als freie Quarks nachweisen lassen. Das hat seinen Grund in der ungeheuer starken Kraft, mit der sie in den Protonen oder Neutronen zusammengehalten werden. Für diesen starken Zusammenhalt sind, wie wir schon wissen, die Gluonen verantwortlich. Die Kraft, mit der diese die Quarks aneinander kleben, ist um vieles stärker als die Bindekraft, die die Mesonen zwischen Protonen und Neutronen erzeugen. Diese Gluonen ruhen nicht. Es sind äußerst flüchtige Teilchen wie die Mesonen auch.

Schnell wie das Licht flitzen sie zwischen den Quarks hin und her – ein flirrendes Etwas, das die Physiker als Gluonensee bezeichnen.

Als wäre nicht alles schon kompliziert genug, können sich die Gluonen kurzzeitig in Quarks und Antiquarks verwandeln, die sich sofort wieder gegenseitig vernichten. Mit anderen Worten: Der eigentlich unsichtbare »Klebstoff« kann sich einen winzigen Augenblick lang zu einem Quark-Antiquark-Paar materialisieren und wird auf diese Weise erst nachweisbar. Das ändert aber nichts daran, dass man die drei Quarks in einem Proton oder Neutron nicht voneinander trennen kann. Im Gegensatz zur elektromagnetischen Kraft, die umso kleiner wird, je weiter die geladenen Teilchen voneinander entfernt sind, bleibt die Starke Kernkraft zwischen den Quarks gleich, wenn man die Quarks »auseinander zieht«. Die Bindekraft zwischen den Quarks ist so ungeheuer stark, dass sie die Freisetzung der Quarks nicht zulässt. Um wirklich freie Quarks zu erhalten, müssten Protonen mit unvorstellbar hoher Energie aufeinander geschossen werden. Diese kann in den bestehenden Beschleunigeranlagen nicht erreicht weden. Erst bei Temperaturen von etwa einer Billion Kelvin sagen die Berechnungen einen Materiezustand voraus, der eine Ansammlung freier Quarks zuließe. Ein solcher Zustand soll eine millionstel Sekunde nach dem Urknall geherrscht haben: ein so genanntes Quark-Gluon-Plasma (QGP), in dem sich die Quarks wie die Atome in einem Gas frei bewegen können.

Seit 1994 versucht man am CERN, ein solches Quark-Gluon-Plasma durch heftige Zusammenstöße von Bleiatomkernen herzustellen. Anfang Februar 2000 teilte das CERN mit, dass man endlich überzeugende Beweise für die Erzeugung eines solchen Plasmas gefunden habe. Freilich waren auch diese Beweise nur indirekter Art. Freie Quarks waren auch hier nicht zu sehen. Bei dem Zusammenprall der Bleiatomkerne seien etwa 2500 Teilchen entstanden, berichteten die Wissenschaftler. Der dabei entstandene Minifeuerball hatte eine Temperatur von mehreren Billionen Grad und war etwa zwanzigmal so dicht wie ein Atomkern. Ob es sich bei diesem Experiment wirklich um ein Quark-Gluon-Plasma handelte, ist allerdings noch nicht sicher. Dafür sind die Hinweise noch zu schwach.

Wenn sich ein Proton oder Neutron aus drei Quarks zusammensetzt und diese mittels Gluonen aneinander gebunden werden, so fragen wir uns natürlich, wie viele Gluonen eigentlich nötig sind, um die drei Quarks zusammenzukleben? Darauf geben die Physiker eine Antwort, die so recht in die verwirrende Welt der Elementarteilchen passt: Die Anzahl der Gluonen hängt davon ab, wie genau man »hinschaut«, man könnte auch sagen: mit wie viel Energie man Protonen oder Elektronen aufeinander jagt. In der deutschen Beschleunigeranlage HERA in Hamburg zum Beispiel kann man etwa 30 Gluonen »sehen«. Die Theorie erlaubt sogar die Existenz unendlich vieler Gluonen, was freilich dazu führen würde, dass sich die Teilchen gegenseitig in die Quere kämen, wenn sie zwischen den drei Quarks hin- und herflitzten. Ob sich eine solche »Gluonensättigung« in den Beschleunigeranlagen jemals wird beobachten lassen, ist ungewiss.

Sind Quarks überhaupt Elementarteilchen?

Dabei weiß man bis heute gar nicht sicher, ob die Quarks wirklich punktförmige, nicht weiter teilbare, also elementare Teilchen sind oder ob sie vielleicht doch eine Ausdehnung haben. Diese Frage wird sich wahrscheinlich niemals mit endgültiger Sicherheit klären lassen, denn eine solche Klärung wäre im Experiment nur mit »endgültigen« Energien zu erreichen. Immerhin konnte man die Obergrenze für die Quarkgröße ziemlich genau bestimmen. Demnach muss ein Quark kleiner als 1,6 billiardstel Millimeter sein – das entspricht etwa dem Tausendstel des Proton-Durchmessers. Fassbarer werden die Quarks damit für uns leider auch nicht.

Vor einigen Jahren gab es bei Experimenten am Fermilab Anzeichen dafür, dass Quarks aus noch kleineren Einheiten bestehen, also doch noch weiter teilbar sein könnten. Möglicherweise sind auch die Elektronen und andere »leichte« Teilchen, die man unter dem Begriff »Leptonen« zusammenfasst, weiter teilbar. Nachgedacht wird darüber schon seit etwa zwanzig Jahren. Man hielt es sogar für möglich, dass Quarks und Elektronen sich aus den gleichen Grundbausteinen zusammensetzen. Einen Namen hatte man auch gleich für sie: Leptoquarks – eine Mischung aus Quarks und Leptonen, die die Eigenschaften beider Teilchenfamilien in sich vereinigen sollten. Sie müssten eine Masse von etwa 200 GeV besitzen, wären also noch schwerer als das top-Quark.

Die Idee der Leptoquarks war schon deshalb nahe liegend, weil neben den sechs Quarkarten auch sechs Arten von Leptonen vorkommen: das Elektron, zwei Arten von Mesonen und drei Arten von Neutrinos. Sollte das reiner Zufall sein, fragten sich die Wissenschaftler, oder ist es nicht vielmehr der Hinweis, dass zwischen beiden Teilchenfamilien eine Verbindung besteht? Jegliche Materie setzt sich aus diesen zwölf Teilchenarten zusammen, in zwei Familien zu je sechs Mitgliedern aufgeteilt. Das verlangte geradezu nach dem einen, wahrhaft göttlichen Ur-Elementarteilchen, aus dem sich das ganze Universum erklären ließe, vor allem auch sein Ursprung.

Inzwischen deutet eine Reihe von Experimenten allerdings darauf hin, dass weder Quarks noch Leptonen aus noch kleineren Einheiten bestehen. Das letzte Wort hierzu ist freilich nicht gesprochen, denn dafür sind in der Elementarteilchen-Physik noch zu viele Fragen offen. Vor allem ist ja der Traum von dem einen wahrhaft göttlichen Urbaustein der Materie längst nicht ausgeträumt, sei es nun das »Higgs-Teilchen« oder das Leptoquark.

Um diesen Urbaustein zu finden, bedarf es jedoch noch größerer Beschleuniger als derer, die zurzeit weltweit in Betrieb sind. Doch hier sieht die Zukunft eher düster aus. In den USA wurde der Plan für eine gigantische Teilchenschleuder, die 22 Milliarden Mark kosten sollte, 1994 endgültig aufgegeben. Nun ruhen die Hoffnungen der Teilchenphysiker auf dem CERN in Genf. Denn dort wird gerade ein neuer Beschleuniger gebaut, der »Large Hadron Collider«, kurz LHC genannt. (Unter »Hadronen« versteht man die schweren Bausteine des Atomkerns, also Protonen, Neutronen und Mesonen. Das Wort ist von Griechisch »hadros« = massig abgeleitet.) 500 Forschungsinstitute in 30 Ländern sind an diesem Projekt beteiligt. Der Bau soll »nur« etwa 10 Milliarden Mark kosten. Womöglich ist er die letzte derartige Anlage, die sich die Menschheit zur Erforschung der letzten Rätsel der Materie leisten wird. Er soll frühestens im Jahr 2006 fertig gestellt sein.

Mit dem LHC wird es vielleicht möglich sein, buchstäblich die letzten Dinge oder, besser, das letzte Ding dingfest zu machen: das eine absolute »Gott-Teilchen«, auf dem die Materie beruht. Oder anders: Man wird experimentell so nah wie noch nie an die Geburt des Universums heranrücken und dabei erfahren, wie das Quark-Gluon-Plasma sich eine milliardstel Sekunde nach dem Urknall verhalten hat, als das Universum noch kleiner war als ein Fußball. Ob sich der Mensch irgendwann noch näher an den Urknall heranexperimentieren wird, bleibt eine offene Frage.

Mit Energien von 14 Billionen Elektronenvolt (14 Teraelektronenvolt = 14 TeV oder 14 000 GeV) – also zehnmal mehr Energie, als sie die größten Beschleuniger heute aufweisen – werden Protonen aufeinander gejagt und zertrümmert werden. Mehr als eintausend Riesenmagnete, von denen jeder 14 Meter lang ist, werden die Teilchen auf ihrer Karussellbahn halten. Dazu müssen die Magnete mit der größten Kühlanlage der Welt gekühlt werden – mit flüssigem Helium, das die Elektromagnete auf wenige Grade über dem absoluten Nullpunkt hält, damit sie den elektrischen Strom ohne Wärmeverlust leiten. Messgeräte (Detektoren), die so hoch sind wie ein zwanzigstöckiges Haus, sollen die Zusammenstöße registrieren. Zur Auswertung der Daten sind Computer nötig, die tausendmal leistungsfähiger sind als die, die heute im Rechenzentrum des CERN arbeiten. Allein die Stromrechnung für den LHC wird pro Jahr etwa 50 Millionen Mark betragen. Mit dem LHC wird das CERN weltweit konkurrenzlos sein.

Wozu das alles?

Doch was, wenn auch der LHC nicht alle der vermeintlich letzten Rätsel lösen wird? Wie lange werden die beteiligten Nationen jährlich eine Milliarde Mark aufbringen, um den laufenden Betrieb des LHC zu finanzieren? Ein gewaltiger Aufwand, allein zu dem Zweck, ein Teilchen mit Namen »Higgs« zu finden, von dem niemand weiß, ob es dieses überhaupt gibt, um dann sagen zu können, wie die Quarks oder Elektronen zu ihren Massen kommen, wieso es gerade drei Familien von Quarks gibt, wieso gerade vier Elementarkräfte im Universum wirksam sind, wieso das Proton eine gleich große, aber entgegengesetzte Ladung wie das Elektron hat und wieso sich bis jetzt die Schwerkraft einer quantenmechanischen Beschreibung widersetzt?

Die Forscher am CERN sind davon überzeugt, dass der LHC das »Higgs-Teilchen« offenbaren wird. Und wenn nicht, so sagen sie, sei das auch nicht weiter schlimm. Denn auch das Nichtfinden würde die Teilchenphysik weiterbringen, würde neue Theorien und neue Fragen hervorrufen. Doch selbst wenn es das »Higgs-Teilchen« geben sollte – die Suche nach ihm wird einer Suche nach der Nadel im Heuhaufen gleichen, einem Heuhaufen von gigantischen Ausmaßen.

Wenn am LHC Protonen aufeinander prallen werden, so wird das pro Sekunde etwa eine Milliarde Ereignisse liefern, die ausgewertet sein wollen. Denn nur zehn bis zwanzig von ihnen sind es überhaupt wert, gespeichert zu werden. Hierfür braucht man die leistungsstärksten Superrechner, um blitzschnell die Spreu vom Weizen trennen zu können. Um nur die wenigen Ereignisse zu sammeln, die eindeutig auf die Existenz eines »Higgs-Teilchens« verweisen, wird es nötig sein, über Monate hinweg Strahlen von Protonen aufeinander zu schießen.

Dass dieser gigantische Aufwand betrieben wird, zeigt schon, dass es hier wirklich um etwas Endgültiges zu gehen scheint. Zweifel sind dennoch angebracht – und sie werden von Wissenschaftlern außerhalb des CERN auch geäußert.

Aber selbst wenn das »Higgs-Teilchen« gefunden würde, hieße das längst nicht, dass man damit den Ur-Baustein der Materie entdeckt hätte. Hinter dem »Higgs« tauchte womöglich ein »Super-Higgs« auf. Physiker sprechen von »Superstrings« – winzigen, zusammengeknäuelten Gebilden mit 10 oder 11 Dimensionen, die in keiner noch so gewaltigen Beschleunigeranlage nachzuweisen wären. Das heißt, theoretisch kann man die Ausmaße einer solchen Anlage grob angeben: Sie müsste den astronomischen Umfang von 1000 Lichtjahren haben.

Wer weiß, ob zur Lösung aller Rätsel der Materie letztlich nicht eine Beschleunigeranlage von der Größe des Universums nötig wäre, wobei Protonen mit der Gesamtenergie des Universums aufeinander prallen müssten. Das führte dann vermutlich zu nichts anderem als einem Urknall, wie er vor 13 Milliarden Jahren stattfand – und das Universum hervorbrachte.

Der Kosmos ist ein Sinfonieorchester

Higgs« oder »String«? Das ist die Frage, auf die sich zurzeit alles in der Teilchenphysik zuzuspitzen scheint. In der String-Theorie wird versucht, die Teilchenvielfalt nicht, wie bei der Higgs-Theorie, auf ein einziges punktförmiges Teilchen zurückzuführen. Vielmehr versucht sie, alle Teilchenarten als Schwingungszustände unvorstellbar winziger Fäden oder Saiten (»strings« auf Englisch) zu beschreiben, die in einem 10- oder 11-dimensionalen Raum vibrieren und aus purer Energie bestehen.

Unsere erfahrbare Welt hat nur drei Raumdimensionen und eine Zeitdimension, also insgesamt vier Dimensionen. Nach dem Urknall, so vermuten die Stringforscher, hätten sich nur vier Dimensionen zu kosmischer Größe aufgebläht. Aber sechs oder sieben weitere Dimensionen seien unsichtbar im Innern der Materie verborgen geblieben, zu winziger Größe zusammengerollt, sodass sie der Wahrnehmung nicht zugänglich sind.

Theoretisch gibt es zahllose Möglichkeiten, wie sich diese sechs oder sieben Zusatzdimensionen miteinander verknüpfen können, und die Stringtheoretiker wissen vorerst auch nicht, welche dieser Möglichkeiten in unserem Universum am Werk sind.

Demnach würde jeder Punkt im Raum noch ein sechs- oder siebendimensionales, unsichtbar kleines fadenartiges Gebilde besitzen. Diese Strings wären nun wahrhaft kürzer als kurz. Würde man sich zum Beispiel ein Atom so groß wie eine Galaxie denken, dann wären die Strings gerade mal so groß wie der Buchstabe »l«. Die verschiedenen Elementarteilchen wären nur verschiedene Schwingungsarten dieser masselosen Strings. Die ganze Quantenwelt wäre gewissermaßen ein mikrokosmisches Sinfoniekonzert. Die Schwingungen der Strings erzeugten nicht Musik, sondern Materie in Form der bekannten Elementarteilchen. Elektron, Neutrino, Photon oder Quark würden also einer ganz bestimmten Schwingungsart der Strings entsprechen.

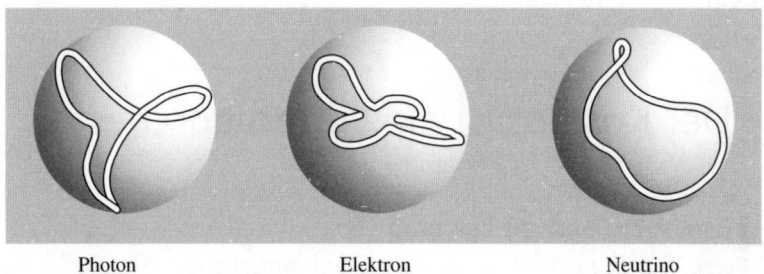

Photon   Elektron   Neutrino

Die Strings, winzige Fäden oder Saiten aus purer Energie, können auf verschiedene Weise schwingen. Masse und Ladung eines Teilchens sind Folge der Schwingungsintensität.

Je stärker ein String schwingt, umso größer sind Masse und Ladung des erzeugten Elementarteilchens.

Nun ist die Stringtheorie bislang nicht viel mehr als pure Spekulation. Viele Wissenschaftler lehnen sie ab. Vor allem wird es niemals möglich sein, die Gültigkeit dieser Theorie im Experiment zu beweisen. Theoretisch wäre es allerdings möglich, dass die Stringtheorie ganz neue, vorerst noch unbekannte Naturerscheinungen voraussagt, die sich vielleicht durch geeignete Experimente bestätigen ließen. Aber auch das ist reine Spekulation.

Uns Laien können die Strings so oder so ziemlich gleichgültig sein, denn diese Theorie ist derart kompliziert und verwirrend, dass es weltweit höchstens ein paar Dutzend Menschen gibt, die wirklich wissen, um was es dabei geht. Der tatsächliche Durchbruch – oder Zusammenbruch – steht dieser Theorie noch bevor. Entscheidend wird sein, wie sich die Mathematik weiterentwickeln wird. Mit den Möglichkeiten, die sie zurzeit bietet, sind die Strings jedenfalls nicht befriedigend zu beschreiben. Vielleicht ist es einfach noch zu früh für diese Theorie. Das wäre dann genauso, als hätte schon im 18. Jahrhundert ein Genie die Fragen Einsteins gestellt – ohne die Mathematik des 19. Jahrhunderts zur Verfügung zu haben. Es wäre nicht das erste Mal in der Geschichte der Naturwissenschaft, dass etwas fundamental Neues gedacht wird, aber mit den verfügbaren mathematischen Mitteln noch nicht formuliert werden kann.

Man kann allerdings noch grundsätzlicher fragen: Ist diese Suche nach der einen, alles umfassenden, alles erklärenden Theorie nicht selber ein Holzweg? Vielleicht ist absolute Erkenntnis nur die fixe Idee eines sich selbst überschätzenden menschlichen Geists. Vielleicht ist schon die Vorgehensweise der Teilchenforscher grundfalsch: Die Materie immerfort zu zerteilen und zu analysieren. Denn so extrem die Bedingungen eines Experiments auch sein mögen – es gibt immer noch extremere Bedingungen und damit die Möglichkeit zu nicht voraussehbaren Ergebnissen. Die menschliche Erkenntnis, so weit sie sich auch noch entwickeln mag, wird immer eine begrenzte Erkenntnis bleiben, eben weil der Mensch selbst etwas Begrenztes ist.

Materie und Geist

Schon bei den Quarks hatten wir den Eindruck, dass es dabei gar nicht mehr um wirkliche Teilchen, also winzige Materiepartikel geht, sondern nur noch um Ideen von Teilchen. Und die Strings, so könnte man sagen, wären nur noch Ideen von Ideen, Schwingungszustände eines vieldimensionalen Irgendwas. Quarks, Higgs oder Strings – diese Namen stehen nur noch für etwas rein Geistiges. Nichts Geringeres als der Anfang aller Dinge liegt in ihnen verborgen. Das gilt freilich auch für Elektronen oder Neutrinos, nicht zuletzt auch für die Photonen, die die häufigsten Teilchen im Universum sind.

In allen diesen Elementarteilchen hat reine Idee, die sich mathematisch ausdrücken lässt, eine energetische Form angenommen, aber noch keine Gestalt. Erst mit den Protonen und Neutronen fängt die Materie an, Gestalt auszubilden: Atome und Moleküle. Materie, so könnte man sagen, ist nur ein recycelbares Abfallprodukt des Geistes, verdichtete Idee, so wie Protonen und Neutronen nur die kondensierte Energie der Quarks darstellen.

Hier löst sich die Grenze zwischen Geist und Materie endgültig auf, ähnlich wie in der Quantenphysik die Unterscheidung von Masse und Energie hinfällig wird. Gleichzeitig verschwimmen auch die Grenzen zwischen Physik, Philosophie und Religion. So steht zum Beispiel die religiöse Idee eines allumfassenden Geists oder eines Schöpfers keineswegs im Widerspruch zur modernen Physik. Sie sucht ja letztlich nach nichts anderem als dem einen Ursprung, der einen Urkraft, mit der zu erklären wäre, wie das Universum aus nichts entstehen konnte und wieso es entstanden ist. In den Elementarteilchen tritt die Ursprungskraft des Schöpferischen in Erscheinung. Damit hat die Naturwissenschaft, ob sie will oder nicht, den Beweis erbracht, dass es einen Schöpfungsakt gegeben hat, auch wenn dieser außerhalb der menschlichen Erkenntnis bleibt. Ob es sich dabei wirklich um »die« Schöpfung handelt oder ob es vor dem Urknall etwas gegeben hat, ist eine der Grundfragen, mit denen sich die Physiker und Mathematiker derzeit abmühen. Das heißt natürlich nicht, dass die moderne Physik die Glaubensinhalte der Religion ersetzen kann. Das will sie auch gar nicht. Denn nicht das Geglaubte ist ihr Feld, sondern das Gewusste.

Dennoch hat man bei der modernen Naturwissenschaft das aufregende Gefühl, fortwährend in unbekanntes Gebiet vorzudringen. Vielleicht, so denkt man, findet die Naturwissenschaft, ohne dass es ihr Anliegen ist, die Antwort auf die Frage nach Gott, nach dem Entstehen der Welt, dem Sinn des ganzen Universums und dem Sinn unseres eigenen Daseins. Wer kann schon sagen, wie die Naturwissenschaft in hundert oder tausend Jahren aussehen wird. Vielleicht wird man Dinge entdecken, von denen wir jetzt nicht die geringste Ahnung haben. Wer weiß, welche Informationen sich in den unendlichen Tiefen des Universums verbergen? Vielleicht wird die Menschheit eines Tages etwas entdecken, das ihr gesamtes Weltbild über den Haufen wirft.

Der enorme Wissenszuwachs der vergangenen 150 Jahre hat gezeigt, dass auch das Leben den gleichen Naturgesetzen unterliegt wie die unbelebte Materie. Vom Gesichtspunkt der Physik und Chemie kommt dem Leben keine Sonderrolle im Universum zu. Auch gibt es keinen Hinweis auf einen verborgenen Schöpfungsplan bei der Entstehung und Entwicklung des Lebens. Vielmehr scheint dabei eine Fülle von Zufällen im Spiel gewesen zu sein. Obwohl –

es könnte auch sein, dass im Urknall jeglicher Zufall schon vorbestimmt war, also der Schöpfer beim »Zünden« des Urknalls schon »wusste«, dass dieses Universum nach 13 Milliarden Jahren auf einem winzigen Planeten eines durchschnittlichen Sterns in einer durchschnittlichen Galaxie ein Wesen hervorbringen wird, das an einen Schöpfergott glaubt.

Viele Forscher sind inzwischen davon überzeugt, dass auch das menschliche Gehirn den physikalischen Gesetzen des Quantenreichs gehorcht. Auch das geistige Geschehen ist stets irgendwie mit Vorgängen in der Materie des Gehirns verknüpft. Auch im Gehirn sind Atome am Werk: Gedanken beruhen auf feinsten elektromagnetischen Impulsen, Gedankenblitzen im wahrsten Sinne des Wortes.

Damit sind die Rätsel des Lebendigen noch längst nicht gelöst, ebenso wenig die Frage, ob Geist ohne Materie möglich ist. Der Mensch ist zwar auch Materie, doch was ihn erst zum Menschen macht, sein menschlicher Geist, seine Seele, ist mehr als nur die Verknüpfung der Milliarden Nervenzellen in seinem Gehirn. Sein eigenes Rätsel wird das menschliche Gehirn womöglich niemals lösen: das Bewusstsein. Wie kann Bewusstsein aus elektromagnetischen Gehirnströmen entstehen?, so lautet die zentrale Frage der Gehirnforschung. Die Rätsel des Lebendigen ... Aber das wäre ein anderes Buch.

Register

Abstoßung 19, 32f., 39, 44f., 52
Aggregatzustand 9, 16, 80–84
Alchimie 23f.
Alkalimetalle 67f.
Alphateilchen 30–32, 35f., 38, 40, 45, 146, 149, 156, 163, 165
Altersbestimmung mit Isotopen 48
Aluminium 71, 117, 193, 195
Ammoniak 71, 84, 91
Anion 94
Anode 29f., 94, 118f.
Antimaterie/Antiteilchen 158, 206
Antiteilchen 158f., 206
Arbeit 100f., 103f.
Atomausstieg 179f.
Atombombe 169, 171–174, 176, 182
Atomgewicht 25, 37, 43f., 148
Atomgröße 20–23, 34
Atomhülle 43f., 49–55, 111–115, 120f.
Atomkern 32–52, 108, 112, 115, 117, 120f., 146, 148, 153–161, 163f., 166–171, 174–190, 205, 208
Atomkraftwerk 176–188
Atomlaser 201–203
Atommüll 181–184

Barium 116, 167, 169, 171
Baryon 41
Becquerel, Antoine Henri 28
Beryllium 38, 52, 148, 165, 167
Beschleunigeranlage 146–149, 152, 164, 207–209, 211f., 215f., 218–222
Beschleuniger-Massenspektrometer 48
Bewegungsenergie 102, 105, 108–110, 123, 131f., 151–153, 155, 157, 176, 213
Bindung 40–44, 56f., 65–79, 81, 87f., 153f., 163, 166, 217
Biomolekül 91f.
Blei 46, 161, 218
Bohr, Niels 50f., 130, 132, 137, 142, 216
Born, Max 133
Bose, Satyendra 213
Bose-Einstein-Kondensat 202
Boyle, Robert 24

Brennstoff 58, 61f., 64
Broglie, Louis-Victor de 129

C-14 (Kohlenstoff-Isotop) 47f.
Cadmium 178f.
Calcium 79, 92, 119
Cäsium 67, 171
Celsius 109f.
CERN (Europäisches Labor für Teilchenphysik) 209f., 214f., 218, 220–222
Chadwick, James 38, 146
Chlor 68, 72f., 76f., 155
Chrom 193, 195f.
Cockcroft, J. D. 147, 149, 153, 163, 167

Dalton, John 25
Demokrit 18f., 23
DESY (Deutsches Elektronen-Synchrotron) 209
Deuterium 44, 47, 154, 156–158, 160f., 175, 177, 183, 188
Deuteron 154f.
Diamant 78
Dichte 16, 83f., 110
Dimensionen 223
Doppelbindung 73f.
Doppelspalt-Versuch 124
Drehimpuls *siehe* Spin
D-T-Reaktion 175
Dynamit 61f., 173

Edelgase 56f., 60, 68, 74
Einstein, Albert 126f., 129, 132f., 137, 141f., 149–151, 153, 156, 163f., 171, 184, 191, 212, 216
Eis 87–90, 109
Eisen 74, 80f., 92, 96, 111, 115–117
elektrische Leitfähigkeit 74f., 93f.
Elektrode 29
Elektrodynamik 50
Elektrolyse 29
Elektrolyt 29

elektromagnetische Kraft 49–51, 76, 101, 112, 154, 215, 218
elektromagnetische Strahlung 50, 102, 106f., 111, 113, 118, 127, 135, 154–157, 164
elektromagnetische Wellen 99, 106f., 120f., 123f., 157
elektromagnetisches Feld 98f., 106f., 121, 128, 144
Elektron 33–38, 40, 43f., 47, 49–56, 59, 62, 64–75, 78, 81, 86, 111–123, 126, 129–133, 135f., 139, 143–145, 152, 157–159, 162, 181, 185f., 190f., 195, 209, 213, 215–222, 224f.
Elektronenmikroskop 143–145
Elektronenschalen (-bahnen) 50–56, 59, 64–75, 78, 81, 86, 111–118, 122, 129–131, 190
Elektronenvolt 123, 127f., 147, 149, 154, 157, 211–213
Elementarkraft 19, 101
Elementarteilchen 162, 206f., 214–216, 219f., 224f.
Elemente 10f., 24–27, 43–48, 56f., 65–71
Hauptgruppen der chemischen Elemente 69
Liste der Elemente 26f.
periodisches System der chemischen Elemente 70
Energie 12–15, 41, 50f., 57–62, 82f., 88, 95, 98–105, 108–115, 117, 120–123, 126–128, 130–133, 135, 146f., 149–157, 166, 176, 179f., 183f., 201, 212f.
Energieerhaltung 100, 131, 149, 151
Energieübertragung 120
Energieumwandlung 104f.
Entfernungsbestimmung mit Lasern 197–199
Erdöl 63
erste Materie (materia prima) 11
Explosion 60–62, 176f.

Faraday, Michael 29
Farbe 106, 115–117
Femtochemie 200, 203
Fermi, Enrico 160
Fermilab (Fermi National Laboratory) 211f., 219

Festkörper 9, 16, 80–84, 95, 108
Feynman, Richard 132
Fliehkraft 17, 49
Flüssigkeit 9, 16, 80–84, 95
fotoelektrischer Effekt 125, 135
Frequenz 96, 98, 106f., 112, 114, 120–122, 126–128, 131, 191–193, 195
Fusion 154–158, 160, 174f., 184–189
Fusionsreaktor 184–188

Gammastrahlen 107, 120f., 135f., 157, 164, 174, 182
Gas 9, 16, 56f., 60, 68, 74, 80–83, 95, 108f., 115f., 122, 185, 201f., 209
GAU (Größter anzunehmender Unfall) 179
Gell-Mann, Murray 207–209
Gewicht 14
Gitterstruktur 76–78, 81f., 88–90
Gleichzeitigkeit 97
Gluon 208, 210, 217–219
Gold 24, 74
Grafit 78, 177f.
Gravitation 15, 17, 19, 32f., 49f., 101, 127, 215, 217
Graviton 217

Hadron 220
Hahn, Otto 166f.
Halbwertszeit 48, 168
Halogen 67f.
Heisenberg, Werner 136, 216
Heisenberg'sche Unschärferelation 136f., 143, 145
Helium 43–45, 47, 52, 56, 68, 109, 148f., 153, 155–157, 161, 163, 167, 174f., 188, 201f., 209, 221
HERA (Beschleunigeranlage) 209, 219
Hertz 106f., 121, 128
Higgs, Peter 216
Higgs-Teilchen 217, 222, 225

ILT (Fraunhofer-Institut für Lasertechnik) 200f.
Infrarotstrahlung siehe Wärme (-strahlung)
Interferenzmuster 124
Ion 30f., 72–74, 76–78, 91f., 94, 112–114, 120, 185
Ionengas 185

IPP (Max-Planck-Institut für Plasmaphysik) 187
Isotop 46–48, 165, 171, 175, 183f., 188
ITER (Internationaler Thermonuklearer Experimental-Reaktor) 187

JET (Fusionsreaktor) 187
Joule 127f.

Katalysator 65
Kathode 29, 94, 118f.
Kation 94
Kelvin, Lord 21, 109f.
Kelvin-Skala 109f.
Kernspaltung 40, 166–171, 174, 180f.
Kernumwandlung 36, 148, 153, 157, 160f., 167
Kernverschmelzung *siehe* Fusion
Kerze 64, 97f.
Kettenreaktion 165, 167–171, 173, 176–178
Kilogramm 14, 123
Kilopond 14
kinetische Energie *siehe* Bewegungsenergie
Kochsalz 68, 72, 75f., 91, 94, 155
Kohlendioxid 48, 61–64, 74, 91
Kohlenstoff 36f., 46–48, 61–67, 71, 74f., 78f., 105, 119
Kohlenstoff-14 *siehe* C-14
Körperzelle 21, 63–65, 92, 120
Kraft 15–17, 19, 32f., 39–45, 49, 52, 100f., 127, 215, 217
Krypton 167, 169, 171
Kurzwelle 96, 98, 106f., 114f., 117f., 120f., 135

Ladung 29f., 32–39, 49f., 72f., 78, 86f., 89, 91, 112, 158f., 224
Langwelle 96, 99, 106f., 111, 115, 135
Laser 188–203
Laserdioden 201
Laserreflektor auf dem Mond 197–199
Lavoisier, Antoine Laurent de 25, 150
Lawrence, Ernest 146–149, 163, 167
Lawrence Livermore Labor 188f.
Lepton 41, 219f.
Leptoquarks 220
LHC (Large Hadron Collider) 220f.

Licht 11f., 97–99, 106f., 111–116, 120, 123–128, 130, 135, 143f., 189–200
Lichtgeschwindigkeit 42, 97f., 106f., 110, 127, 149–152, 164, 212f.
Lichtquant/Lichtteilchen *siehe* Photon
Lichtwelle 98f., 123–125, 128
Linearbeschleuniger 147
Lithium 43f., 52, 67, 148, 153, 163, 165, 167

Magnesium 92, 116
Magnetfeld 186f.
Maiman, Theodore Harold 193–195
Maser 193
Masse 14–16, 25, 33, 36–38, 40f., 102, 110, 122f., 126, 149–151, 154f., 162, 211–213, 215f., 224
Massenanziehungskraft *siehe* Gravitation
Massenerhaltungssatz 25, 150f.
Materie 9–13, 31f., 99, 101, 104, 109–111, 122, 130, 212f., 221, 223, 225
Mechanik 16f., 131, 133f.
Mendelejew, Dimitri 25–27
Meson 40–44, 208, 217, 220
metastabiler Zustand 191f., 195
Metall 74f.
Mikrowellen 187, 193
Miller, David 216f.
Mineral 77, 79, 81, 91
Moderator 177
Molekül 20–22, 27, 57, 59–61, 74–77, 82–89, 91f., 108, 119f., 154, 173f.

Nanometer 20, 34
Nanosekunde 191, 197f.
Nanotechnologie 145f., 200, 203
Natrium 67f., 72, 74, 76f., 92, 113, 116, 154f., 203
Naturkonstante 127, 130
Nebelkammer 31, 37f., 139
Neptunium 181
Neutrino 157–162, 181, 213f., 220, 224f.
Neutron 38–48, 146, 148, 154f., 158–160, 165, 167–171, 176–179, 181–183, 188, 205, 207–209, 212, 217f., 220, 225

231

Newton, Isaac 16–18, 33, 49f., 123, 131, 134, 138, 141
Nitroglycerin 61f.

Oppenheimer, Robert 35
Orbital 51
Ozon 59

Pauli, Wolfgang 51, 159, 161
Periodensystem 26f.
Phasengleichheit 192, 202
Phasenübergang 82
Phosphor 24f., 70f., 92, 119
Photon 123, 126–128, 131f., 135f., 162, 164, 190–192, 196, 199, 224f.
Pinkau, Klaus 188
Planck, Max 126f., 130f., 137, 216
Planck'sches Wirkungsquantum 127, 130f., 137f.
Plasma 185–187
Platin 65, 118–120
Plutonium 172, 181f.
Positron 158f.
potenzielle Energie 101f., 105
Proton 31, 36–48, 52, 117, 146–149, 152–160, 163, 165, 170f., 177, 181, 205, 207–212, 214, 217–220, 222, 225

Quanten 127–143, 145
Quark-Gluon-Plasma 218, 221
Quarks 207–222, 224f.
Quecksilber 24, 80

Radioaktivität 28, 45, 47f., 120f., 138f., 159, 165, 173, 179, 181–184, 213
Radioteleskop 121
Radiowelle 107, 121f., 157
Radium 139, 170
Raster-Tunnelmikroskop 20
Reaktionsprinzip 16
Regelstab 178f.
Regenwasser 92f.
Reibung 102, 105
reines Wasser 92–94
Resonanz 170
Röntgen, Wilhelm Conrad 28, 118
Röntgenröhre 118–120
Röntgenstrahlen 28, 107, 118–121, 135, 157, 164, 188

Rubidium 67, 171, 202
Rubin 71, 193–195
Rutherford, Ernest 30–36, 132f.
Rutherford'sches Gesetz 32

Sättigung 53, 56–59, 64–66, 68, 72
Saphir 71, 193–195
Sauerstoff 25, 46, 57–62, 64–66, 68, 71, 73, 79, 85–87, 91, 109, 113, 119, 150f., 153, 183, 195
Schall 95–97
Schallwelle 95f., 125
Schrödinger, Erwin 129, 216
Schwache Kernkraft 213, 215
Schwarzes Loch 117f.
Schwarzpulver 24
Schweißbrenner 57f.
Schwerer Wasserstoff *siehe* Deuterium
Schweres Wasser 177, 184
Schwerkraft *siehe* Gravitation
Schwingung 82, 84, 106, 108f., 112f., 115–117, 119–121, 129f., 170f., 174, 223f.
Schwingungszahl *siehe* Frequenz
Sonne 49, 108, 154–157, 159–161, 185, 187
Sonnenwind 157
Spektrallinie 116
Spektrograph 115
Spin 53f., 158, 209f.
Starke Kernkraft 45, 153f., 170, 215, 218
Stern 117, 122
Stickstoff 46, 61, 70, 91, 109, 119, 183
Straßmann, Fritz 166f.
Strom (elektrischer) 176, 180, 184, 186, 188
Super-Kamiokande 162
Superstrings 222–225
Supraflüssigkeit 202

Teilchen 123, 126–130, 134–136, 158f., 205–225
Temperatur 80–84, 88, 90, 104, 108–114, 117
Temperatur-Nullpunkt 109–111, 202
Tevatron 211
Thomson, William Lord *siehe* Kelvin, Lord
Tokaimura 180
Townes, Charles 193

Trägheitsprinzip 16
Treibhauseffekt 62
Tritium 47, 175, 183f.
Tschernobyl 179

Ultraviolettstrahlung (UV-Strahlung, -Licht) 107, 113, 115, 120, 126, 135, 174
Unschärfe 136–138
Universum 12f., 100, 102, 110f., 117
Uran 26, 28, 43–45, 48, 53, 166–174, 177–179, 181f., 184
Urknall 12, 100, 110, 142, 162, 211, 215, 221, 223
Urstoff 10–12

Verbrennung 60–65, 68, 105, 116, 173
Volumen 16, 84

Walton, E. T. S. 147, 149, 153, 163, 167
Wärme 65, 80–83, 88, 90, 102–115, 109, 120, 176, 180, 201
Wärme (-strahlung) 65, 80–83, 88, 90, 102–115, 120, 176, 180, 201

Wasser 21f., 57–64, 66, 80, 84–95, 177
Wasserstoff 25, 35–37, 39, 43f., 46f., 52, 57–71, 85–91, 105, 109, 116f., 119, 121f., 147f., 150f., 153, 155f., 162, 174f., 183–186, 188, 209
Wasserstoffbombe 174f.
W-Boson 213
Wechselstromgenerator 107
Wellen 94–99, 106f., 111, 114–118, 120–124, 128–130, 135, 143f., 157
Wellen-Interferenz 124
Wellenlänge 94–96, 106f., 114–117, 121, 129, 135, 143f.
Wilson, Charles Thomson Rees 30f.
Wilson-Kammer *siehe* Nebelkammer
Wolfram 118–120

Young, Thomas 123
Yukawa, Hideki 40f.

Zeit 12, 103
Zewail, Ahmed 199
Zweig, George 207–209
Zyklotron 146, 149

Bildnachweis

Alle Zeichnungen im Text: Achim Norweg, München

Fotoquellen: Proceedings of The Royal Society, London (31), Cavendish Laboratory, University of Cambridge (147/1), Lawrence Berkeley Laboratory, University of California (147/2), Deutsches Museum, München (166), NASA (198), CERN, Genf (214). Die Rechte an den Fotos auf den Seiten 76 und 172 konnten nicht geklärt werden. Wir bitten die Rechteinhaber, sich ggf. beim Verlag zu melden.

Die Farbtafeln im Mittelteil: Bild-Archiv OKAPIA, München (1–10) und CERN Media Service, Genf (11–23)

Anmerkungen

Wer sich für weitere Bilder aus der jüngsten Forschung um den kleinsten Baustein der Welt interessiert, der kann übers Internet beim CERN in Genf nachschauen, wo es ein riesiges Bildarchiv gibt, das ständig aktualisiert wird. Die Internet-Adresse des CERN lautet:

http://www.cern.ch

Gerhard Staguhn, 1952 in Bayern geboren, studierte Germanistik und Religionswissenschaft und lebt heute als freier Autor mit Frau und Sohn in Berlin. Mit seinem bei Hanser erschienenen Buch »Das Lachen Gottes«, das auch in den USA ein Erfolg war, wurde er als fesselnd erzählender, leicht verständlich schreibender Sachbuchautor bekannt. Er ist Mitarbeiter der Frankfurter Allgemeinen Zeitung und der Süddeutschen Zeitung. Im Hanser Jugendbuch erschien 1998 der Titel »Die Rätsel des Universums«.

In der Reihe *Hanser Wissen* ist außerdem erschienen:

Gerhard Staguhn
Die Rätsel des Universums
200 Seiten
ISBN 3-446-19450-9

Die Medien sind voll von atemberaubenden Weltraumereignissen: In den Tiefen des Kosmos wird die Geburt eines Sterns entdeckt. Auf dem Mars werden Hinweise auf erstmals vorhandenes Wasser gefunden. Gigantische NASA-Projekte zur Zerstörung von Asteroiden auf Kollisionsflug mit unserer Erde werden erprobt.
Staguhn erzählt die Geschichte von der Entstehung des Kosmos, die im Urknall ihren Anfang nahm, erklärt leicht und anschaulich die Entwicklung der Sterne bis hin zum Planeten Erde und den Möglichkeiten von anderem Leben im All.
Eine Kosmologie, die sich spannend liest wie ein Roman.

Staguhn gelingt es in einzigartiger Weise, das Wissen über Sterne und Galaxien mit großer Leichtigkeit und Sprachgewandtheit darzustellen, so daß sich auch Lesern ohne astronomische Vorkenntnisse das Tor in ein faszinierendes Forschungsgebiet öffnet.

Die Welt

Staguhn übersetzt das Unfaßbare in verständliche Bilder, angefangen vom ersten beschreibbaren Zustand unseres Universums. Wunder über Wunder, die für den normalen Menschenverstand nicht mehr faßbar sind. Dennoch gelingt es Staguhn, dem Leser unglaubliche Dinge zu erklären, etwa warum ein Mensch, der sich schnell bewegt, länger lebt. Oder warum auf der Sonne die Zeit langsamer vergeht als auf der Erde.

Frankfurter Rundschau

In der Reihe *Hanser Wissen* ist außerdem erschienen:

Eirik Newth
Abenteuer Zukunft

Projekte und Visionen für das 3. Jahrtausend
312 Seiten
ISBN 3-446-19831-8

Wie wird die Zukunft der Menschheit im 3. Jahrtausend aussehen? Eirik Newth geht den großen Fragen der Zukunftsforschung nach: Wird es gelingen, die künftige Energiegewinnung durch Sonne und Wind zu sichern? Ist es tatsächlich möglich, mit Hilfe der Genmanipulation unsere Nahrungsressourcen zu vergrößern?
Dieses Buch erzählt spannend auf jeder Seite von den vielen faszinierenden Ideen und Modellen, die unser Leben verändern könnten: intelligente Roboter, Computer, die das Fassungsvermögen des menschlichen Gehirns erweitern oder virengroße Nanomaschinen, die den Müll der Menschheit vollständig in wieder verwertbare Atome zerlegen. Schwierige Zusammenhänge werden so anschaulich und leicht verständlich dargestellt, dass man selbst als Laie gebannt folgt und das Buch nicht mehr aus der Hand legt!

Newth nimmt den Leser mit über die Brücke, auf Entdeckungsreise hinein in die Zukunft – im Handgepäck nicht vage Prophetien, sondern eine ordentliche Portion Fantasie und eine Menge Prognosen. Seine für den Laien gut verständliche Darstellungsweise wurzelt auf dem Boden moderner Wissenschaft. Auf diese Weise schafft Newth den Sprung vom Science-fiction-Roman zur fundierten, gleichwohl spannenden Sacherzählung. Marginalien am Rand jeder Buchseite, eine Zeittafel sowie ein Zukunftslexikon helfen dem Leser selbst zu entscheiden, in welches Zukunftsland der Weg der Menschheit führen könnte. Und das sind doch die besten Bücher, die genügend Spielraum lassen für die Fantasie.

Süddeutsche Zeitung

In der Reihe *Hanser Wissen* ist außerdem erschienen:

Eirik Newth
Die Jagd nach der Wahrheit
Die unendliche Geschichte der Welterforschung
240 Seiten
ISBN 3-446-19264-9

Die Geschichte der Naturwissenschaften – eine unendliche Jagd nach der Wahrheit. Von unermüdlichen Zweiflern und ihren aufregenden neuen Entdeckungen, mit denen sie die Vorstellungen der Menschheit über den Aufbau des Kosmos, der Erde und die Entwicklung des Lebens auf unserem Planeten immer wieder revolutioniert haben, erzählt Newth in diesem atemberaubend spannenden Sachbuch.
Ausführlich und detailliert schildert er die Geschichte der Welterforschung, ihre Entwicklung in den unterschiedlichen Bereichen der Astronomie, Physik, Chemie, Biologie und Medizin von ihren Anfängen bis heute.

Newth beschreibt ganz einfach und uneitel die unendliche Geschichte der Welterforschung. Erzählt von der Astronomie, plaudert über Quantenphysik und läßt uns die industrielle Revolution als Thriller miterleben. Von der Erfindung der Schrift bis zur hochaktuellen Genforschung – ein paar Jahrtausende im Schnelldurchlauf, der sich oft spannender liest als jeder Krimi.
Frankfurter Rundschau

Es gibt Sachbücher, die bewahrt man sich lebenslang auf, um hin und wieder darin zu lesen. Dieses hier gehört unbedingt dazu.
Sächsische Zeitung

Newth' Werk sollte man allen Zeitgenossen in die Hand geben, ob jung oder erwachsen.
Die Weltwoche